여행은

꿈꾸는 순간,

시작된다

리얼
홍콩

여행 정보 기준

이 책은 2024년 5월까지 취재한 정보를 바탕으로 만들었습니다.
정확한 정보를 싣고자 노력했지만, 여행 가이드북의 특성상
책에서 소개한 정보는 현지 사정에 따라 수시로 변경될 수 있습니다.
변경된 정보는 개정판에 반영해 더욱 실용적인 가이드북을 만들겠습니다.

한빛라이프 여행팀 ask_life@hanbit.co.kr

리얼 홍콩

초판 발행 2024년 6월 27일
초판 3쇄 2025년 1월 24일

지은이 임요희, 정의진 / **펴낸이** 김태헌
총괄 임규근 / **책임편집** 고현진 / **외주편집** 윤영주
디자인 천승훈 / **지도·일러스트** 이예연
영업 문윤식, 신희용, 조유미 / **마케팅** 신우섭, 손희정, 박수미, 송수현 / **제작** 박성우, 김정우 / **전자책** 김선아

펴낸곳 한빛라이프 / **주소** 서울시 서대문구 연희로2길 62 한빛빌딩
전화 02-336-7129 / **팩스** 02-325-6300
등록 2013년 11월 14일 제25100-2017-000059호
ISBN 979-11-93080-33-7 14980, 979-11-85933-52-8 14980(세트)

한빛라이프는 한빛미디어(주)의 실용 브랜드로 우리의 일상을 환히 비추는 책을 펴냅니다.

이 책에 대한 의견이나 오탈자 및 잘못된 내용은 출판사 홈페이지나 아래 이메일로 알려주십시오.
파본은 구매처에서 교환하실 수 있습니다. 책값은 뒤표지에 표시되어 있습니다.

한빛미디어 홈페이지 www.hanbit.co.kr / 이메일 ask_life@hanbit.co.kr
블로그 blog.naver.com/real_guide_ / 인스타그램 @real_guide_

지금 하지 않으면 할 수 없는 일이 있습니다.
책으로 펴내고 싶은 아이디어나 원고를 메일(writer@hanbit.co.kr)로 보내주세요.
한빛라이프는 여러분의 소중한 경험과 지식을 기다리고 있습니다.

홍콩을 가장 멋지게 여행하는 방법

리얼 홍콩

임요희·정의진 지음

HB 한빛라이프

작지만 큰 세계를
만나다

홍콩은 작지만 많은 것을 우리에게 경험시켜준다. 홍콩 여행은 도시여행 이상의 의미가 있다. 많은 사람이 '홍콩' 하면 빅토리아 하버의 푸른 바다를 둥실 떠가는 붉은 돛단배와 환하게 불 밝힌 마천루를 떠올린다. 그러나 빽빽한 고층건물을 비집고 그 안으로 깊숙이 들어서면 상상 이상의 세계가 펼쳐지는 것을 목도할 수 있다.

럭셔리 대형 쇼핑몰 바로 옆에는 호객과 흥정이 난무하는 전통 시장이 1km나 이어진다. 그런가 하면 영국 식민지 시대에 건설된 유럽 풍 건축물과 중국 당나라 풍 서민주택이 나란히 서 있는 광경을 감상할 수 있다. 홍콩에는 4만여 개나 되는 식당이 있어 정통 광둥식 레스토랑부터 세계에서 가장 저렴한 미쉐린 식당까지 다양한 맛의 세계로 우리를 안내한다. 물과 불, 서양과 동양, 전통과 현대를 한 프레임 안에 담을 수 있는 곳이 홍콩이다.

이 책은 홍콩 방문 시 꼭 가봐야 할 곳, 꼭 먹어야 할 음식, 꼭 사야 할 쇼핑 아이템, 꼭 알아두어야 할 사항을 일목요연하게 정리해두고 있다. 100년 된 유서 깊은 식당 '린흥 티하우스'부터 사이잉푼 브런치 식당 '하이 스트리트 그릴'까지, 공룡 같은 규모의 '하버시티' 쇼핑몰부터 동네 슈퍼마켓 '웰컴마트'까지. 이 책을 통하면 가장 편리하고 확실한 방법으로 홍콩의 핫플레이스를 둘러볼 수 있다.

다양성만큼 중요한 게 정확성이다. 수차례 방문하고 거듭 확인하여 교통, 가격, 메뉴 정보를 정확하게 기록했다. 홍콩관광청과 긴밀히 연락하여 사실 관계를 확인하는 수고도 마다하지 않았다. 이 책이 홍콩 여행의 가장 친근한 벗이자 믿음직한 길라잡이가 될 것을 믿어 의심치 않는다.

임요희 '뉴스1'을 거쳐 일간지 '스카이데일리' 문화부 기자로 근무 중이다. 특기는 '홍콩 기사 쓰기', 취미는 '홍콩 가기'이다. 아시아 지역 관광청 출입 기자로, 4년 동안 홍콩 관련 기사만 네이버에 1600여 개 가까이 송출했다. 홍콩의 모든 것을 사랑하지만 홍콩섬 빅토리아 피크에 걸린 하얀 구름을 가장 사랑한다.

이메일 4balance@naver.com　**페이스북** www.facebook.com/limyohee

나만의 홍콩을
소개합니다

고백건대 처음부터 홍콩을 사랑한 건 아니었다. 2008년 여름 나는 여행사 홍콩 팀 소속이었고, 일을 위해 방문해야 했던 곳이 하필 홍콩이었던 것이다. 그래서일까 처음 첵랍콕 공항을 빠져나왔을 때 여행에 대한 설렘보다 더위에 대한 걱정이 앞섰다.

그 후 이런저런 일들로 1년에 한 번꼴로 홍콩을 오가며 이곳의 공기는 나의 온몸 곳곳에 배어왔다. 그리고 책을 쓰겠다고 호기롭게 취재에 나섰던 지난 2016년 봄, 마침내 나는 내가 홍콩을 얼마나 사랑하는지 깨닫게 되었다. 무더위 속에서 하나라도 더 카메라에 담기 위해 고군분투하며 진짜 맛있는 완탕면을 발견했을 때, 값어치 있는 소품점을 발견했을 때의 환희를 나는 지금도 잊지 못한다. 거리의 촌스러운 빨간색 간판도, 상인들의 퉁명스러운 광둥어 발음도 하나같이 정겨울 따름이었다. 한동안 연락이 뜸하던 옛 친구를 만나 술 한잔 기울이며 살아온 이야기를 나누는 것처럼 취재하는 내내 나는 행복했고 편안했다.

그러니까 홍콩은 그런 곳이다. 화려한 쇼핑가에서 득템을 하고 하루 세끼가 부족할 만큼 먹거리가 넘쳐나는 것도 사실이지만, 그보다 무명의 아티스트가 운영하는 소품점이나 100년의 가업을 이어가는 국숫집, 소박한 풍경으로 가득한 골목길에서 그 매력이 빛을 발하는, 그야말로 고향 같고 옛 친구 같은 곳이다. 〈리얼 홍콩〉은 이런 소중한 발견을 원하는 여행객들의 목마름을 채우는 데 초점을 맞췄다. 그래서 언뜻 특별해 보이지 않는 스폿에도 정성을 들여 설명을 덧붙였다. 이미 도사가 된 여행객에게도 다시금 여행 욕(欲)을 불러일으키게 하자는 것이 집필하며 새긴 마음가짐이었다.

오랜 기간 내게 밥줄이 되어준 도시를 사람들에게 소개하는 건 설레는 일이다. 모쪼록 이 책이 홍콩을 찾는 사람들에게 쓸모 있는 안내서가 되었으면 한다. 그래서 지난 시절 내가 그랬던 것처럼, 세월이 흘러 다시 이 도시를 찾을 때 고향에 온 것 같은 편안함을 안겨주었으면 좋겠다.

정의진 자유여행사 홍콩 팀 소속으로 8년간 일하며 홍콩, 마카오와의 인연을 시작했다. 여행을 일로 삼아온 지 11년째, 숱한 나라들을 오갔지만 여전히 가장 정이 가는 곳은 처음 인연을 시작했던 홍콩과 마카오다. 현재는 여행사 마케터로서 다양한 방법으로 여행객들을 만나고 있다.

이메일 shaggy80@naver.com   **인스타그램** euijin_chung

〈리얼 홍콩〉
사용법

BOOK 01 〈리얼 홍콩〉으로 알차게! 여행 준비

BOOK 01 리얼 홍콩

- 홍콩은 어디에 있지? 여행 기본 정보
- 홍콩에서는 무얼 해야 할까? 홍콩 여행 키워드
- 지금, 홍콩에서 가장 인기 있는 것은? 지금, 홍콩 코너
- 홍콩, 얼마나, 어디를 여행해야 할까? 추천 여행 코스
- 홍콩을 가장 멋지게 여행하는 방법! 홍콩의 각 지역별 추천 스폿 소개
- 홍콩에 한 번 더 가게 되면 갈 만한 곳들 소개
- 차근차근 하는 여행 준비와 지역별 숙소 장단점 파악하기

BOOK 02 스마트 MApp Book으로 디테일하게! 실전 여행

BOOK 02 스마트 MApp Book

- 많고 많은 여행 애플리케이션과 웹사이트, 홍콩 여행의 최강자는?
- 현지에서 기다리지 말고, 더 싸게 예약하자. 국내 여행 예약 사이트에서 티켓 미리 구매하기
- 여행의 길잡이 구글 맵스, 홍콩판에는 트램과 스타페리까지 나온다!
- 구글 맵스 따라하면서 길 찾기
- 구글 맵스와 함께 사용하면 좋을 교통&길 찾기 애플리케이션 소개
- 〈리얼 홍콩〉 속 QR 코드는 어떻게 활용할까?
- 맵북 지도에 직접 메모하며 여행 계획 짜기

--- **아이콘** ---

📷 명소 🍴 음식점·카페·바 🎁 상점 📍 주소 🏃 찾아가는 법 💲 요금 및 가격

🕐 운영 시간 📞 전화번호 🏠 홈페이지 🌀 구글 맵스 GPS 🚢 페리 터미널 ✳ MTR

일러두기
- 이 책에 나오는 지역명이나 스폿 이름은 우선적으로 우리나라에서 통상적으로 부르는 이름과 영어식 이름을 기준으로 표기했습니다.
- 이 책에 나오는 외국어의 한글 표기는 국립국어원 외래어 표기법에 따르되 관용적 표기나 현지 발음과 동떨어진 경우에는 예외를 두었습니다.
- 가격은 현지 가격 표기에 따랐으며, 입장료, 교통 요금은 성인을 기준으로 실었습니다.
- 휴무일은 정기휴일을 기준으로 작성했습니다.
- 구글 맵스는 검색 결과 최적화를 위해 사용자의 위치를 최우선으로 고려한 검색 결과를 보여줍니다. 따라서 이 책에 나오는 스폿이 한 번에 검색이 안 되는 경우 영어 표기 또는 스폿 정보의 GPS 번호로 보다 빠르고 정확하게 위치 등을 검색할 수 있습니다.

목
차

CONTENTS

CONTENTS
목차

CONTENTS
목차

PART 01

한눈에 보는
홍콩

PART 02

한 걸음 더,
테마로 즐기는 홍콩

홍콩 교통

추천 여행 코스

CONTENTS
목차

CONTENTS
목차

PART

01

한눈에 보는 홍콩

HONG KONG

이토록 가까운 홍콩

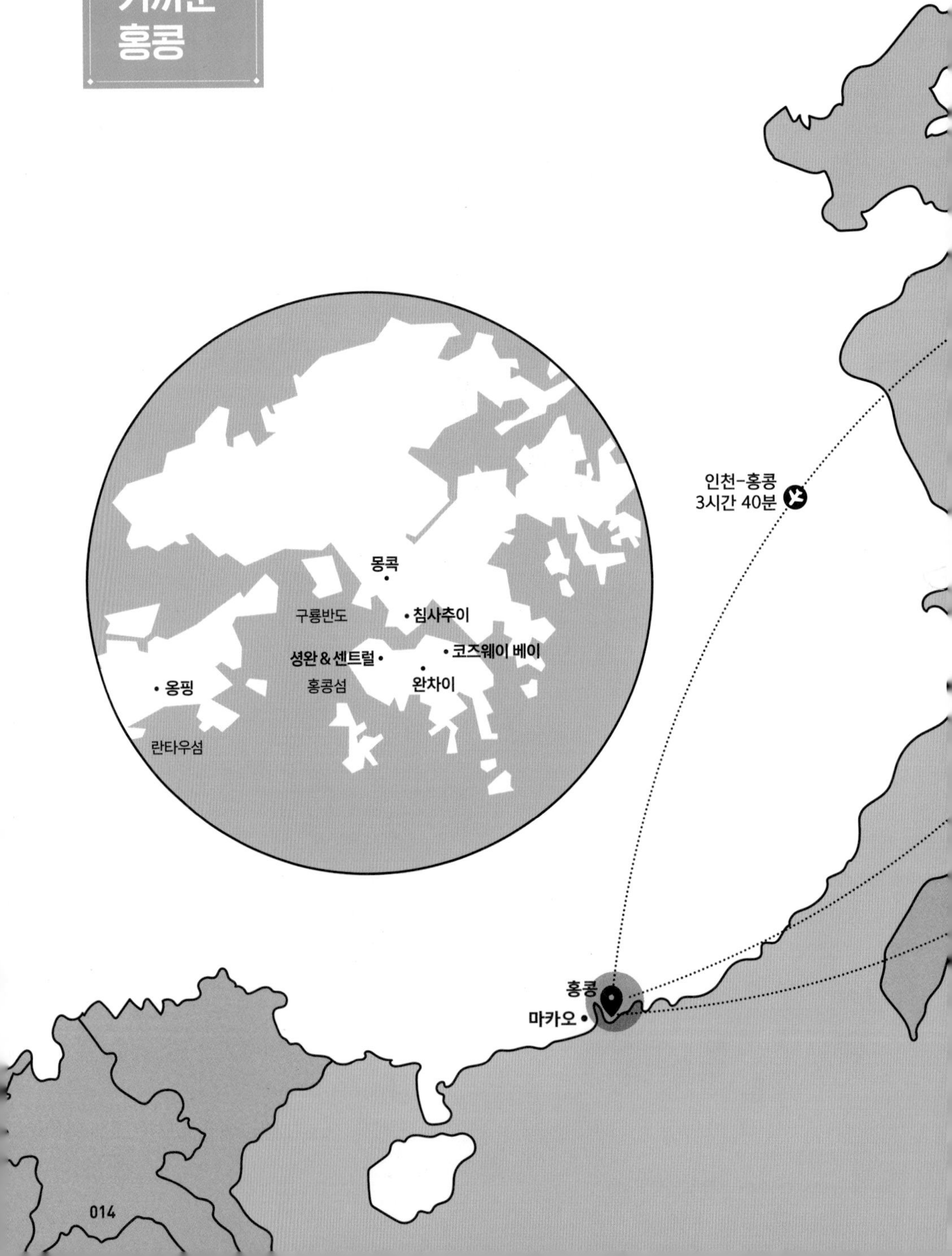

몽콕
구룡반도
침사추이
셩완 & 센트럴
코즈웨이 베이
옹핑
홍콩섬
완차이
란타우섬
인천-홍콩
3시간 40분
홍콩
마카오

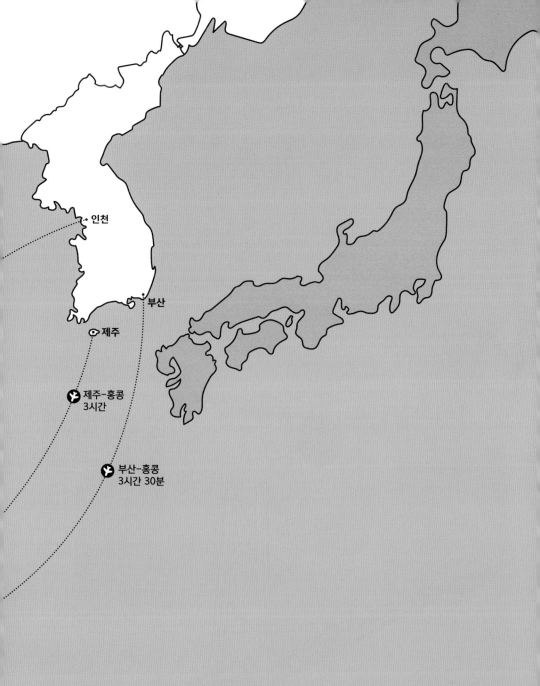

인천

부산

제주

제주-홍콩
3시간

부산-홍콩
3시간 30분

숫자로 보는 홍콩

1997년

영국과 중국

1997년 7월 1일, 영국은
99년 임차를 끝내고
홍콩을 중국에 반환했다.

Hong Kong

Seoul

1.8배

면적

면적은 약 1,104km²로
서울의 약 1.8배에 해당한다.

6,400원

물가

스타벅스 카페라테 톨 사이즈
가격은 HK$36. 우리 돈으로
약 6,400원이다.

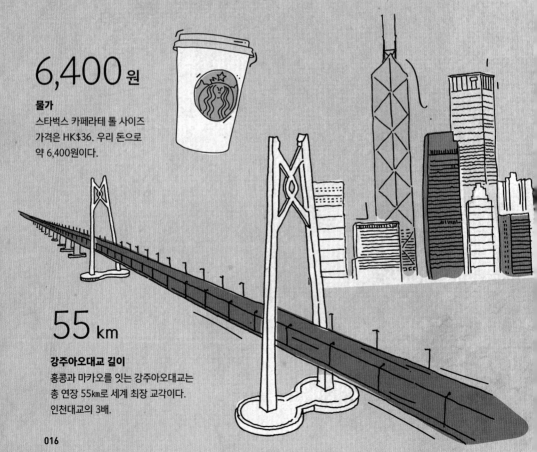

55km

강주아오대교 길이

홍콩과 마카오를 잇는 강주아오대교는
총 연장 55km로 세계 최장 교각이다.
인천대교의 3배.

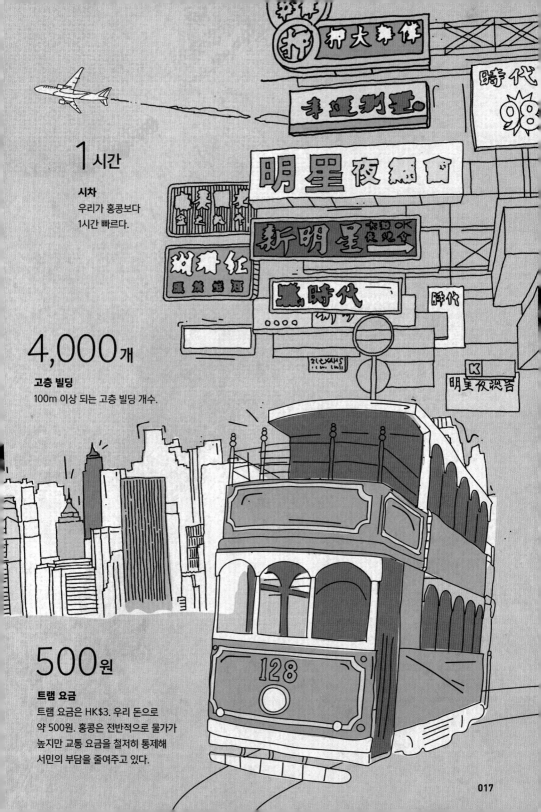

1 시간

시차
우리가 홍콩보다
1시간 빠르다.

4,000개

고층 빌딩
100m 이상 되는 고층 빌딩 개수.

500원

트램 요금
트램 요금은 HK$3. 우리 돈으로
약 500원. 홍콩은 전반적으로 물가가
높지만 교통 요금을 철저히 통제해
서민의 부담을 줄여주고 있다.

홍콩은 자본주의? 사회주의?

홍콩은 2047년까지 자본주의와 사회주의 모두 인정하는 일국양제(One Country Two Systems)를 실시한다. 1997년 영국으로부터 반환된 후 통합의 혼란을 막기 위해서다.

통화

홍콩 달러(HK$)를 사용하며, HK$1는 약 177원이다. 홍콩은 시중은행에서도 지폐를 발행해, 은행마다 같은 금액이라도 지폐 도안이 조금씩 다르다. 액수와 색깔로 확연히 구분되므로 크게 헷갈리지는 않는다.

중국어, 영어보다 광둥어

홍콩은 중국어와 영어가 공용어지만 실생활에서는 중국 사투리인 광둥어가 가장 많이 쓰인다. 상업 종사자 대부분은 영어가 가능하므로 여행 시 영어만 사용해도 큰 불편은 없다.

홍콩이 처음인 당신을 위한
기본 정보

길을 건널 때 왼쪽을 살피자

중국 본토는 차량이 우측통행을 하는 반면, 홍콩은 영국의 영향으로 차량이 좌측통행을 한다. 기본적으로 길을 건널 때 좌측을 살펴야 하지만 헷갈리니 양쪽을 다 살피고 건너자.

비자

90일 이내 여행 목적 방문이라면 따로 비자를 받을 필요가 없다. 하지만 입국 시 여권 만료일이 6개월 이상 남아 있어야 하는 것이 원칙이다.

홍콩 월별 기온과 강수량

평균 기온(℃)
총 강수량(mm)

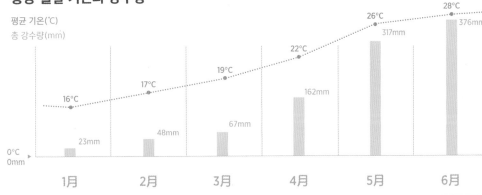

	1月	2月	3月	4月	5月	6月
평균 기온	16℃	17℃	19℃	22℃	26℃	28℃
총 강수량	23mm	48mm	67mm	162mm	317mm	376mm

0℃
0mm

긴소매 옷은 필수품

홍콩은 전형적인 아열대 기후로, 한겨울이 없다. 리펄스 해변에서는 10월까지 해수욕을 즐긴다. 그러나 1, 2월은 최저 섭씨 15도 대까지 떨어지므로 두툼한 옷이 필요하다. 또한 홍콩은 습도가 높아 계절에 관계없이 에어컨을 틀기 때문에 긴소매 옷은 필수다.

낡았지만 가난하지 않다

우리나라 같으면 철거했을 낡은 건물이 수두룩하다. 이는 형식보다 내용을 우선시하는 홍콩인의 성향과 관계 깊은데, 그들은 외관이 너무 깨끗하면 복이 들어오지 않는다고 생각하는 경향도 있다.

현금, 옥토퍼스 카드 필수

홍콩의 많은 가게가 현금 및 옥토퍼스 카드 거래를 기본으로 한다. 특히 로컬 식당은 신용카드를 취급하지 않는 곳이 많다. 트램과 버스 요금 지불 시 잔돈을 거슬러주지 않으므로 옥토퍼스 카드를 준비하자.

홍콩의 식당 수는 4만여 개

홍콩은 집이 협소해 많은 홍콩인은 집에서 요리를 하지 않는다. 외식 문화가 발달하다보니 합리적인 가격의 로컬 음식점부터 미쉐린 레스토랑까지 다양한 식당 스펙트럼을 자랑한다.

멀티 어댑터는 미리 준비하자

전압은 우리와 같은 220V지만 영국 스타일의 3구 플러그를 사용하기 때문에 멀티 어댑터를 준비해야 한다. 대여 가능한 호텔도 있다.

가장 방문하기 좋은 시기는?

더위, 추위, 습기 없는 쾌적한 여행을 즐기려면 상반기에는 3, 4, 5월, 하반기에는 10, 11, 12월에 방문하는 게 좋다.

위급 상황
- 응급 서비스(경찰, 화재, 구급차) 999
- 경찰 핫라인 +852 2527 7177
- 주 홍콩 대한민국 총영사관 +852 2529 4141 / 근무 시간 외 +852 9731 0092
- 외교부 영사 콜센터(24시간) +82 2 3210 0404

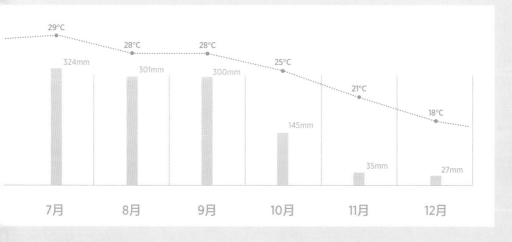

	7月	8月	9月	10月	11月	12月
기온	29°C	28°C	28°C	25°C	21°C	18°C
강수량	324mm	301mm	300mm	145mm	35mm	27mm

구역별로 만나는 홍콩

- **침사추이** 홍콩의 신도심, 명품 쇼핑과 함께 화려한 야경을 감상하고 싶다면
- **몽콕** 야시장, 길거리 음식 등 서민 문화가 살아 숨 쉬는 곳
- **성완&센트럴** 우후죽순 솟은 마천루와 빅토리아 시대의 유산이 공존하는 곳
- **완차이** 트렌드 세터라면 이곳으로
- **코즈웨이 베이** 세계에서 임대료가 가장 비싼 쇼핑 거리
- **옹핑** 남중국해의 절경을 만나보자

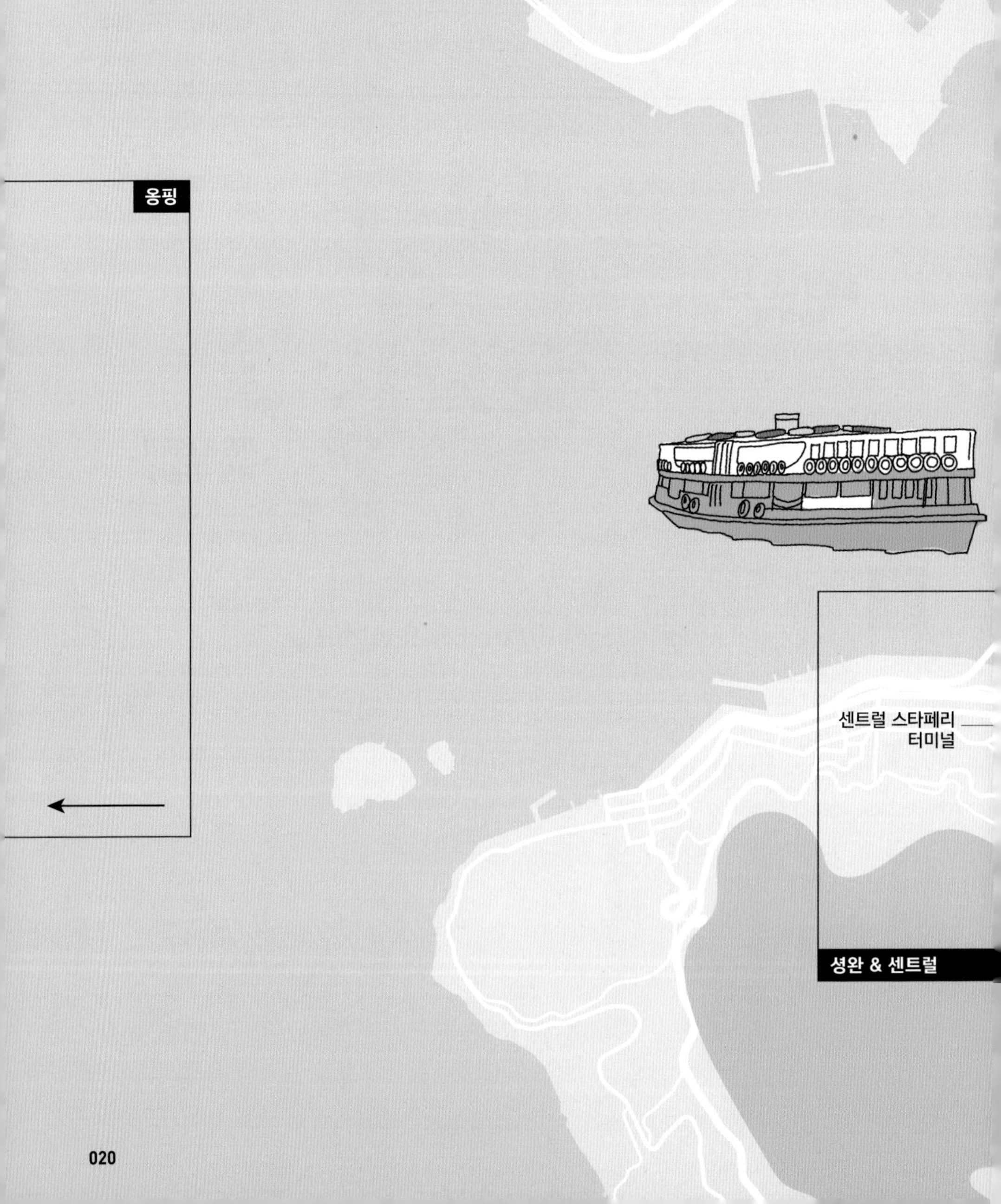

옹핑

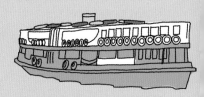

센트럴 스타페리 ─── 터미널

성완 & 센트럴

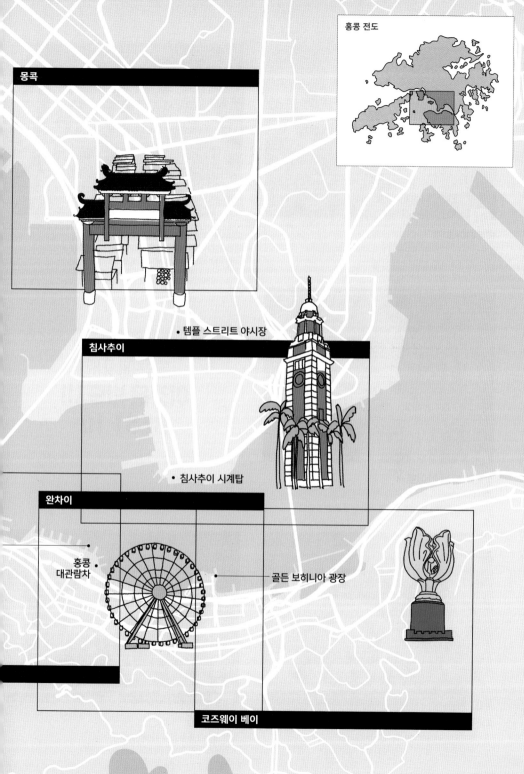

홍콩 전도

몽콕

• 템플 스트리트 야시장

침사추이

• 침사추이 시계탑

완차이

홍콩 •
대관람차

• ————— 골든 보히니아 광장

코즈웨이 베이

021

01

빅토리아 피크

홍콩섬 가장 꼭대기인 이곳에서 빅토리아 하버부터
센트럴의 고층 빌딩숲까지 한눈에 즐기자.

02

소호 미드레벨 에스컬레이터

우리에게는 영화 〈중경삼림〉 촬영지로 익숙한 이곳은
세계에서 가장 긴 옥외 에스컬레이터.

05

심포니 오브 라이트

침사추이 해변에서 밤 8시부터 시작되는 불빛 쇼.
오색 조명과 오케스트라의 조화가 귀와 눈을 즐겁게 한다.

홍콩에 가면
이것은 반드시!
BEST 10

07

차찬텡

현지화된 서양 카페인 차찬텡(茶餐廳)에서 밀크티, 콘지,
토스트 등으로 이루어진 아침 식사를 경험해보자.

08

다이파이동

일반 상가가 문을 닫기 시작하는 오후 5시경 부터
거리에 탁자와 의자를 내놓고 장사를 시작한다.

03
트램
1904년부터 그 역사가 시작된 트램은 홍콩 최대 관광상품인
동시에 교통수단이다. 최고 좋은 자리는 2층 맨 앞 자리!

04
스타페리
홍콩의 거의 모든 바닷길을 연결하고 있지만 센트럴-침사추이의
6분짜리 노선이 가장 인기. 승선료는 우리 돈 약 400원.

"

홍콩을 즐기는 방법은 여러 가지다.
소소한 골목 여행의 즐거움과
화려한 도심 야경까지. 어느 것 하나
놓칠 수 없는 홍콩의 매력을 알아보자.

"

06
딤섬
로컬 냄새 물씬 나는 딤섬집부터
럭셔리한 딤섬집까지 모두 섭렵!

09
전통 시장
꼭 뭘 산다기보다 구경하는 것만으로
재미있는 홍콩 전통 시장.

10
휴일의 빅토리아 파크
코즈웨이 베이 빅토리아 파크에서는 주말과 휴일마다
신나는 모형 보트 경주가 펼쳐진다.

아는만큼 보인다
홍콩 역사 이야기

중국인 동시에 영국이었던 홍콩,
혼돈의 시대를 거치며 찬란한 문화를
꽃피운 홍콩 사람들의 과거를 이해한다면
여행이 더욱 재미있을 것이다.

01 영국 식민지 시대

격동의 19세기, 중국과의 아편전쟁에서 영국은 난
징조약을 통해 홍콩섬의 통치권을 따내면서 1843
년 홍콩섬이 영국 식민지가 된다. 1860년 2차 아편
전쟁에서 또 승리한 영국은 베이징조약을 통해 구
룡반도 일대까지 손에 넣게 된다. 1898년 영국은 영
속적 귀속 원칙에서 한발 물러나 99년 조차에 합의
하게 된다. 홍콩의 영국 식민지 기간은 150여 년.

〈아편전쟁〉을 그린 그림

02 일본 식민지 시대

1941년 12월 일본군이 홍콩을 침략하면서 영국은 일본에 홍콩 지
배권을 넘겨준다. 영국 식민지 시기와 달리 일본 식민지 시대는 혹독
했는데, 극심한 인플레이션으로 굶기를 밥 먹듯 하는가 하면 중일전
쟁에 패한 분풀이로 일본은 중국계 홍콩인을 대량 학살하기도 했다.
1945년 드디어 우리나라와 함께 홍콩도 해방을 맞이하고 다시 영국
식민지 시대로 돌아간다.

03 홍콩과 중국 정부의 갈등

1997년 중국 반환의 날이 다가왔다. 체제 변화로 인한 혼란을 막기 위해 중국 정부는 홍콩에 50년간 자치권을 유지하는 특별행정구역의 지위를 약속한다. 2047년이면 일국양제 체제가 막을 내리게 된다. 중국 정부는 다방면에서 동화 작업을 진행 중이지만 두 지역 간 GNP, 문화차이가 결코 작지 않다. 홍콩인이 중국인과 동질감을 느끼려면 시간이 필요할 듯하다.

2014년 우산 혁명의 상징이었던 노란 우산

홍콩과 마카오를 연결하는 강주아오대교

04 홍콩과 마카오 관계

마카오는 1999년 12월 20일 포르투갈로부터 중국에 반환되었다. 또한 홍콩과 마찬가지로 50년간 자치권을 확보하여 2049년까지 일국양제를 유지한다. 홍콩과 마카오는 묶어서 여행하기 좋기 때문에 매우 가까워 보이지만 사실 서로를 다른 나라로 인식한다. 그러나 최근 강주아오대교가 개통되는 등 두 지역 간 교류는 점차 늘고 있다.

지금, 홍콩

서구룡문화지구 공개

5천 평 매립지 전체를 녹지와 문화공간으로 꾸민 이곳에는 홍콩 고궁 박물관을 비롯해 현대 비주얼 컬처 박물관인 엠플러스, 중국 전통 연극 공연을 관람할 수 있는 시취센터가 자리 잡고 있다.

옥토퍼스 카드의 확대

교통카드 정도로 인식되던 옥토퍼스 카드의 쓰임이 늘어났다. 현금만 취급하던 홍콩 내 많은 식당이 옥토퍼스 카드 결재를 도입하면서 홍콩 여행이 한층 편리해졌다.

도시재생 붐

토지가 귀한 도시다 보니 홍콩에는 '도시 재생국'이 있어 관 주도로 효율적인 도시재생을 진행한다. 할리우드 로드 타이쿤에 이어 최근 소호의 센트럴 마켓이 새롭게 리모델링되어 도시인의 휴식처가 돼주고 있다.

K11 뮤제아 오픈

침사추이 빅토리아 도크 사이드를 구성하는 K11 뮤제아는 리테일 숍과 뮤지엄의 경계를 허문다. 예술과 문화를 도입해 홍콩 쇼핑의 개념을 바꾼 곳.

> 당장 홍콩 여행을 계획하고 있다면 주목하자.
> 바로 지금의 홍콩에서 여행객이 알아두면 좋을 새로운 소식 몇 가지를 뽑아 보았다.

05
더 헨더슨 완공

홍콩 헨더슨 부동산 그룹이 센트럴 비즈니스 지구의 5층짜리 주차장 빌딩을 매입해 36층짜리 오피스 타워를 올렸다. 세계적인 건축가 자하 하디드의 유작인 더 헨더슨은 예술성 가득한 친환경 빌딩으로 최근 아시아 크리스티 본사가 이곳에 둥지를 틀었다.

06
비대면 시스템 증가

코로나19 대유행을 거치면서 홍콩의 도시 구조 상당 부분이 비대면으로 전환됐다. 키오스크를 이용해 대기 번호를 받거나 QR 코드로 주문을 받는 식당이 늘고 있다. 메뉴 선택 시 식당 주인의 추천을 받을 수 없다는 점은 아쉽다.

07
피크트램 시즌 6 시작

태평산 정상까지 아찔한 각도로 올라가는 피크트램이 6번째 리모델링을 완료했다. 6세대 피크트램은 차량 두 대를 연결해 정원을 120명에서 420명까지 늘렸으며 천장에 창문을 달아 주변 전망을 더 많이 즐길 수 있도록 했다.

08
월드 오브 프로즌 개장

2023년 12월 홍콩 디즈니랜드에 〈겨울왕국〉을 테마로 한 '월드 오브 프로즌'이 세계 최초로 개장했다. 이곳에는 겨울왕국 속 가상의 국가인 '아렌델'을 비롯해 엘사가 살고 있는 성과 다양한 영화 속 공간을 만나볼 수 있다.

ETIQUETTE

홍콩에서 알아두면 좋은 **에티켓**

01 홍콩 사람들은 신체적 접촉에 민감하다

홍콩 사람들은 복잡한 시장에서조차 남과 닿지 않도록 조심한다. 무심코 손을 대거나 길에서 부딪히는 일이 없도록 조심하자.

02 홍콩 사람들은 중국인으로 불리는 것을 좋아하지 않는다

홍콩인은 자신들의 민주주의와 자본주의에 자부심이 강하며 중국의 사회주의에는 거부감을 갖고 있다. 홍콩인을 중국인으로 지칭할 시 반발할 수 있으니 주의하자.

03 초록색 모자는 피하자

홍콩에서 초록색 모자는 바람난 아내를 둔 남자를 뜻한다.

04 지하철에서는 음식물과 물 섭취 금지!

대중교통 이용 시 물이나 음식물을 섭취하면 HK$2,000의 벌금이 있으므로 주의하자.

05 길에 침을 뱉거나 쓰레기를 버리면 벌금!

길에 침을 뱉으면 HK$5,000, 쓰레기를 버리면 HK$1,500의 벌금이 있다. 홍콩 거리에는 우체통을 닮은 주황색, 초록색 휴지통이 있으므로 참고하자.

06 생선을 뒤집어 먹지 않는다

가시를 들어 올려 그 아래 것을 먹도록 한다.

07 여럿이 먹을 때 공용 젓가락으로 음식을 덜자

홍콩 독감, 사스 등 전염병으로 인해 개인 위생에 민감한 편이다.

08 식당에서 음식을 던지듯이 놓아도 크게 신경 쓰지 말자

우리나라에서는 실례지만 홍콩에서는 일상적이다. 홍콩인은 형식보다는 내용을 중요시한다. 빨리 음식을 서빙한 후 다른 일을 하기 위함이니 불쾌감을 갖지 말자.

PART

02

한 걸음 더, 테마로 즐기는 홍콩

HONG KONG

홍콩에 가면
꼭 즐기자

서양식 건축

홍콩에는 서양식 건축물이 우리나라 한옥만큼이나 많다.
식민지 시절 영국이 남기고 간 건축유산을 잘 보존, 계승하고 있기 때문이다.

시계탑
침사추이의 랜드마크. 1915년 구룡과 광둥 지방을 연결하는 기차역의 일부다. 현재는 오가는 길손의 만남의 장소가 되어주고 있다. P.087

1881 헤리티지
1884년 완공돼 1996년까지 홍콩해양경찰본부로 사용된 빅토리아 풍 건축물. 명품 쇼핑과 파인 다이닝이 가능한 쇼핑몰로 변신했다. P.090

프린지 클럽
란콰이퐁의 랜드마크. 1892년 냉장창고로 건축되었다. 지금은 비주얼아트, 전시, 퍼포먼스 예술을 위한 공간이 되었다. P.143

야경

"별들이 소곤대는 홍콩의 밤거리♪"는 한물간 유행가 가사지만 홍콩의 야경을
이보다 낭만적으로 표현하기는 힘들다. 홍콩섬 마천루와 어우러지는 빅토리아 항구의 야경을 즐겨보자.

빅토리아 피크
홍콩 여행 시 딱 한 곳만 갈 수 있다면 바로 이곳이다. 100년 된 피크 트램을 타고 피크 타워까지 올라가면 대표적인 야경 포인트 스카이 테라스 428과 만나게 된다. P.179

스타의 거리
빅토리아 하버를 따라 길게 이어지는 침사추이 해변 산책로의 일부인 스타의 거리에서는 바다 건너 홍콩섬의 화려한 스카이라인을 감상할 수 있다. P.088

루프톱 바
홍콩에는 수많은 루프톱 바가 있어 한 잔의 칵테일과 함께 야경을 여유있게 감상할 수 있다. 대표적인 곳으로 아쿠아 스피릿 P.099, 오존 P.099, 페이 P.172가 있다.

> 다른 나라와 차별되는 홍콩만의 풍경이 있다.
> 홍콩을 홍콩답게 하는 것들은 무엇일까?

(03)
다이파이동

홍콩의 노천 포장마차를 일컫는 말로, 주로 저녁 5시 이후 골목길에서 만나볼 수 있다.
볶음요리를 주메뉴로 하며 홍콩섬 센트럴과 구룡반도 삼수이포에 많다.

싱키 Sing Kee 盛記

홍콩 4대 다이파이동. 미드레벨 에스
컬레이터 맛집, 백종원 맛집 등으로
불린다. 돼지갈비튀김 '쟈오옌 파이
구'가 특히 유명하다. P.158

애문생 오이만상 Oi Man Sang 愛文生

1956년 개업한 곳으로, tvN〈스트리
트 푸드 파이터〉에 소개되면서 우리
에게도 알려지게 됐다. 감자소고기후
추볶음 강추. P.126

싱흥유엔 Sing Heung Yuen 勝香園

1957년 개업. 디자인숍이 옹기종기
모여 있는 고프 스트리트 일대에서
허름함으로 존재를 알린다. 토마토
라면 추천. P.154

(04)
전통 시장

홍콩 시장 구경만큼 재미있는 일이 있을까. 온갖 먹거리, 짝퉁 브랜드, 운동화, 장난감, 꽃, 금붕어에
이르기까지 없는 게 없다. 이왕이면 전문시장 중심으로 둘러볼 것을 권한다.

레이디스 마켓

몽콕 전통 시장의 대명사. 1970년대
여성들을 위한 전문시장으로 시작했
지만 품목이 늘어나 매우 다양한 볼
거리를 갖추고 있다. P.115

템플 스트리트 야시장

가장 홍콩스러운 야시장. 현지인의
눈높이에 맞춘 저렴한 가격이 매력.
신선한 해산물과 함께 맥주를 기울
이기 좋은 노천 레스토랑이 많다. P.114

스탠리 마켓

스탠리 해변 가는 길 200m 남짓 꼬
불꼬불 좁은 길을 따라 가게가 늘어
서 있다. 다른 전통 시장과 비슷하지
만 서양인을 위한 음식과 제품을 두
루 갖춘 게 특징이다. P.230

세계 최고!
홍콩 스카이라인

타임스 스퀘어
순 흥카이 센터
하버 센터
센트럴 플라자
홍콩 컨벤션 센터
이미그레이션 타워
호프웰 센터
퍼시픽 플레이스
시티 타워

> 스카이라인은 건물과 하늘이 만나는 지점을 연결한 선으로, 대도시의 상징이다.
> 높은 빌딩이 이어진 홍콩의 스카이라인은 세계 어느 도시보다 아름답기로 유명하다.
> 침사추이 해변 산책로에서 빅토리아 항구를 따라 늘어선 스카이라인을 감상해보자.

그때 그 시절
홍콩 영화

한때 홍콩 영화는 할리우드 영화 못지않은 인기를 누렸다. 1990년을 기점으로 그 위세는
많이 꺾였지만 느와르에서 멜로로 콘셉트를 전환하면서 여전히 홍콩과 영화는 떼려야 뗄 수 없다.
홍콩 도시 투어와 함께 즐기면 좋은 홍콩 영화는 어떤 것이 있을까?

트렌치 코트 입고 인증샷
〈영웅본색〉과 황후상 광장

제작 1986년 **감독** 오우삼 **주연** 주윤발, 장국영, 적룡

〈영웅본색〉은 후속 시리즈가 속출하면서 홍콩
서브 장르물의 시대를 연 작품으로 인정받고 있
다. 황후상 광장은 영화 속 주윤발이 트렌치 코
트를 휘날리며 지나치던 곳으로 홍콩 센트럴에
서도 핵심이 되는 지역이다. 황후상 광장(Statue
Square) P.141이라는 이름은 과거 빅토리아 여왕
의 동상이 서 있었던 데서 연유했다.

그때 그 시절, 변함없는 풍경
〈중경삼림〉과 미드레벨 에스컬레이터

제작 1994년 **감독** 왕가위 **주연** 임청하, 금성무, 양조위, 왕페이

2개의 에피소드가 옴니버스식으로 이어진다. 1부는 마약
밀매업자역 임청하의 이야기가 청킹 맨션을 중심으로 펼
쳐진다. 이 영화의 제목, 중경(重慶)은 당시 마약상 소굴이
었던 청킹 맨션(重慶大廈)에서 따온 것이다. 지금은 많이
정화되어 짝퉁 물건 정도만 거래된다. 2부는 경찰 663 역
할의 양조위와 웨이트리스역 왕페이의 사랑 이야기를 그
리고 있다. 센트럴 소호 미드레벨 에스컬레이터는 2부의
주요 무대다.(청킹 맨션 P.090 미드레벨 에스컬레이터 P.138)

자전거로 달릴 수 없는 영화 속 그곳
〈첨밀밀〉과 캔톤 로드

제작 1997년 **감독** 진가신 **주연** 장만옥, 여명

1980년대를 배경으로 하는 멜로 영화. 성공을 기원
하며 서로에게 힘이 되어주는 소군과 이요. 현실은
두 사람의 사랑을 허락하지 않지만, 운명은 두 사람
을 한 자리로 끌어당긴다. 자전거에 장만옥을 태우
고 달리던 여명의 모습을 기억한다면 침사추이 캔
톤 로드를 방문해보자. 수수했던 상가 거리가 지금
은 홍콩 최고의 명품 거리로 변모했다. 안타깝지만
현재 캔톤 로드 P.104에서 자전거 탑승은 불법이다.

여행이 더욱 즐거워지는 홍콩의 축제

음력 1월 1일부터 사흘간
설 연휴 春節
중화권에서 가장 큰 명절로, 홍콩인은 꽃으로 집안을 장식하면서 한 해의 복을 빈다. 저녁 8시를 기해 침사추이에서는 성대한 설퍼레이드가 펼쳐진다.

양력 1월 1일
새해 첫날
수십만 명이 거리로 쏟아져 나와 일제히 카운트다운을 외치고 불꽃놀이와 레이저쇼로 온 도시가 떠들썩해지는 날.

양력 3월 말~4월 초
부활절 復活節假期
영국령이었던 홍콩은 아시아에서 드물게 부활절이 공휴일이다. 일반 회사와 관공서는 최장 5일, 학교는 열흘가량 긴 연휴를 지낸다.

음력 4월 8일
청차우 섬 빵 축제 太平清
석가탄신일 釋迦誕辰日
해적에게 희생당한 영혼을 달래기 위해 시작됐다. 이 기간 청차우 섬에서는 빵으로 만든 18m 높이의 거대한 탑과 동물 탈 가장 행렬을 볼 수 있다.

양력 3월 말
아트 바젤 Art Basel
40여 개 지역에서 240여 개 갤러리가 참여하는 아시아 정상급 국제아트페어.

음력 5월 8일
용선제 龍船祭
빅토리아 하버를 배경으로 형형색색의 용 모양 배가 속도 경쟁을 벌이는 광경이 장관을 이루며, 맥주 시음회, 라이브 공연이 함께 펼쳐진다.

양력 7월 1일
홍콩 특별행정구 수립 기념일
香港特別行政區成立紀念日
영국령이었던 홍콩의 중국 반환을 기념하는 날이다.

음력 8월 15일
중추절 中秋節
중국의 4대 명절로 우리나라 추석과 같다. 이 기간 홍콩 전역에 형형색색의 등불이 걸리며 코즈웨이 베이역 인근 타이항에서는 드래곤댄스 축제가 펼쳐진다.

음력 9월 9일
중양절 重陽節
3월 3일, 5월 5일과 같이 홀수 숫자가 겹치는 날을 중양이라 한다. 그 중 가을이 무르익은 9월 9일은 공휴일이다.

양력 10월 말
홍콩 와인 앤드 다인 페스티벌
Hong Kong Wine & Dine Festival
포도나무 한 그루 없는 홍콩이지만 와인 면세 정책에 힘입어 세계에서 와인 거래가 가장 활발한 도시로 손꼽힌다. 서늘한 가을날, 빅토리아 하버 일대에 세계 여러 나라의 와인 부스가 설치되면서 축제 한마당이 펼쳐진다.

양력 10월 1일
중화인민공화국 수립일
中華人民共和國成立日

양력 12월 25~26일
크리스마스 연휴

홍콩에 가면
꼭 먹자

---
①
딤섬

광동 요리의 하나. 딤섬(點心)이란 이름처럼 마음에 점을 찍듯 가볍게 허기를 달래는
간식 개념으로 출발했으나 차츰 한 끼 식사로 정착했다.

팀호완 Tim Ho Wan 添好運

8년 연속 미쉐린 스타에 빛나는 유일무이한 딤섬집. 찬사
에 걸맞은 맛에 가격까지 착하다. P.126, 148

린흥 티하우스 Lin Heung Tea House 蓮香樓

100년 역사를 자랑하는 유서 깊은 딤섬집. 수레에 담긴
딤섬을 고르면 도장을 찍어주는데 이를 합산해 계산한
다. P.147

소셜 플레이스 Social Place 唐宮小聚

스타일리시한 딤섬의 인스타그램 맛집. 현지인, 관광객 모
두에게 큰 사랑을 받고 있다. P.152

TIP
딤섬의 종류

❶ **샤오롱바오** Steamed Pork Dumpling 小籠包
진한 돼지 육수 맛이 일품인 딤섬. 만두피를 터뜨려 안에 들어
있는 육수부터 마신다.

❷ **하가우** Shrimp Dumpling 蝦餃
찹쌀피로 통새우를 감싼 딤섬으로, 탱글탱글한 새우의 식감이
일품이다.

❸ **샤오마이** Pork Dumpling 燒売
노란색 만두피 위에 돼지고기와 새우를 다져 올린 후 성게알로
장식했다.

> 우리 입맛에도 잘 맞는 홍콩 미식,
> 어떤 종류가 있고, 어느 식당이 맛있는지 선별했다.

⑫

국수

고기 국수부터 완탕면에 이르기까지 홍콩의 국수 스펙트럼은 넓고도 넓다.
미쉐린 맛집부터 노점상까지 다양한 국숫집을 즐겨보자.

침차이키 Tsim Chai Kee 沾仔記

뚝심의 완탕면집. 수많은 식당들이 메뉴 개발에 열을 올리는 가운데 완탕면 하나로 60년 세월을 이어온 유서 깊은 국숫집이다. P.156

카우키 Kau Kee Restaurant 九記牛腩

중화권 최고 스타 양조위의 단골집. 한국인 여행객이 특히 사랑하는 국숫집이지만 줄서기와 합석을 감수해야만 한다. P.153

······· TIP ·······
국수의 종류

❶ **완탕면** Wonton Noodle 雲呑麵
해산물 육수, 달걀로 반죽한 꼬들꼬들 면발, 탱글탱글한 통새우가 그대로 씹히는 완탕이 들어간 국수.

❷ **소고기 국수** Beef Brisket with Noodle 牛腩麵
소고기를 푹 우려낸 육수에 쌀국수를 넣고 소고기 고명을 푸짐하게 올린 국수로, 갈비탕처럼 구수한 국물 맛이 일품.

❸ **라면** Ramen 拉面
라면은 중국 명나라 기록에 처음 등장한다. 손으로 뽑은 국수를 이르며 쫄깃한 면발이 특징이다. 보통 달걀프라이나 햄을 토핑해 먹는데 토마토라면·탄탄면 같은 특색 있는 라면도 있다.

❹ **퇴탄미엔** 腿蛋麵
홍콩인이 아침 식사로 즐겨 먹는 햄과 달걀프라이를 얹어 먹는 국수다.

빙키 Bing kee 炳記茶檔

차찬텡이자 다이파이동인 곳으로 숯불갈비에 햄과 달걀프라이를 곁들인 퇴딴미엔(腿蛋麵)을 선보인다. P.203

03
차찬텡

차와 찬(음식)이 함께한다는 의미로, 홍콩식 서양 요리를 파는 식당의 총칭이다.
주로 아침 식사를 취급하는데 무얼 먹든 밀크티가 필수이므로 세트 개념으로 많이 주문한다.

미도 카페 Mido Cafe 美都餐室

1950년대에 개업한 그 모습 그대로를 유지하고 있다. 초
창기 차찬텡의 향수가 느껴지는 곳. 티와 커피의 결합 '원
앙차'도 한번 맛보자. P.118

란퐁유엔 Lan Fong Yuen 蘭芳園

홍콩 차찬텡의 산 증인. 인테리어라 할 만한 것도 없는 좁고
허름한 공간이지만 항상 사람으로 가득찬다. 실크 스타킹
밀크티가 유명하다. P.153

캐피탈 카페 Capital Cafe 華星冰室

완차이 캐피탈 카페는 젊은 층이 많이 찾는 차찬텡이다. 왕
년의 홍콩 스타 알란탐을 기리는 '교장 토스트' 같은 독특한
메뉴를 선보인다. P.196

.... TIP ....
차찬텡의 종류

❶ **프렌치토스트** French Toast 西多士
달걀물을 입힌 토스트에 버터를 얹어내는데 메이플 시럽이나
설탕을 뿌려 먹는다.

❷ **라면** Ramen with Ham and Egg 腿蛋麵
기본 닭육수 라면에 스팸, 달걀프라이, 갈비구이 등을 고명으
로 선택할 수 있다.

❸ **뽀로바오** Pineapple Bun with Butter 菠蘿包
소보로빵을 연상시키는 두툼한 빵 사이에 큼직한 버터 한 조
각이 들어 있다.

❹ **라이차** Milk Tea 奶茶
홍콩식 밀크티. 찻잎을 가득 넣은 실크 주머니를 물에 팔팔 끓
인 후 주머니를 꼭 짜 받아놓은 찻물에 연유를 넣어 완성한다.
이를 라이차(奶茶)라 한다. 밀크티는 뜨겁게 마시는 것이 기본
이지만 무더운 날씨로 홍콩에서는 아이스 밀크티도 즐겨 마
신다.

광둥 요리

책상 빼고 네발 달린 것은 다 식재료가 된다는 광둥 요리.
식재료와 조리법이 워낙 다양해 중국 요리의 본체로 여겨진다.

푹람문 Fook Lam Moon 福臨門

1972년 개업한 미쉐린 2스타 맛집. 장국영 단골집으로 유명한 이곳은 비둘기, 샥스핀, 제비집 등 귀한 식재료를 써 광둥 요리계의 선구자로 불린다. P.195

서웡펀 Ser Wong Fun 蛇王芬

홍콩 서민의 보양식 맛집이다. 비둘기구이 외에 뱀 수프, 거북 요리, 닭발 수프 등 진귀한 요리를 맛볼 수 있다. P.150

TIP
광둥 요리 종류

❶ **비둘기구이** Crispy Pigeon 脆皮燒乳鴿
식용 비둘기를 통째로 구워낸 것으로 특별한 양념 없이 굽는데도 닭고기보다 기름기가 적고 식감이 쫀득하다.

❷ **뱀 수프** Snake Soup 蛇羹
뱀 수프는 홍콩인의 보양식으로 뱀, 전복, 닭, 생강, 목이버섯, 생선 부레 등을 재료로 한다. 뱀 특유의 누린내가 나지만 먹을 만한 수준이다.

❸ **스파이시 크랩** Spicy Crab 招牌橋底辣蟹
마늘, 고추 같은 강한 양념과 함께 커다란 게 한 마리를 통째로 조리한다.

룽킹힌 Lung King Heen 龍景軒

센트럴 포시즌스 호텔에 자리한 광둥식 레스토랑. 수프, 메인, 볶음밥, 디저트로 이어지는 이그제큐티브 런치 세트가 1인 HK$ 880이다. P.146

05
와인

2008년 홍콩 시정부가 40%에 달하던 와인 주세를 폐지하면서 홍콩이 아시아 와인 강국으로 부상했다.
슈퍼마켓마다 대형 와인코너를 갖추고 있으며 골목골목 자리하는 와인숍도 상당하다.

왓슨스 와인
Watson's Wine

드러그스토어 왓슨스가 운영하는 와인 전문숍으로, 홍콩 와인 리테일 1위를 자랑한다. 전 세계 20개 산지에서 들여온 2,000여종 와인을 구비하고 있다. P.149

파인 레어 홈 홍콩
FINE+RARE HOME HONGKONG

와인 수집가를 위한 최상의 공간으로 꼽힌다. 특정 빈티지의 레어템을 다수 소장하고 있을 뿐 아니라 풍부한 지식으로 무장한 와인 전문가가 고객의 취향에 맞는 와인을 골라준다.

와인 버프
Wine Buff Limited

창고형 와인숍으로, 가격적인 이점이 크다. 국내 와인 애호가의 성지. 드물게 불량품이 있기도 해서 잘 보고 사야하는 점은 주의하자.

소더비 와인 숍
Sotheby's Wine Shop

세계적인 경매 회사의 와인 컬렉션을 한 곳에서 만날 수 있는 곳이다. 프리미엄 와인은 물론 '소더비 와인 라인' 같은 저렴한 가격의 데일리 와인까지 다양하게 선보인다.

06
애프터눈 티

중국의 차 문화와 영국 상류 사회 티타임 문화가 결합한 홍콩의 애프터눈 티를 경험해보자.

더 로비
The Lobby

페닌슐라 호텔의 더 로비는 1928년 오픈 때부터 홍콩 거주 영국인의 사교 장소로 인기를 끌었다. 늘 붐비므로 예약은 필수다. P.095

코바
Cova Ristorante & Caffe

핑크빛의 아기자기한 디저트 선물 세트로 유명한 이탈리안 레스토랑 카페. 최근 홍콩 주요 랜드마크·MTR·호텔에 속속 입점하고 있다. 오후 2시 30분 이후 방문하면 3단 애프터눈 티 세트를 맛볼 수 있다. P.162

⑦
카페

홍콩 스타일 인테리어로 단장하거나 전통 간식을 파는 등 홍콩 카페 대다수가 그만의 독특한 콘셉트로 운영된다.
독특함 면에서 세계 최고라 할 만한 홍콩 카페. 어느덧 방문 필수 코스로 자리 잡았다.

하프웨이 커피
Halfway Coffee

홍콩 전역에는 하프웨이 커피가
다섯 곳이나 있지만 성완 콘노트 로드
점이 특히 유명한 데는 이유가 있다. 원래 이
자리에는 호이온 카페(Hoi On Cafe, 海安
喋咖室)가 있었다. 호이온 카페는 1950년
오픈한 유서 깊은 차찬텡으로 70년 넘게 영
업을 이어 오다가 최근 문을 닫았다. 하프웨
이 커피 처마에는 '海安喋咖室'이라는 글자
가 아직 희미하게 남아 있다. P.161

N1 커피 앤 컴페니
N1 Coffee & Co.

커피 로스팅에 오랜 경험과 노
하우를 가진 카페. 침사추이·사
이쿵·완차이 세 곳에 매장을 두
고 있다. 낡고 오래된 건물에
자리한 완차이 지점은 SNS에
사진이 자주 오르내린다. P.098

커피 아카데믹스
The Coffee Academics

까다로운 홍콩 커피 애호가의
입맛을 충족시키는 로컬 브랜드 커
피숍. 다갈색 인테리어가 마음을 편안하게
해주는 곳으로, 오키나와, 마누카, 아가베
등 시그니처 커피로 유명하다. P.194

퍼시픽 커피
Pacific Coffee

스타벅스보다 더 자주 눈에 띄는 로컬
브랜드 커피 전문점. 홍콩과 마카
오에서 약 400여 개 지점을 운
영하는데, 빅토리아 피크점의
경우 통유리 밖으로 내다보는
경치가 압권이다. 13종의 에
스프레소 블랜드와 스페셜티
커피가 인기. P.098

홍콩에서는
모두가 미식가

여행지에서 무조건 배만 채우자는 마음으로 음식을 고르는 사람은 없다.
기왕이면 맛있는 요리를, 기왕이면 저렴한 금액으로,
기왕이면 멋진 전망과 함께 즐기고 싶은 것이 모든 여행자의 바람일 것이다.
이런 원대한 꿈이 이루어지는 곳, 바로 미식의 천국 홍콩이다.

TIP
홍콩 음식점 이용 팁!

❶ 중급 레스토랑 이상이라면 예약 후 방문하는 것이 좋다. 전화나
   이메일 등으로 방문 시간과 인원을 알려주면 된다.
❷ 인기 레스토랑에서는 합석이 기본이다. 4명이 앉는 테이블에 서
   로 모르는 사람 4명이 앉는 경우도 비일비재하다.
❸ 대부분의 음식점은 점심과 저녁 시간 사이에 2~3시간 브레이크
   타임을 둔다. 방문 전 반드시 영업시간을 확인할 것.
❹ 메뉴판에 적힌 금액 외 10%가량의 봉사료가 추가되거나 차나
   물, 기본 반찬이 유료인 경우가 많다.
❺ 식사를 마치면 종업원을 불러 계산서를 달라고 하자. "마이딴(埋
   單)" 또는 "Bill Please"라고 하면 된다.

홍콩이 미식의 천국인 이유

홍콩의 레스토랑 수는 4만여 개에 이른다. 인구 비례로 따진다면 뉴욕의 2배, 런던의 5배에 달한다. 이쯤 되면 거리고 건물이 전부 음식점으로 뒤덮인 게 아닌가 하는 생각까지 들 지경이다. 홍콩은 급격한 산업화를 겪으며 하루 세 끼를 외식으로 해결하게 되었는데, 외식 산업의 성장은 홍콩의 경제 그래프와 궤를 같이 한다. 홍콩에서 주방이 없는 집은 더 이상 놀랄 일이 아니다. 홍콩 요리는 맛의 끝판왕 광둥 요리를 기본으로, 서구의 식문화 영향을 많이 받았다. 게다가 국제상업도시다 보니 수많은 외국 상인들이 오가며 다양한 식재료와 조리법을 전파하면서 홍콩은 오늘날처럼 미식의 천국이 되었다.

홍콩 미식 여행의 길잡이, 미쉐린 가이드

방대한 미식의 세계를 미쉐린 가이드(Michelin Guide) 하나로 평가하기엔 무리가 있지만 미쉐린이 가장 대중적인 길잡이인 것은 부정할 수 없다. 미쉐린 가이드의 평가 기준은 요리수준, 요리법, 개성, 가격, 일관성 이 다섯 가지. 일반인을 가장한 평가원이 한 식당을 5회 이상 방문해 점수를 매기게 된다.

별 1개는 요리가 훌륭한 곳, 2개는 요리를 맛보기 위해 일부러 방문할 만한 곳, 3개는 요리 때문에 여행을 떠나도 아깝지 않은 곳을 뜻한다. 그 외 별은 아니지만 빕구르망(Bib Gourmand) 섹션이 있는데, 이는 가성비 맛집으로 인정 받은 곳을 뜻한다.

2024년 3월에 공개된 미쉐린 가이드 홍콩판에는 7개의 3스타, 12개의 2스타, 60개의 1스타 및 4개의 그린스타 레스토랑이 업로드되었다. 이중 그린스타는 윤리적 기준과 환경적 책임을 갖고 지속가능성을 실천하는 레스토랑에 수여된다. 이들은 생산자와 직접 협력하거나 유기농 재료를 사용하고 플라스틱 용기 사용을 자제하며 음식쓰레기를 줄이기 위해 노력한다.

TV 여행
예능 맛집 뽀개기

여행 관련 먹방 프로그램이 급격하게 늘어나면서 미식 도시 홍콩이 다시 시선을 끌고 있다.
홍콩 식당 가운데서도 유서 깊은 맛집과 독특한 음식이 많은 선택을 받는 중이다.

죽가장 Bamboo Village　　　　　　　　　P.118

인기 유튜버 풍자의 유튜브 채널 〈또간집〉에서 홍콩 거주 35년 차 현지 통역사가 소개한 맛집으로 태풍 대피소 스타일로 불리는 해산물 요리를 선보인다.

죽원해선반점 Chuk Yuen Seafood Restaurant 竹園海鮮飯店　P.163

KBS 2 〈배틀트립〉에서 황보가 방문한 해산물 맛집. 랍스터, 갯가재, 가리비 등 고급 갑각류를 취급한다. 마늘소스 대합찜이 인기.

카우키 Kau Kee Restaurant 九記牛腩　P.153

〈배틀트립〉에서 홍석천이 추천했다. 국수 맛만으로 현지인과 여행객 모두의 사랑을 받고 있다. '소고기안심 튀기국수'가 인기.

린홍 티하우스 蓮香樓　　　　P.147

MBC 〈전지적 참견 시점〉에서 '구라 걸즈'가 방문한 100년 전통의 딤섬 식당. 수레에 여러 종류의 딤섬을 싣고 테이블 사이를 돌아다니는 옛날 영업 방식을 고수하고 있다.

소셜 플레이스 Social Place　P.152

〈짠내투어〉에서 박나래가 소개한 맛집. 딤섬 모양도 모양이지만 인공 조미료를 배제하고 신선한 재료를 사용한다는 점이 인기 요인.

빙키 Bing kee 炳記茶檔　　　　　　　　P.203

〈배틀트립〉에서 황보가 방문해 유명해진 이곳은 다이파이동이면서도 이례적으로 아침에 영업을 한다. 홍콩 로컬 스타일의 아침 식사를 취급하는데, 버터와 연유를 올린 홍콩식 토스트와 스팸 올린 라면이 유명하다.

애문생 오이만상 Oi Man Sang 愛文生　　　P.126

tvN 〈스트리트 푸드 파이터〉에 소개된 맛집. 사업 규모가 커지면서 일대 가게가 다 애문생 간판을 걸고 있다. 조리는 한 곳에서 하기 때문에 맛은 동일하다. 감자소고기후추볶음이 인기.

홍콩에서
차를 즐기는 방법

홍콩에서 차의 위상은
우리가 상상하는 것 이상이다.
전 세계에서 차 문화가 가장 발달한
두 곳을 꼽으라면 중국과 영국인데,
두 나라의 차 문화가 융합되어
더 큰 꽃을 피워낸 곳이 홍콩이다.
홍콩인에게 차는 심지어 밥과 함께
먹는 국 대용이기도 하다.
딤섬은 기본적으로 차와 함께 즐기는
음식이기에 얌차(飮茶)라는
이름으로도 불리며, 차찬텡은
차에 찬을 곁들이는 간단한 식사를
일컫는다. 1인당 차 소비량이
아시아 부동의 1위, 세계적으로는
9위에 오를 만큼 홍콩은 전 세계
차 문화를 선도하는 도시다.

---- TIP ----

❶ **재스민차(茉莉花茶)** 일반 찻잎에 아라비안 재스민 꽃잎을 혼합해 만든 발효차로, 꽃잎이 들어간 만큼 향기가 좋고 쓴맛이 덜하며 다이어트, 신경 안정에 좋다.

❷ **보이차(普洱茶)** 대표적인 중국 발효차. 첫 맛은 다소 떫지만 시간이 지날수록 단 맛이 감돌며 향도 오래간다. 지방 분해 효과가 있어 기름진 중국 요리와 잘 어울린다.

❸ **철관음차(鐵觀音茶)** 홍차의 짙은 맛과 녹차의 맑은 향을 동시에 느낄 수 있다. 사포닌이 풍부해 소화를 돕고 변비에 좋다.

❹ **용정차(龍井茶)** 발효 과정을 거치지 않고 찻잎을 그대로 말린 뒤 우려낸 차. 보통 엽차라고 하며 색깔이 맑고 맛이 은은하다.

식당에서 차 즐기기

19세기 말 영국 통치와 함께 홍콩 내 상업지구가 빠르게 생겨 나던 경제 호황기, 식당에서 서비스 차원으로 손님에게 차를 무료로 제공하기 시작했다. 이러한 문화에서 기인해 요새는 식당에 들어가 자리에 앉으면 종업원이 원하는 차를 물어보는데, 재스민차, 보이차 등이 가장 무난하지만 특별히 선호하는 게 없다면 무료로 제공하는 기본 차를 마시면 된다.(식당별로 유료인 곳도 있음) 식사 중 차 리필이 필요하면 주전자 뚜껑을 비스듬히 열어두자. 그러면 지나가던 종업원이 찻물을 채워줄 것이다. 이때 검지와 중지를 살짝 구부리고 테이블을 톡톡 두 번 쳐 고맙다는 뜻을 표하자. 구부린 손가락은 무릎을 꿇고 예를 표하는 사람의 모습을 상징한다.

애프터눈 티, 이제는 영국보다 홍콩 문화

중국이라는 뿌리에 영국 색을 입힌, 홍콩을 가장 잘 보여 주는 것이 바로 애프터눈 티다. 오후 2시부터 6시 사이, 홍콩의 밤거리가 불야성을 이루기 전 사람들은 찻집 혹은 레스토랑을 찾아 고즈넉한 티타임을 즐긴다. 특급 호텔에서 애프터눈 티 세트를 주문하면 반짝반짝 빛나는 은빛 3단 트레이에 스콘, 샌드위치, 케이크 등이 가득 담겨 나온다. 애프터눈 티를 평가하는 기준은 스낵 자체보다 스낵과 함께 마시는 홍차의 질이다. 만약 홍차 특유의 떫은 맛이 싫다면 부드러운 잉글리시 애프터눈 티(English Afternoon Tea)나 실론(Ceylon)을 선택하면 되고, 좀 더 강한 맛을 선호한다면 시원한 향의 얼그레이(Earl Grey)나 아쌈(Assam)을 선택하자. 차는 바로 잔에 따르지 말고 함께 나오는 스트레이너에 거른 후에 잔에 따라 맛보자. 우유나 설탕을 살짝 더하면 조금 더 부드러운 맛을 즐길 수 있다.

홍콩에서만 맛보는 밀크티?

홍콩의 서민들이 즐겨 찾는 차찬텡에서 가장 인기 있는 차는 바로 라이차(奶茶)라는 이름의 밀크티. 사실 홍콩의 밀크티는 뜨거운 물에 찻잎을 띄운 후 우유를 첨가하는 일반적인 밀크티와 제조법이 다른데, 우선 찻잎을 가득 넣은 실크 주머니를 물에 담근 후 팔팔 끓인다. 주머니를 꼭 짜 받아놓은 찻물에 연유를 넣으면 완성되며, 기호에 따라 설탕을 넣을 수도 있다. 밀크티는 당연히 뜨겁게 마시는 것이지만 무더운 홍콩에서는 레몬과 얼음을 넉넉히 넣은 아이스 밀크티도 인기가 많다. 독특한 것은 냉기를 유지하기 위해 얼음을 가득 채운 그릇 한가운데 밀크티 잔을 넣어주는 곳이 많다는 것이다. 라이차에 커피를 섞은 원앙차(鴛鴦茶)도 오직 홍콩에서만 접할 수 있는 독특한 차 문화 중 하나다.

홍콩에 가면
꼭 사자

01

미니어처 향수

드러그스토어 샤샤(Sasa)는
손안에 쏙 들어오는 미니어처
향수를 사기 위한 쇼퍼로
발 디딜 틈이 없다.
개당 HK$50 전후

02

홍바오

홍바오는 붉은색 바탕에 금색
글자가 쓰인 봉투로 홍콩인은
설날 라이시(세뱃돈)를
이곳에 담아 서로 건넨다.
홍바오 판매소는 홍콩
대로변에 가판대 형태로
흔하게 자리 잡고 있다.
한 묶음 HK$20~30

03

보제환

청나라 때부터 내려오는 가정
상비약. 소화에 특효지만 멀미,
해열에도 효과가 있다.
그러나 보제환의 가장 주요한
효능은 숙취 해소라는 사실.
드러그스토어에서 판매한다.
개당 HK$30 전후

04

트러플 오일

무슨 요리든 몇 방울만
떨어뜨리면 트러플의
풍미가 확 살아난다.
시티슈퍼 핫 아이템.
100g에 HK$82

05

비타끄렘므 B12 플러스

비타민 B12를 다량 포함하고 있어
여드름 치료, 흉터 개선에 효과를
보이는 것으로 알려진 피부 재생 크림.
플러스 제품은 매닝스에만 있다.
50ml에 HK$198

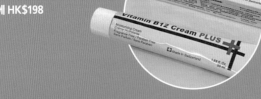

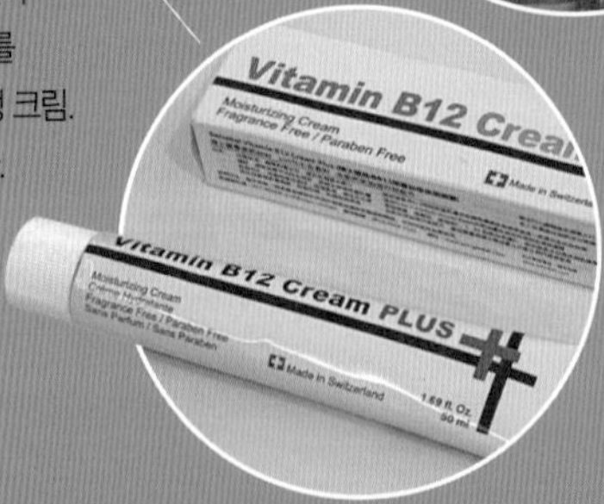

> 홍콩 하면 쇼핑! 명품 쇼핑이 주를 이루던 과거와 달리 지금은 마트, 드러그스토어,
> 시장으로 쇼핑의 장이 확대되었다. 우리나라에 없거나 홍콩이 훨씬 싼 쇼핑 아이템은 무엇일까.

06

기화병가의 판다쿠키, 두리안 에그롤

80년 전통의 과자점.
판다쿠키와 함께 두리안
에그롤도 인기.
8개들이 세트가 HK$80 전후

07

제니 베이커리 쿠키

촉촉하고 부드러운 식감이
자꾸 입맛을 당겨 마약쿠키라
불린다. 주문은 사진을 보고
고르면 되며, 현금만 받는다.
4가지 맛 사각통(380g)
HK$90

08

닌지옴 페이파이카오

1946년 설립된 닌지옴은 홍콩의
으뜸가는 한약 제조업체 중
하나다. 대표 제품인 당밀시럽
페이 파카오(Pei Pa Kao)는
기침을 완화하고 따끔거리는
목을 진정시키는 효과가 있다.

09

화흥백화유

홍콩 국민 보급품 백화유.
머리 아픈 데, 관절 쑤시는 데,
모기 물린 데 다 발라도 된다.
드러그스토어, 슈퍼마켓에서 판매.
20ml가 HK$55 전후

10

타이거밤

1870년 처음 선보인 후로 꾸준한
인기를 누리고 있는 호랑이 연고.
파스 제품으로도 나와
있지만 활용도는 연고가 더 높다.
드러그스토어에서 판매.
연고 HK$30

홍콩에 가면 꼭 사자

01
복합몰

홍콩에서 쇼핑몰은 단순히 쇼핑하는 곳만은 아니다. 후덥지근한 홍콩에서 시원한 오아시스 같은 역할을 한다.
또한, 홍콩 유명 맛집들이 분점을 내며 진출한 곳이 많아 쇼핑과 미식을 한 곳에서 즐길 수 있다.

하버시티 Harbour City

홍콩에서 단 한 곳의 쇼핑몰을 골라야 한다면 하버시티다.
450여 개의 매장과 70여 개의 레스토랑, 3개의 럭셔리 호
텔이 자리 잡고 있는 초대형 쇼핑몰이다. P.101

IFC몰 IFC mall

고가의 명품 브랜드부터 중저가의 로컬 브랜드, 미쉐린 별
점 레스토랑, 어른들의 놀이터 애플 스토어까지 모두 입점
해 있어 하루 종일 있어도 지루할 틈이 없다. P.165

타임스 스퀘어 Times Square

규모와 입점 매장 수에서 단연 코즈
웨이 베이 선두를 달리는 쇼핑몰. 홍
콩 로컬 브랜드, 남성 캐주얼 브랜드
등 우리나라에서 없는 브랜드가 상당
수 자리한다. P.210

하이산 플레이스 Hysan Place

홍콩의 럭셔리 쇼핑몰 리 가든스가
젊은층을 겨냥해 2012년 론칭한 쇼
핑몰. 대형 휴식 공간인 스카이 가든
으로 유명하다. P.210

퍼시픽 플레이스 Pacific Place

4개의 5성급 호텔 및 홍콩 공원과 연
결되는 쇼핑몰. 최신 유행의 고급 브
랜드를 비롯해 미식 공간도 풍성하게
갖추고 있다. P.166

홍콩에 가면 꼭 사자

아웃렛

홍콩 쇼핑의 크나큰 매력은 다양성과 저렴함이다. 그런 면에서 아웃렛은 쇼퍼들이
사랑할 수밖에 없는 공간이다. 신상마저 파격가로 만날 수 있는 곳.

이사 ISA

침사추이에만 매장이 6곳으로 현지인, 여행객 모두에게
큰 사랑을 받는 명품 아웃렛. 신상과 재고가 뒤섞여 있으
므로 필요한 것을 잘 찾아보자. P.105

한나 HANNAH

명품 가방 사기 좋은 곳으로, 아웃렛임에도 가방의 종류가
다양하다. 기본 할인 외 일정액 이상 구입 시 10% 추가 할
인. P.106

시티 게이트 아웃렛 City Gate Outlet

규모 면에서 홍콩 아웃렛 중 최대를 자랑하는 곳. 스포츠
용품 쇼핑에 최적화 된 곳. 브랜드 운동화를 사려면 무조
건 이곳이다. P.223

호라이즌 프라자 Horizon Plaza

홍콩을 대표하는 대규모 아울렛. 레인 크로퍼드, 톰 딕슨,
상하이탕, 막스마라 등 유명 브랜드의 가구·패션·잡화를
80%까지 할인 판매한다. P.233

03
로컬 브랜드

디자인, 품질, 가격 면에서 명품 못지않은 매력으로 전 세계 쇼퍼들을 유혹하는 홍콩의 로컬숍을 한번쯤 찾아보자.

아이티 I.T

홍콩 최대 멀티숍. 유행에 민감하다. 젊은 층 사이에 가장 핫한 아이템은 이곳에 먼저 전시된다. 하버시티·원 퍼시픽 플레이스·하이산 플레이스에 입점해 있다.

지오다노 GIORDANO

우리에게 친숙한 지오다노가 홍콩 로컬 브랜드였다! 지오다노 콘셉트, 지오다노 레이디스, 지오다노 키즈 등으로 특화되어 있어 한국보다 다양하다.

스타카토 staccato

홍콩 거리에서 5초에 한 번씩 볼 수 있다고 해서 '5초 슈즈'라는 별명이 있다. 홍콩의 국민 슈즈로, 트렌디한 디자인과 합리적인 가격이 매력.

04
디자인숍

홍콩 시내 곳곳에는 뛰어난 아이디어로 무장한 디자인숍이 많아 인테리어를 주제로 여행해도
하루가 부족할 정도. 눈으로만 즐겨도 행복한 홍콩의 대표 디자인숍은 어디일까.

지오디 G.O.D

홍콩에서 가장 유명한 디자인숍. 홍콩스러운 디자인을 추구한다는 점에서 다른 브랜드와 확연히 구분된다. 나만의 기념품을 고르기에 더없이 좋은 곳. P.167

홈리스 Homeless

홍콩 국제공항, 라가든스3, 더원 등 홍콩에 4개의 지점을 두고 있다. 스칸디나비아 풍 가구와 소품들이 특히 많다.

프랑프랑 franc franc

세계적으로 유명한 인테리어숍. 예쁜 주방용품이 많고, 집안 곳곳에 두면 좋은 소품도 많아 선물하기도 좋다. P.212

슈퍼마켓

홍콩의 슈퍼마켓을 알면 홍콩이 보인다. 70년이 넘는 역사를 이어오는 홍콩 슈퍼마켓은
로컬 상품은 물론 세계 각지의 진기한 물건을 구비한 만물 전시장으로 진화했다.

웰컴 Wellcome

1945년 처음 문을 연 이래 홍콩 전역에 280여 개의 체인점을 두고 있다. 퇴근길 찬거리를 사기 위한 발걸음부터 맥주, 와인을 사기 위한 여행객으로 늘 북적이는 곳. 24시간 영업.

파킨숍 Parknshop

1973년 처음 오픈한 이래 홍콩 전역에 270여 개의 체인점을 두고 있다. 저렴한 가격대의 잡화들이 많으며 재래시장 못지않은 신선한 과일과 채소가 풍성하다.

시티슈퍼 City'Super

1996년 타임스 스퀘어에 처음 문을 연 이래 홍콩 프리미엄 슈퍼마켓 시장을 한 단계 끌어올린 주역으로 인정받고 있다. 세련된 인테리어와 고급스러운 상품 진열이 특징.

드러그스토어

홍콩에서 편의점만큼이나 자주 눈에 띄는 가게가 드러그스토어다.
생활용품, 화장품, 식료품, 상비약 등 소소한 선물을 사기 좋은 곳.

왓슨스 Watsons

홍콩에만 180여 개의 매장을 둔 아시아 최대 규모의 드러그스토어. 화장품과 상비약을 사고 싶다면 꼭 들르자. 전체적으로 우리나라보다 저렴하다.

샤샤 Sasa

미니어처 향수, 여행 키트, 마스크팩, 매니큐어 등 화장품류를 사기 좋은 곳. 종류도 다양하고 금액도 저렴해 선물 쇼핑에 제격이다.

매닝스 Mannings

스위스 재생크림 '비타끄렘므 B12 플러스'를 파는 몇 안 되는 곳. 왓슨스 물품과 비슷하지만 경쟁이 치열하다 보니 가끔 더 싸거나, 더 독특한 것을 내놓곤 한다.

이것만 기억하자!
홍콩 쇼핑 노하우 6

홍콩 쇼핑은 준비가 필요하다. 파격 세일이라는 문구가 난무하지만
다 믿을 수 없는 데다 홍콩의 아이템이라고 무조건 우리나라보다 저렴하지는 않기 때문이다.
현명한 홍콩 쇼핑 노하우는 무엇일까.

세일 기간을 노려라

홍콩은 여름 시즌인 7~8월과 연말연시인 크리스마스~
음력 설에 대대적인 할인 행사를 실시한다. 80%를 넘나
드는 초특가 세일이 이어져 쇼퍼들을 행복에 빠뜨리지만
이 시기가 여행 성수기와 맞물리는 만큼 항공권 금액이
평소 두 배로 오른다. 최소 출발 3개월 전에 얼리버드 항
공권을 미리 구입해야 원정 쇼핑에 의의가 있다.

대형 쇼핑몰은 한 곳만

홍콩의 대형 쇼핑몰은 하버시티, IFC몰, 퍼시픽 플레이스
등 족히 10곳이 넘는다. 짧은 여행 일정을 모두 쇼핑몰에
서 보낼 수는 없는 일. 인기 브랜드는 대부분 모든 쇼핑몰
에 입점해 있으므로 한두 곳만 방문해도 족하다. 또한 소
품점이 많은 K-11, 로컬 브랜드숍이 많은 실버코드 등 각
쇼핑몰의 특징을 알아두면 더욱 효율적으로 쇼핑할 수
있다.

명품 쇼핑은 아웃렛

시티 게이트 아웃렛처럼 외곽에 위치한 대형 아웃렛은
물론 시내 곳곳에도 내실 있는 아웃렛이 많다. 이사(ISA),
제이아웃렛, 한나, 트위스트 같은 시내 아웃렛은 비교적
신상에 가까운 명품을 파격가로 구할 수 있다. 회원 가입
이나 일정 금액 이상 구입 시 추가 할인을 적용받을 수 있
다는 사실도 기억해두자.

거리의 특성을 파악하라

홍콩은 인기 브랜드숍이 여기저기 흩어져 있기 때문에 계
획 없이 무작정 나서면 시간도 많이 뺏기고 금방 지친다.
쇼핑에 나서기 전 거리의 특성을 미리 파악해 놓자. 유명
디자이너 숍이 가득한 코즈웨이 베이의 패션워크, 편집
숍과 보세점이 많은 침사추이의 그랜빌 로드, 명품숍이
늘어선 침사추이의 캔톤 로드, 인테리어와 디자인숍이
많은 센트럴의 고프 스트리트. 이 정도만 알아두어도 시
간과 예산을 절약할 수 있다.

US$800을 넘지 말자

명품을 저렴하게 구입했다고 해서 마냥 좋아할 수 없는
것은 우리나라 세법상 US$800 이상의 물품 반입 시 공
항에 신고하고 관세를 지불해야 하기 때문이다. 쇼핑 시
이 점을 유의해서 초과 구매하지 않도록 신경 쓰자.

카드 결제는 현지 화폐로

신용카드로 결제 시 현지 화폐로 할지 한국의 원화로 할
지 의사 표시를 하도록 한다. 주인이 마음대로 원화 결제
를 해버리면 한 번 더 수수료가 발생해 손해가 막심하다.
결제는 반드시 현지 화폐로 하자.

입국부터 시내 이동까지

01
우리나라에서 홍콩으로 어떻게 이동할까?

① 항공편 선택 시 유의 사항

- 인천-홍콩간 직항 노선을 운항하는 항공사는 대한항공을 비롯해 20개가 넘는다. 부산 김해-홍콩 노선의 경우 아시아나항공, 에어부산, 홍콩익스프레스가, 제주-홍콩 노선은 제주항공과 홍콩익스프레스가 직항편을 운영한다.

- 인천-홍콩 구간은 항공사보다 월별, 요일별, 시간에 따라 가격 차이가 더 크게 난다. 특가 항공권의 경우 6만 원대에 나오기도 하며 평균 30만 원 선에서 구할 수 있다. 가장 항공권이 저렴한 시기는 3월이다. 인천 출발은 평일 밤 비행기가, 홍콩은 오전 출발 편이 더욱 저렴하다. 좀 더 유리한 가격에 구매하려면 최소 한 달 전에 예약하는 게 좋다.

② 홍콩 국제공항 이용 시 유의 사항

현재 공항 확장공사로 인해 제2터미널은 완전히 철거하였으며, 신설 제2터미널은 2026년에 개장할 예정이다.

TIP
인타운 체크인(In town check in) 어렵지 않다

'인타운 체크인'이란 공항에서 해야 하는 항공기 체크인을 시내에서 하는 것을 말한다. 다른 말로 '얼리 체크인'이라고도 한다. 인타운 체크인의 장점은 공항 체크인 카운터에서 긴 줄을 서지 않아도 된다는 것과 공항에 오기 전에 짐을 먼저 부치므로 홀가분하게 돌아다닐 수 있다는 점이다. 다만, 홍콩 MTR에서 제공하는 서비스로 현재 홍콩역·구룡역에서 홍콩 국적기(홍콩항공, 캐세이퍼시픽)에 한정돼 있다는 점은 아쉽다. 비행기 출발 24시간 전부터 이용 가능하지만 체크인 시간은 정해져 있다.

항공사	스테이션	서비스 시간
홍콩항공	홍콩역	오전 6시~오후 7시
	구룡역	오전 6시~오후 3시
캐세이퍼시픽	홍콩역	오전 6시~오후 11시
	구룡역	오전 6시~오후 3시

AEL 티켓(옥토퍼스 카드)을 찍은 후 내부로 진입하지만 티켓을 사용한 게 아니므로 꼭 지니고 있어야 한다. 본격적으로 체크인 카운터에서 짐을 부치고 보딩카드를 발급받으면 모든 절차가 끝난다. 공항에서는 보안 검색과 출국 심사만 받으면 끝! 체크인 카운터를 벗어날 때는 티켓을 찍지 않고 출구로 바로 나간다.

02
홍콩 공항에서 시내로 어떻게 이동할까?

공항철도, 공항버스, 택시, 호텔 셔틀버스를 이용할 수 있다. 공항철도는 홍콩 시내까지 가장 빠르게 갈 수 있으며, 공항버스는 느리지만 24시간 운영된다는 장점이 있다. 택시는 심야 도착 시 이용하면 편리하다.

여러 명이라면
공항고속철도 AEL

AEL(Airport Express Line)은 가장 빠르게 홍콩 시내까지 갈 수 있는 교통수단이다. 1회 탑승 요금은 HK$115(옥토퍼스 결재 시 HK$110)이며 매일 05:54~00:48에 10분 간격으로 운행된다. 아시아월드엑스포역·공항역·칭이역·구룡역·홍콩역 등 총 5개의 역이 있다. 홍콩 디즈니랜드까지는 칭이역에서 퉁청선으로 환승한 후 써니베이역에서 디즈니랜드 리조트 선을 타고 갈 수 있다. 여러 명이 이용할 경우 발권기에서 따로 할인 티켓을 구매하면 이득이다. 2인권 HK$75, 3인권 HK$70, 4인권 HK$62.5로 인원이 많을수록 가격이 저렴해진다.

숙소가 구룡반도에 있다면
공항버스 Airport Bus

공항버스는 도심까지 1시간가량 걸리지만 요금이 HK$20~40로 저렴하고 24시간 운영한다는 점에서 매력적인 교통수단이다. 특히 침사추이나 몽콕에 숙소를 잡을 경우 호텔 부근에서 탑승할 수 있어 편리하다. 구룡역까지 무료 셔틀을 운행하지 않는 호텔이라면 철도보다 공항버스(A21)를 추천한다. 05:30~00:00까지 운행되며 요금은 HK$34.60이다. 다만 출퇴근 시간에는 도로가 꽤 혼잡하므로 이 시간에는 공항철도를 이용하는 게 좋다.

어디든 편하게 갈 수 있는
택시

홍콩 택시는 운행 지역에 따라 세 가지 색상으로 나뉜다. 홍콩섬·구룡반도 등 도심은 빨간색, 외곽 지역은 녹색, 천단대불이 있는 란타우섬은 하늘색 차량이 운행된다. 홍콩 택시는 24시간 운행하고 야간 할증도 없지만 몇 가지 독특한 요금 체계를 갖추고 있다. 빨간색 택시 기준 기본요금은 HK$27, 추가 요금은 200m/1분당 HK$1.9다. 짐 1개마다 HK$6, 터널 이용 시 HK$20가 추가된다. 호텔에 콜택시를 요청할 경우 HK$5가 추가된다. 홍콩 도심에서는 택시 잡는 게 어렵지 않으므로 굳이 콜택시를 부를 필요가 없다. 도심에서 공항까지 HK$400~500 정도 나온다. 우버의 경우 홍콩에서 합법적인 교통수단이 아니다.

호텔 셔틀버스
Hotel Shuttle Bus

홍콩역, 구룡역 등 주요 MTR역에서 호텔까지 무료로 운행되는 버스다.
운행 시간은 호텔에 따라 다르며, 일부 호텔의 경우 호텔 컨시어지를 통해 예약한 후 이용할 수 있다.

홍콩역 출발

호텔명	탑승 게이트	운행 시간	
비숍 레이 인터내셔널 하우스 (Bishop Lei International House)	3	08:10, 08:55, 09:55, 11:10, 12:10, 13:55, 14:40, 15:25, 16:25, 17:25, 18:25, 19:25	
코스모 호텔(Cosmo Hotel)	2	월~금	17:30~19:30(1시간 간격으로 운행)
		토, 일 및 공휴일	09:30~17:30(1시간 간격으로 운행)
코트야드 바이 메리어트 홍콩 (Courtyard by Marriott Hong Kong)	3	07:40, 08:25, 09:10, 10:05, 11:05, 12:50, 13:50, 15:05, 16:15, 18:15	
도르셋 완차이(Dorsett Wanchai)			
포시즌스 호텔 홍콩 (Four Seasons Hotel Hong Kong)		호텔에 별도 요청	
르 메리디앙 홍콩, 사이버포트 (Le Meridien Hong Kong, Cyberport)		07:30~22:30(1시간 간격으로 운행)	

구룡역 출발

호텔명	탑승 게이트	운행 시간
알바 호텔 바이 로열(Alva Hotel by Royal)	1	10:25, 14:35, 16:00, 16:40
크라운 플라자 홍콩 카오룽 이스트 (Crowne Plaza Hong Kong Kowloon East)		10:00, 12:00, 14:45, 16:15, 18:00, 20:00

옥토퍼스 카드
Octopus Card

홍콩 여행에서 가장 중요한 아이템이다. 홍콩판 티머니 개념으로 MTR, 트램, 페리, 버스, 택시, 케이블카 등 거의 모든 교통수단에 이용할 수 있으며 편의점과 식당에서도 활용도가 높다. 옥토퍼스 카드가 상용화되면서 현금 거래를 기본으로 하던 홍콩 결재 문화에도 변화가 찾아왔다.

옥토퍼스 실물 카드는 홍콩 국제공항 입국장 카운터 혹은 홍콩 전역 MTR 티켓 판매소에서 구입할 수 있다. 충전은 일반 편의점에서도 가능하다. 간혹 충전이 안 되는 경우가 있으므로 영수증을 꼭 받아야 한다. 모바일 카드의 경우 아이폰·애플워치 사용자만 충전이 가능해 널리 활용되지는 않는다.

옥토퍼스 카드는 최대 HK$3,000까지 충전할 수 있으며 잔액이 HK$500을 초과할 시 환불에 시간이 오래 걸릴 수 있기 때문에 적정 금액을 넣어두는 게 좋다. 옥토퍼스 카드 구입 시 환불 가능한 보증금 HK$50과 최소 충전금 HK$150이 필요하다. 보증금을 비롯해 남은 금액은 반환 시 100% 돌려받을 수 있다. 한국에서 구매할 경우 인터넷 여행사에서 결제를 마친 후 홍콩 국제공항 입국장 카운터 혹은 국내 공항(와그)에서 수령하면 된다. 환불받지 않은 채로 3년간 사용하지 않으면 HK$15의 수수료가 매해 차감된다. 보증금과 잔액이 모두 차감되면 이 카드는 더 이상 사용할 수 없게 된다.

홍콩 MTR역 혹은 미드 레벨 에스컬레이터 등지에 'MTR Fare Saver' 기계가 설치돼 있다. 이곳에 카드를 터치하면 MTR 사용 시 HK$2가 할인된다. 당일에만 해당하므로 전날 태그는 무의미하다.

03
홍콩 시내에서
어떻게 이동할까?

MTR 지하철

MTR은 두 정거장에 HK$4~5(한화 700~900원)이 기본이지만 빅토리아 하버를 넘어갈 경우 한 정거장만 타도 HK$9.7가 찍힌다. 또한 거리가 먼 홍함-로우역 구간은 한 정거장에 HK$40.4을 내기도 한다.
홍콩 지하철역은 고풍스러운 타일로 벽이 장식되어 있으며 역마다 특징적인 컬러를 사용한다는 점도 이채롭다.

MTR 노선도　🏠 www.mtr.com.hk　🕕 06:00~01:00(노선별로 다름)

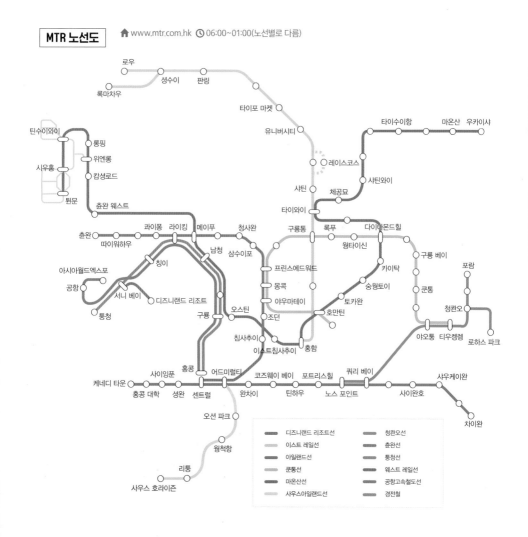

이동이 여행!
스타페리 STAR FERRY

120년 역사를 지닌 스타페리는 대중교통수단으로 홍콩섬과 구룡반도를 단 8분만에 이어준다. 빅토리아 하버의 낭만을 가장 가까이서 느낄 수 있다는 장점 외에 해저터널의 교통혼잡을 피할 수 있고, 요금이 약 HK$5로 MTR과 비교해 저렴하다. 홍콩섬 스타페리 부두는 완차이·센트럴 역에서 도보로 갈 수 있다. 침사추이 부두는 해변 산책로와 연결된다.

이용하기

① 대합실에서 토큰을 구입하거나 옥스퍼스 카드를 태그하면 된다. 상층 칸과 하층 칸은 입구가 다르니 참고하자.

② **운항 시간 및 요금**
   · 운항 시간: 06:30~23:30
   · 요금: 월~금 상층 HK$5, 하층 HK$4
     토, 일 및 공휴일 상층 HK$6.5, 하층 HK$5

구석구석 운행되는
버스 BUS

버스를 이용하면 더욱 다채로운 여행을 즐길 수 있다. 특히 도심 구석구석에 숨은 맛집을 찾아가는 데 아주 요긴하다. 버스마다 요금이 HK$4~10로 다르며 탑승 시 옥스퍼스 카드를 태그해서 지불할 수 있다. 14X, 69X 등 X자가 붙는 버스는 급행버스다. 2층 버스가 대부분이지만 번호 없이 행선지만 표기된 미니버스도 있다. 빨간 미니버스의 경우 정류장만 서는 게 아니라 노선 내 손님이 원하는 곳에 추가로 정차한다.

이용하기

① 2층 버스 탑승 시 리더기에 옥스퍼스 카드를 태그한다. 한국과 달리 탈 때만 태그하고 내릴 때는 그냥 내리면 된다. 현금 승차 시 잔돈은 거슬러주지 않는다. 반면 미니버스는 하차 시 요금을 내며 현금을 내면 잔돈을 거슬러준다.
② 2층 버스의 경우 전광판에 영어로 정차역이 표시되며 목적지 도착 직전 하차 벨을 누르면 된다. 미니버스는 기사에게 직접 행선지를 말해야 한다. 광둥어를 모른다면 한자(번체)로 소통한다.
③ MTR과 달리 옥토퍼스 카드 이용에 따른 할인 혜택은 없다.
④ 운행 시간 06:00~24:00(노선별로 다름)

서구룡문화지구까지 편리하게 이동!
택시 TAXI

아무 곳에서나 쉽게 잡을 수 있는 택시는 침사추이에서 서구룡문화지구에 자리한 홍콩 고궁 박물관이나 엠플러스를 방문할 경우 이용하면 요긴하다. 이 지역의 대중교통이 발달하지 않았기 때문이다. 한편 홍콩섬과 구룡반도를 오갈 때는 돌아오는 비용까지 터널 이용료가 두 배가 될 수 있어 이용에 유의해야 한다. HK$500 같은 고액권 지폐는 잔돈이 없다는 '합법적인' 이유로 거스름돈을 받지 못할 수도 있어 옥토퍼스 카드로 지불할 것을 권한다. 대형 차량 앞뒤 번호판 옆에 최대 탑승 인원이 적혀 있다.

이용하기

① 기본 요금은 최초 2km까지 HK$22다. 이후 200m 주행 또는 1분 정차 시마다 HK$1.6가 추가되며, 트렁크에 짐을 실을 경우 개당 HK$5가 추가된다.
② 구룡반도와 홍콩섬 통과 시 톨게이트 비용이 2배가 추가되는데, 이는 돌아갈 때의 톨게이트 비용까지 함께 계산하기 때문이다. 따라서 홍콩섬과 구룡반도를 오갈 때는 택시보다 MTR 이용을 추천한다.
③ 외국인에게 바가지를 씌우는 경우가 종종 발생하니 미터기를 이용하지 않고 금액부터 부르는 택시는 피하자.

가까운 거리는
트램 TRAM

속도가 느리고 에어컨도 나오지 않지만, 홍콩에 왔다면 꼭 한 번 이용해 볼 만한 교통수단이다. 특히 성완에서 완차이까지 근거리 이동일 경우 지하철은 계단을 오르내리는 불편함이 있는 데다 그만큼 시간도 오래 걸린다. 반면 트램은 기동성이 좋고 가격도 저렴해 합리적인 대안이 된다. 또한 정류장이 50m마다 있어 발품을 줄여준다. 이동 시 도심 구경은 덤이다.

🕐 운행 05:00~01:00(노선에 따라 다름)
🏠 www.hktramways.com

이용하기

① 노선이 총 6개로, 크게 보면 모두 홍콩섬 북단의 동쪽과 서쪽을 오가는 형태다. 따라서 홍콩섬 내에서 이동 시 유용한 교통수단이다.

② 승차 시 뒷문으로 탑승해 바를 밀고 안으로 들어가면 된다. 내릴 때에는 앞문을 이용하며 옥토퍼스 카드 리더기에 카드를 터치하거나 요금함에 돈을 넣으면 된다.

③ 1회 탑승 요금은 HK$3(한화 약 500원)다. 승차는 뒤쪽에서, 요금은 하차와 함께 앞쪽에서 지불한다. 경치를 감상하기 위해 2층에 자리를 잡는 게 좋다.

④ 현금 사용 시 잔돈을 거슬러주지 않으니 동전을 미리 준비하자.

⑤ 각 노선은 종점 명을 사용한다. 노선별 종점이 트램 앞에 표시되어 있으니 이를 확인한 후 탑승하자.

⑥ 트램 정류장 간 거리가 아주 짧은 편이라 도보로 이동해도 5분이 채 걸리지 않는다. 따라서 한두 정거장 전후에 잘못 내렸다 해도 크게 긴장할 필요는 없다.

⑦ 트램은 쌍방향으로 운행하지만 서쪽 방면 노선과 동쪽 방면 노선의 정류장이 다르니 주의해야 한다. 정류장마다 번호가 매겨져 있으며 서쪽 방면은 짝수, 동쪽은 홀수로 표시한다. 가령 '37E'는 동쪽 방면 37번째 정류장을 뜻한다.

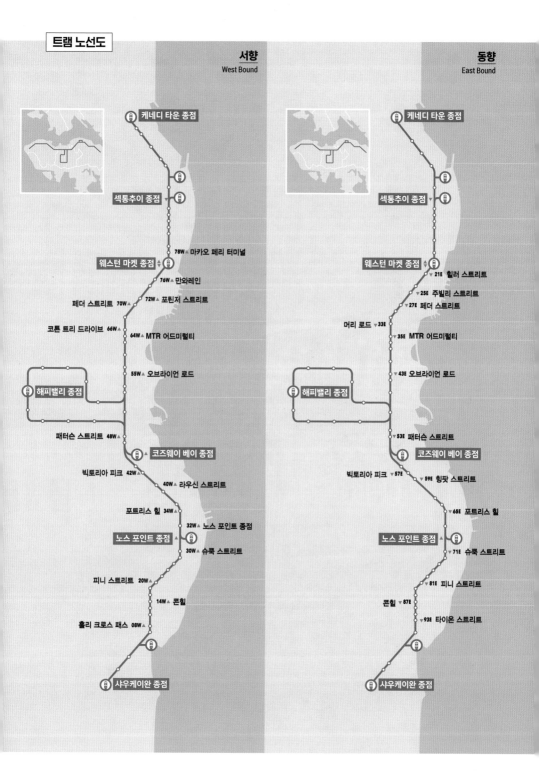

서향
West Bound

동향
East Bound

케네디 타운 종점

섹통추이 종점

78W 마카오 페리 터미널

웨스턴 마켓 종점

76W 만와레인

페더 스트리트 70W   72W 포틴저 스트리트

코튼 트리 드라이브 66W

64W MTR 어드미럴티

55W 오브라이언 로드

해피밸리 종점

패터슨 스트리트 48W

코즈웨이 베이 종점

빅토리아 피크 42W

40W 라우신 스트리트

포트리스 힐 34W

32W 노스 포인트 종점

노스 포인트 종점

30W 슈쿡 스트리트

피니 스트리트 20W

14W 콘힐

홀리 크로스 패스 08W

샤우케이완 종점

케네디 타운 종점

섹통추이 종점

웨스턴 마켓 종점

21E 힐러 스트리트

25E 주빌리 스트리트

27E 페더 스트리트

머리 로드 33E

35E MTR 어드미럴티

43E 오브라이언 로드

53E 패터슨 스트리트

코즈웨이 베이 종점

빅토리아 피크 57E   59E 힝팟 스트리트

65E 포트리스 힐

노스 포인트 종점

71E 슈쿡 스트리트

81E 피니 스트리트

콘힐 87E

93E 타이온 스트리트

샤우케이완 종점

오라믹 투어
Tram Oramic

오라믹 투어는 1920년대 스타일의 오픈 톱 트램을 타고 1시간가량 홍콩섬에 자리한 60여 개의 명소를 돌아보는 투어다. 한국어를 포함한 8개 국어의 오디오 해설이 제공돼 심도 있는 여행이 가능하다.

웨스턴 마켓에서 출발해 코즈웨이베이역까지 편도로 하루 3회 운행하며 반대로 진행하는 것도 가능하다. 출발시간은 웨스턴 마켓 정류장의 경우 오전 10시, 오후 1시 45분과 4시 15분이다. 코즈웨이베이역에서는 오전 11시 15분, 오후 3시와 5시 30분에 출발한다. 요금은 성인 HK$150, 아동 HK$95다(4세 미만 무료). 투어 티켓을 구입하면 일반 트램을 이틀간 무제한 이용할 수 있는 탑승권이 제공된다. 오라믹 투어를 100% 활용하려면 홍콩 여행을 시작할 때 이용하는 게 좋다. 여행 마지막 날 이용할 경우 트램 탑승권이 무용지물이 되기 때문이다

비슷한 트램 프로그램인 '파티 트램'도 있다. 트램에서 식사와 음료를 즐기며 홍콩 시내를 둘러보는 프로그램으로 15인 이상의 단체를 대상으로 임대 운영한다. 2시간 코스부터 3시간 30분 코스가 있으며 요금은 대당 HK$2,000~3,500이다.

홍콩 공항에서도 여행을 즐길 수 있다

홍콩 국제공항은 홍콩 여행의 축소판이라고 할 수 있다. 미쉐린 레스토랑부터 패스트푸드점까지 홍콩의 내로라하는 식당은 전부 입점해 있다. 또한 알렉산더 맥퀸, 보테가 베네타 등 럭셔리 브랜드와 지오디, 홈리스 같은 홍콩 로컬 브랜드가 다양하게 입점해 있어 홍콩 쇼핑의 압축 버전이라 할 만하다. 지인을 위한 선물이 필요하다면 기화병가, 윙와 베이커리 등 역사와 전통을 자랑하는 제과점이 제격이다. 8시간 이상의 스톱오버라면 20여 분 만에 시내까지 데려다주는 AEL를 이용해 홍콩섬과 침사추이 일대를 둘러볼 수 있다. 알뜰 쇼핑을 원한다면 공항 버스정류장에서 S1번 버스를 타고 란타우섬 시티 게이트 아웃렛을 방문하면 된다. 차로 10분이면 닿을 수 있다.

🏠 www.hongkongairport.com

홍콩 공항 식당 및 카페 BEST 5

❶ 크리스탈 제이드 Crystal Jade

상하이요리 전문점으로 샤오룽바오와 수제 라면이 대표 메뉴다. IFC점이 문을 닫으면서 홍콩 국제공항 필수 방문 식당이 됐다.

🚶 1 터미널 비제한구역 도착 레벨 L5
🕐 07:00~23:00

❷ 취와 Tsui Wah 翠華餐廳

얼굴 모양의 커피잔으로 유명한 차찬텡. 홍콩 전역에 지점을 운영하지만, 중심가보다는 외곽 지역에 주로 자리해 쉽게 만나기 어려운 곳이다.

🚶 1 터미널 비제한구역 출국 레벨 L8
🕐 06:30~22:30

❸ 윙와 베이커리 Wing Wah 榮華

1950년 문을 연 홍콩의 유서 깊은 빵집. 에그롤, 판다 쿠키, 중국식 소시지, 육포 등 선물용으로 좋은 상품을 두루 취급한다.

🚶 1 터미널 제한구역 출국 레벨 L7
🕐 07:00~23:00

❹ 고든 램지 Gordon Ramsay Plane Food to Go

스타 셰프 고든 램지가 홍콩 국제공항에 문을 연 테이크아웃 전문점. 런던 히스로공항에 자리한 플래인 푸드(Plane Food)의 메뉴를 바탕으로 구성했다. 비행기 안에서 먹기 좋은 샌드위치 등을 취급한다.

🚶 1 터미널 제한구역 출국 레벨 L7
🕐 24시간 오픈

❺ 메종 카이저 Maison Kayser

1996년 에릭 카이저가 설립한 정통 프랑스 베이커리로 홍콩에서 선풍적인 인기를 얻고 있다. 천연 누룩을 사용해 빵을 만들며 커피와 함께 즐기기 좋은 케이크를 취급한다.

🚶 제한구역 게이트 6·25번 부근
🕐 07:00~23:30

그 외 식당

비제한구역			
호홍키 何洪記	로컬 식당	1 터미널 도착 레벨 L5	07:00~23:00
타이힝 Tai Hing 太興	로컬 식당	1 터미널 도착 레벨 L5	07:00~23:00
스타벅스 Starbucks	카페	1 터미널 출발 레벨 L7	06:00~23:00
맥 카페 Mc Cafe	패스트푸드	1 터미널 출발 레벨 L8	24시간

제한구역			
더델스 Duddell's	로컬 식당	1 터미널 출발 레벨 L7	06:00~23:30
블루보틀 Blue Bottle Coffee	카페	1 터미널 출발 레벨 L7	06:00~23:00
버거킹 Burger King	패스트푸드	1 터미널 게이트 40-48	07:00~18:00
제이드 가든 Jardin de Jade	로컬 식당	1 터미널 출발 레벨 L7	07:00~23:30
레이디 엠 Lady M	베이커리	1 터미널 출발 레벨 L7	07:00~23:00
치케이 Chee Kei 池記	로컬 식당	게이트 40-80	11:00~19:00
아지센라면 Ajisen Ramen	일식	게이트 201-230	07:00~21:30
맥심 MX 美心	패스트푸드	게이트 201-230	07:00~22:00
퍼시픽 커피 Pacific Coffee	카페	게이트 13-21	07:00~23:00

핵심 콕콕 알짜배기 2박 3일
침사추이, 홍콩섬의 센트럴, 코즈웨이 베이,
빅토리아 피크까지!

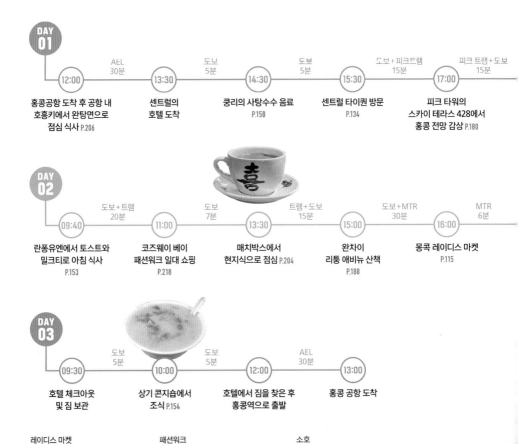

DAY 01

A&L 30분

12:00 홍콩공항 도착 후 공항 내 호홍키에서 완탕면으로 점심 식사 P.206

도보 5분

13:30 센트럴의 호텔 도착

14:30 쿵리의 사탕수수 음료 P.158

도보 5분

15:30 센트럴 타이퀀 방문 P.134

도보 + 피크 트램 15분

17:00 피크 타워의 스카이 테라스 428에서 홍콩 전망 감상 P.180

피크 트램 + 도보 15분

DAY 02

09:40 란퐁유엔에서 토스트와 밀크티로 아침 식사 P.153

도보 + 트램 20분

11:00 코즈웨이 베이 패션워크 일대 쇼핑 P.218

도보 7분

13:30 매치박스에서 현지식으로 점심 P.204

트램 + 도보 15분

15:00 완차이 리통 애비뉴 산책 P.188

도보 + MTR 30분

16:00 몽콕 레이디스 마켓 P.115

MTR 6분

DAY 03

09:30 호텔 체크아웃 및 짐 보관

도보 5분

10:00 상기 콘지숍에서 조식 P.154

도보 5분

12:00 호텔에서 짐을 찾은 후 홍콩역으로 출발

AEL 30분

13:00 홍콩 공항 도착

레이디스 마켓

패션워크

소호

가장 많은 여행객이 선택하는
주말 낀 2박 3일 코스!
홍콩이 처음이라면 볼 것
많은 홍콩에서는 방황할지도
모른다. 가장 가고 싶은 곳과
포기할 곳을 잘 선별하자.

미드레벨 에스컬레이터

예상 경비	
교통비 및 입장권	
AEL 왕복	HK$220
피크 트램 왕복 및 스카이 테라스 428	HK$148
트램(2회)+스타페리(왕복)+ MTR(2회)	HK$31
식비	
조식(란퐁유엔, 상기 콘지숍)	HK$120
중식(호홍키, 매치박스)	HK$300
간식(쿵리, 바키, 퍼시픽 커피)	HK270
석식(싱키, 죽가장)	HK$700
TOTAL	**약 HK$1,790**

19:00	도보 10분	21:00	도보 7분	22:00
다이파이동 싱키에 저녁 식사 P.158		페이에서 칵테일 한 잔 P.172		소호 미드레벨 에스컬레이터 탑승 P.138

18:30	도보 7분	20:00	도보 1분	20:30	스타페리+도보 15분	22:30
몽콕 죽가장에서 저녁 식사 P.118		침사추이 스타의 거리에서 심포니 오브 라이트 감상 P.088		침사추이 스타의 거리 산책 P.088		호텔

리퉁 애비뉴

스카이 테라스 428

타이퀀

여유롭게 둘러볼 수 있는 3박 4일
침사추이, 홍콩섬, 서구룡문화지구까지 섭렵!

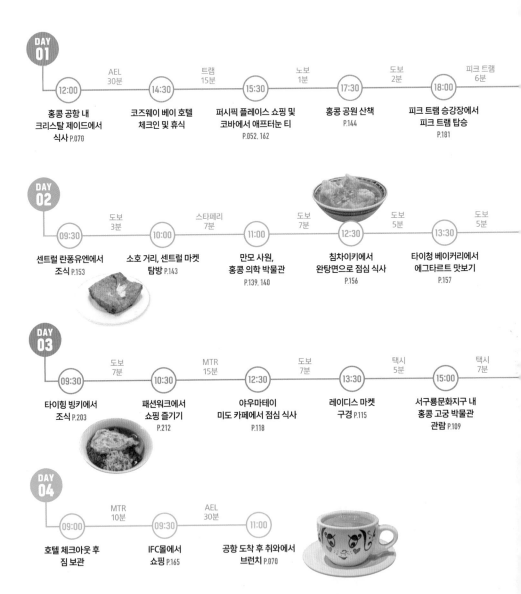

DAY 01

	AEL 30분		트램 15분		노보 1분		도보 2분		피크 트램 6분
12:00		14:30		15:30		17:30		18:00	

홍콩 공항 내 크리스탈 제이드에서 식사 P.070 / 코즈웨이 베이 호텔 체크인 및 휴식 / 퍼시픽 플레이스 쇼핑 및 코바에서 애프터눈 티 P.052, 162 / 홍콩 공원 산책 P.144 / 피크 트램 승강장에서 피크 트램 탑승 P.181

DAY 02

	도보 3분		스타페리 7분		도보 7분		도보 5분		도보 5분
09:30		10:00		11:00		12:30		13:30	

센트럴 란퐁유엔에서 조식 P.153 / 소호 거리, 센트럴 마켓 탐방 P.143 / 만모 사원, 홍콩 의학 박물관 P.139, 140 / 침차이키에서 완탕면으로 점심 식사 P.156 / 타이청 베이커리에서 에그타르트 맛보기 P.157

DAY 03

	도보 7분		MTR 15분		도보 7분		택시 5분		택시 7분
09:30		10:30		12:30		13:30		15:00	

타이힝 빙키에서 조식 P.203 / 패션워크에서 쇼핑 즐기기 P.212 / 야우마테이 미도 카페에서 점심 식사 P.118 / 레이디스 마켓 구경 P.115 / 서구룡문화지구 내 홍콩 고궁 박물관 관람 P.109

DAY 04

	MTR 10분		AEL 30분	
09:00		09:30		11:00

호텔 체크아웃 후 짐 보관 / IFC몰에서 쇼핑 P.165 / 공항 도착 후 취와에서 브런치 P.070

심포니 오브 라이트

홍콩은 3박만 해도 굉장히 여유롭다.
홍콩섬의 다른 모습인
서부, 동부, 남부를 두루 둘러보자.
트램, 이층버스의 재미는 덤이다.

예상 경비

교통비 및 입장권

AEL 왕복	HK$220
택시 왕복	HK$80
트램(2회)+스타페리(왕복)+ MTR(4회)	HK$46
피크 트램 왕복 및 스카이 테라스 428	HK$148
홍콩 고궁 박물관	HK$60

식비

조식(란퐁유엔, 빙키, 취와)	HK$180
중식(크리스탈 제이드, 침차이키, 미도 카페)	HK$300
석식(페퍼 런치, 딤딤 1968, K11 뮤제아 내 푸드코트)	HK$400
간식(코바, 타이청 베이커리, 바키, 페이)	HK$1,100

TOTAL	약 HK$2,534

피크 트램 6분 + 도보 5분
+ MTR 10분

18:30
스카이 테라스 428에서
홍콩 야경 감상
P.180

20:00
하이산 플레이스 내
페퍼 런치에서
스테이크 맛보기 P.207

트램
5분

도보
1분

도보
3분

14:00
타이퀀, 포팅거
스트리트
P.134, 142

16:30
란콰이퐁 바키에서
맥주 한 잔 P.171

18:00
란콰이퐁 페이에서
칵테일 만끽 P.172

19:30
딤딤 1968에서
저녁 식사 P.151

미도 카페

도보
1분

18:00
K11 뮤제아 관람 및
푸드코트에서 저녁 식사
P.093

19:30
스타의 거리에서 심포니
오브 라이트 감상
P.088

K11 뮤제아

스카이 테라스 428

패션워크

COURSE 03
전통시장 투어 2박 3일
현지 문화 속으로!

DAY 01

| 12:00 | 공항버스 50분 → | 14:30 | 도보 5분 → | 15:00 | 도보 10분 → | 16:00 | 도보 5분 → | 17:00 | 도보 10분 → |

홍콩 공항 내 호홍키에서 완탕면으로 식사 P.073 · 몽콕 호텔 체크인 및 휴식 · 레이디스 마켓 둘러보기 P.115 · 파엔 스트리트에서 운동화 쇼핑 P.116 · 금붕어 시장 구경하기 P.116

DAY 02

| 09:00 | MTR 5분 → | 10:30 | MTR 20분 → | 13:00 | 도보 5분 → | 13:30 | 도보 7분 → | 14:30 | 트램 10분 → |

오스트레일리아 데어리 컴퍼니에서 조식 P.120 · 삼수이포 시장 탐방 및 쿵워 빈커드 팩토리에서 간식 P.126 · 웨스턴 마켓 탐방 P.142 · 딤섬 스퀘어에서 점심 식사 P.155 · 소호, 센트럴 마켓 돌아다니기 P.137, 143

DAY 03

| 09:00 | 도보 10분 → | 09:10 | 버스 5분 → | 09:40 | 도보 2분 → | 11:00 | 버스 5분 → | 12:00 | 공항버스 50분 → |

호텔 체크아웃 및 짐 보관 · 상하이 스트리트에서 주방용품 쇼핑 P.117 · 윈딤섬에서 조식 P.122 · 꽃시장 구경하기 P.117 · 호텔에서 짐을 찾은 후 공항으로 이동

틴하우 사원 · 웨스턴 마켓 · 꽃시장

레이디스 마켓부터 센트럴 마켓, 타이윤 시장까지
매력 넘치는 홍콩의 전통시장을 샅샅이 둘러보는 일정을 소개한다.

18:00 ─ 도보 10분 ─ **19:30** ─ 도보 5분 ─ **20:00**

죽가장에서
저녁 식사 P.118

틴하우 사원
방문 P.116

템플 스트리트 야시장
탐방 및 길거리 음식
맛보기 P.114

16:30 ─ 도보 5분 ─ **17:00** ─ 트램 10분 ─ **18:00** ─ 도보 2분 + 피크 트램 6분 ─ **19:30**

타이윤 시장에서
장난감 쇼핑
P.190

구 완차이 시장 내
오보에서 커피 즐기기
P.191

홍콩 공원 산책 및
폰드사이드에서 스테이크
맛보기 P.144, 163

스카이 테라스
428에서 야경 감상
P.180

템플 스트리트 야시장

13:00

공항 도착 후 취와에서
점심 식사 P.072

레이디스 마켓

COURSE 04

근대 건축물 투어 3박 4일
동서양의 건축미가 어우러진 명소

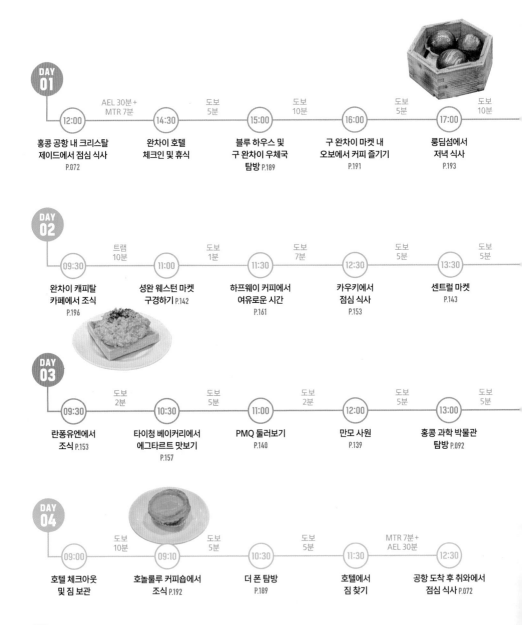

DAY 01

12:00	AEL 30분 + MTR 7분	14:30	도보 5분	15:00	도보 10분	16:00	도보 5분	17:00

홍콩 공항 내 크리스탈 제이드에서 점심 식사 P.072 / 완차이 호텔 체크인 및 휴식 / 블루 하우스 및 구 완차이 우체국 탐방 P.189 / 구 완차이 마켓 내 오보에서 커피 즐기기 P.191 / 룽딤섬에서 저녁 식사 P.193

DAY 02

09:30	트램 10분	11:00	도보 1분	11:30	도보 7분	12:30	도보 5분	13:30

완차이 캐피탈 카페에서 조식 P.196 / 성완 웨스턴 마켓 구경하기 P.142 / 하프웨이 커피에서 여유로운 시간 P.161 / 카우키에서 점심 식사 P.153 / 센트럴 마켓 P.143

DAY 03

09:30	도보 2분	10:30	도보 5분	11:00	도보 2분	12:00	도보 5분	13:00

란퐁유엔에서 조식 P.153 / 타이청 베이커리에서 에그타르트 맛보기 P.157 / PMQ 둘러보기 P.140 / 만모 사원 P.139 / 홍콩 과학 박물관 탐방 P.092

DAY 04

09:00	도보 10분	09:10	도보 5분	10:30	도보 5분	11:30	MTR 7분 + AEL 30분	12:30

호텔 체크아웃 및 짐 보관 / 호놀룰루 커피숍에서 조식 P.192 / 더 폰 탐방 P.189 / 호텔에서 짐 찾기 / 공항 도착 후 취와에서 점심 식사 P.072

시계탑

고풍스러운 서양식 건축물부터
도시재생 복합문화공간까지
동서양의 건축미가 조화를 이루는
근대 건축물 투어를 떠나보자.

예상 경비

교통비 및 입장권

AEL 왕복	HK$220
트램(3회)+스타페리(왕복) +MTR(3회)	HK$37
피크 트램 왕복 및 스카이 테라스 428	HK$148

식비 및 기타

조식(캐피탈 카페, 란퐁유엔, 호놀룰루 커피숍)	HK$200
중식(크리스탈 제이드, 카우키, 딤섬 스퀘어, 취와)	HK$600
석식(룽딤섬, 딤딤 1968, 캄스 로스트 구즈)	HK$700
간식(오보, 하프웨이 커피, 타이청 베이커리)	HK$150

TOTAL	**약 HK$2,055**

18:30
완차이 스타페리
선착장에서 스타페리
탑승 P.185

— 스타페리 6분 →

19:00
침사추이 시계탑
관람 P.087

— 도보 1분 →

20:00
스타의 거리에서
심포니 오브 라이트
감상 P.088

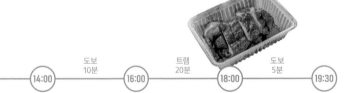

14:30
타이퀸 및 포팅거
스트리트 탐방
P.000

— 도보 5분 →

17:00
더델 스트리트 및
프린지 클럽 일대
구경 P.142, 143

— 도보 5분 →

18:00
딤딤 1968에서
저녁 식사 P.151

— 도보 5분 →

19:00
성 요한 성당
P.144

— 도보 2분+
피크 트램 6분 →

19:30
스카이 테라스 428에서
야경 감상 P.180

14:00
딤섬 스퀘어에서
점심 식사 P.155

— 도보 10분 →

16:00
사이잉푼 산책 및
윈스턴 커피
P.176

— 트램 20분 →

18:00
완차이 캄스 로스트
구스에서 저녁 식사
P.193

— 도보 5분 →

19:30
골든 보히니아 광장
산책 P.187

PMQ

블루 하우스

성 요한 성당

079

구룡반도

란타우섬

홍콩섬

PART
03

진짜 홍콩을 만나는 시간

HONG KONG

구룡반도

홍콩섬

란타우섬

침사추이
BEST 5

01
'심포니 오브
라이트' 관람

02
캔톤 로드
명품 거리

03
스타페리로
홍콩섬 가기

04
침사추이
시계탑

05
1881
헤리티지

홍콩의
새 장을 열다
침사추이
Tsim Sha Tsui

홍콩 최대 번화가인 침사추이에는 내로라하는 명품 숍과 쇼핑몰이 즐비하다. 또한 특급호텔과 박물관이 산재해 있어 홍콩의 하이앤드 문화를 즐기기에도 좋다. 뭐니 뭐니 해도 침사추이 최대의 매력은 빅토리아 하버 건너편에 자리한 홍콩섬의 야경을 감상할 수 있다는 것이다.

ACCESS

공항에서 가는 법

○ 공항

A21(공항 버스) ⏱60분~ HK$36

○ 침사추이

킴벌리 로드(Kimberley Road), 카메론 로드(Cameron Road), 미들 로드(Middle Road) 정류장 하차(이 세 곳이 최대 번화가이며, 동선을 고려해 하차하자.)

○ 공항

AEL(공항고속철도) ⏱22분 HK$115

○ 구룡역

호텔 무료 셔틀

○ 침사추이

침사추이
상세 지도

본문에 표시한 각 스폿의 GPS 번호로 검색하면 보다 빠르고 정확한 위치를
검색할 수 있습니다.

📷 SEE

① 네이선 로드
② 홍콩 문화 센터
③ 시계탑
④ 스타의 거리
⑤ 침사추이 스타페리 선착장
⑥ 아쿠아 루나 선착장
⑦ 1881 헤리티지
⑧ 청킹 맨션
⑨ 홍콩 예술 박물관
⑩ 스카이100
⑪ 구룡 공원
⑫ 홍콩 역사 박물관
⑬ 홍콩 과학 박물관
⑭ 홍콩 우주 박물관
⑮ K11 뮤제아

🍴 EAT

① 예 상하이
② 더 로비
③ 너츠포드 테라스
④ 희차
⑤ 제니 베이커리
⑥ 싱럼쿠이
⑦ 서래 갈매기
⑧ 치케이
⑨ 마미 팬케이크
⑩ 퍼시픽 커피
⑪ N1 커피 앤 컴퍼니
⑫ 오존
⑬ 아쿠아 스피릿
⑭ 울루물루 프라임
⑮ 할란스

🎁 SHOP

① 캔톤 로드
② 그랜빌 로드
③ 이사
④ 실버코드
⑤ 한나
⑥ 더 원
⑦ 트위스트
⑧ 미라 플레이스
⑨ 엘리먼츠

Narhan Rd

West Kowloon Corridor

✖ B1
✖ B2 ✖ B5
✖ 오스틴

Jordan Rd

✖ B2

✖ B1

✖ A

✖ 조던

조지 5세 기념공원

C2 ✖

Cheong War Rd

✖ D2

✖ D

침사추이 경찰서

10

07

12

● 시취센터

Kowloon Park Dr

11

구룡 공원

08

14

15

06

Kimberley Rd

03

Kimberley St

02

13

✖ 차이나 페리 터미널

B1 ✖ B2

06

Haet Ave

Chatham Rd

● 구룡 새정원

08

A2

A1

Haiphory Rd

C2 ✖

D1

05

04

✖ N1

04

✖ P2

Salisbury Rd

Gateway Blvd

01

Hankow Rd

07

침사추이

11

✖ P3

✖ P1

13

N5

08

시그널 힐 정원

07

Pekig Rd

03

✖ E

05

Cantan Rd

07

L4 ✖ ✖ L3

✖ L1

✖ 이스트 침사추이

Middl

02

✖ K

✖ L6

01

01

09

Salisbury Rd

14

09

✖ J

04

05

03

02

15

09

침사추이 스테 페리 선착장

06

아쿠아 루나 선착장

085

네이션 로드 Nathan Road

구룡반도 중앙을 세로로 가로지르는 메인 도로. 번화한 홍콩의 모습을 한눈에 볼 수 있다. MTR 침사추이역, 조던역, 야우마테이역, 몽콕역을 거쳐 프린스에드워드역을 한 줄로 잇는 이 도로는 휘황찬란한 네온사인으로 인해 밤에도 대낮처럼 밝다.

페리 터미널 시계탑 앞 버스 정류장에서 출발하는 1·1A·2·6·281A·234X번 등 버스에 탑승하면 침사추이에서 몽콕에 이르는 네이션 로드 심장부를 속속들이 감상할 수 있다. 버스 2층 맨 앞자리 혹은 가장 뒷자리가 명당이다. 주요 정류장으로 스타페리 선착장, 페닌슐라 호텔, 청킹 맨션, 구룡 모스크, 템플 스트리트, 레이디스 마켓, 랭함 플레이스, 금붕어 시장이 있다. 편도로 25분이 소요된다.

22.2948, 114.17233

02

홍콩 문화 센터 Hong Kong Cultural Centre 香港文化中心

자타공인 침사추이 랜드마크

홍콩섬 엑스포 프롬나드에서 침사추이를 바라볼 때 가장 먼저 눈에 들어오는 건물로, 시계탑과 함께 침사추이를 대표하는 랜드마크다. 외관이 밋밋해 침사추이 랜드마크라는 것이 다소 의아스럽지만 그렇기 때문에 '홍콩 펄스 3D 라이트쇼'의 무대로 낙점되었다. 이 쇼는 홍콩 문화 센터 외벽을 스크린으로 활용, 홍콩의 여름·겨울 축제, 설 축제 등 메가 이벤트에 맞춰 각기 다른 테마로 연출된다. 빛과 음악이 어우러지는 이 화려한 이벤트는 심포니 오브 라이트가 끝나는 오후 8시 20분부터 시작된다. 축제 기간 홍콩 문화 센터 광장에는 LED, 대형 크리스털 장식이 설치되어 다양한 볼거리를 선사한다. 오픈 광장에서 조각가 세자르 발다치니의 〈플라잉 프렌치맨〉을 볼 수 있고 내부에는 2,000여석의 콘서트홀과 1,700석의 대극장이 자리한다.

🚶 침사추이 페리 선착장을 등지고 오른쪽으로 약 50m 📍 10 Salisbury Rd, Tsim Sha Tsui
🕐 09:00~23:00 📞 +852 2734 2009 🏠 www.lcsd.gov.hk/en/hkcc 🌐 22.29384, 114.17032

03

시계탑 Clock Tower

100년간 침사추이를 지켜온 터줏대감

높이 44m의 고풍스러운 시계탑은 1915년 구룡과 광동 지방을 연결하는 기차역의 일부로 건립됐다. 기차역이 건설된 뒤에도 비용 문제로 한동안 시계 없이 탑만 서 있다가 시민들의 모금을 통해 마침내 1921년에 시계가 달린 완전체 시계탑이 완성되었다. 1970년 기차역이 폐쇄되면서 시계탑만 남게 되었고 1990년에는 홍콩 역사 기념물로 지정되었다.

🚶 침사추이 스타페리 선착장을 마주 보고 왼쪽 📍 Clock Tower, Salisbury Road, Tsim Sha Tsui 🌐 22.29357, 114.16953

스타의 거리 Avenue of Stars

영화인을 기리는 홍콩 명예의 거리

물결 모양 난간과 파도 형상의 벤치가 인상적인 스타의 거리는 침사추이 해변 산책로의 일부로 가장 많은 관광객이 몰리는 곳 중에 하나다. 난간을 따라 양자경, 양조위 등 홍콩을 대표하는 스타의 핸드프린팅이 배치되어 있으며 스타의 거리 동쪽 끝에는 '불멸의 스타' 이소룡과 '홍콩의 딸' 매염방의 동상이 자리한다. 매일 저녁 8시에 '심포니 오브 라이트'를 감상하기 위한 사람들로 장사진을 이룬다. 증강현실을 이용하면 두 사람이 눈앞에서 실감 나게 움직이는 광경을 볼 수 있다. 인근에는 홍콩 애니메이션 산업을 상징하는 만화영화 캐릭터인 아기 돼지 동상 맥덜(McDull)과 홍콩 영화제의 상징인 셀룰로이드 필름에 싸여 진주를 높이 들고 있는 여자 동상이 자리한다.

🚶 침사추이 스타페리 선착장에서 나와 오른쪽으로 이동 📍 L'Avenue des Stars, Tsim Sha Tsui East ⏱ 24시간 개방 🧭 22.29405, 114.17563

········· TIP ·········

매일 펼쳐지는 빛의 향연
심포니 오브 라이트
A Symphony of Lights

매일 밤 8시면 홍콩 빅토리아 하버가 뜨겁게 달아오른다. 홍콩섬 40개 고층 빌딩에서 쏘아 올리는 레이저 불빛이 장관을 이루는 '심포니 오브 라이트'가 펼쳐지기 때문이다. 2004년 첫선을 보인 이래 홍콩 최고의 관광 상품으로 자리 잡은 이 쇼는 교향악, 파사드 조명, 레이저 광선이 한데 어우러지며 아름다움을 자아낸다. 쇼는 13분 34초 동안 계속되며 매일 밤 8시면 홍콩 빅토리아 하버가 뜨겁게 달아오른다. 홍콩섬 40개 고층 빌딩에서 쏘아 올리는 레이저 광선이 장관을 이루는 '심포니 오브 라이트'가 펼쳐지기 때문이다. 이 조명 쇼는 홍콩 최고의 관광 상품으로 교향악과 파사드 조명, 레이저 광선이 한데 어우러져 멋진 볼거리를 선사한다. 쇼는 13분 34초 동안 계속되며 스타의 거리를 포함한 침사추이 해변 산책로와 하버시티 쇼핑몰, 스타페리 선상 등 다양한 곳에서 관람할 수 있다.

⏱ 매일 20:00~20:14(당일 날씨 사정으로 전후 15분 정도 변동 가능성이 있음)

05
침사추이 스타페리 선착장 Star Ferry Pier

800원에 즐기는 올드 감수성

스타의 거리와 연결되는 침사추이 선착장은 120년 전과 비교해 크게 달라진 것이 없다. 50년 전 사용하던 선풍기 모델을 여전히 사용한다. 선박 상층부와 하층부 요금이 달라 출입구도 다르므로 잘 보고 입장해야 한다. 스타페리는 빅토리아 하버의 낭만을 가장 가까이서 느낄 수 있고 해저터널의 교통 체증도 피할 수 있다는 장점이 있다. 또한 요금이 HK$5 정도로 저렴하기 때문에 인기 만점으로 선착장 역시 많은 사람으로 붐빈다.

🚶 침사추이 해안가 서쪽, 하버시티 남쪽 문 근처 ◎ Star Ferry Pier, Kowloon Point, Tsim Sha Tsui $ 월~금 상층 갑판 HK$5, 하층 갑판 HK$4, 토, 일 및 공휴일 상층 갑판 HK$6.50, 하층 갑판 HK$5.60 🕐 06:30~23:30
🏠 www.starferry.com.hk/en/service(요금표, 운영시간)
🌐 22.29376, 114.16874

센트럴에서 출발	
시간	운행 간격
월~금(공휴일 제외)	
06:30~07:25	10~12분
07:25~09:55	6분
09:55~20:40	6~8분
20:40~23:30	10~12분
토, 일 및 공휴일	
06:30~07:25	10~12분
07:25~22:40	6~8분
22:40~23:30	10~12분

침사추이에서 출발	
시간	운행 간격
월~금(공휴일 제외)	
06:30~07:15	10~12분
07:15~09:45	6분
09:45~20:30	6~8분
20:30~23:30	10~12분
토, 일 및 공휴일	
06:30~07:15	10~12분
07:15~22:30	6~8분
22:30~23:30	10~12분

06
아쿠아 루나 선착장 Aquaruna Pier

푸른 바다 붉은 돛, 전통 범선 투어

중국의 전통 범선을 본뜬 아쿠아 루나는 홍콩 관광청의 엠블럼이다. 그만큼 홍콩을 대표하는 상징물로 인식되고 있다. 갑판에 마련된 대형 소파에 기대거나 선실 간이 침대에 누워 유유자적 바닷바람을 즐기는 맛이 남다르다. 다양한 코스가 있지만 가장 인기 있는 코스는 해 질 녘 출발하는 '하버 크루즈 투어'. 물 위에서 '심포니 오브 라이트'를 감상할 수 있다. 현장 구매도 되지만 사전에 온라인 여행 예약 사이트에서 미리 표를 예매하면 더 저렴하고 줄을 서는 번거로움이 줄어든다. 멀미약도 미리 챙기는 것이 좋다.

🚶 스타페리 선착장을 등지고 오른쪽 해변 산책로를 따라 가면 된다 ◎ Tsim Sha Tsui Public Pier 1, Tsim Sha Tsui $ [딤섬 크루즈] 센트럴 피어9 13:00~14:15, 침사추이 부두1 13:15~14:30 출발, 성인 HK$399, [하버 크루즈 심포니 오브 라이트 투어] 19:30 혹은 19:45 출발, 성인 HK$330
📞 +852 2116 8821
🏠 www.aqualuna.com.hk/experience
🌐 22.29302, 114.17082

1881 헤리티지 1881 Heritage

해경 본부였던 빅토리아 풍 건축물

1884년 완공돼 1996년까지 홍콩 해양경찰 본부로 사용된 이 건물은 현재 명품 쇼핑과 파인 다이닝이 가능한 쇼핑몰로 변신했다. 공사 기간만 40년. 빅토리아 양식을 표방하는 클래식한 외양이 여행자의 발길을 절로 붙잡는다. 과거 마구간과 노천 테이블은 창고와 레스토랑으로, 집무실은 전 객실이 스위트룸인 부티크 호텔로 바뀌었다. 관내 '라운드 하우스'에는 과거 빅토리아 하버로 진입하는 배들에게 시간을 알려주는 보시구 장치도 있다.

🚶 MTR 침사추이역 L6 출구에서 지하 통로를 이용, 밖으로 나오면 바로 만날 수 있다. 📍 2A Canton Rd, Tsim Sha Tsui 🕙 10:00~22:00 📞 +852 2926 8000 🏠 www.1881heritage.com
 22.29565, 114.16944

청킹 맨션 Chung King Mansion 重慶大廈

중경삼림의 추억

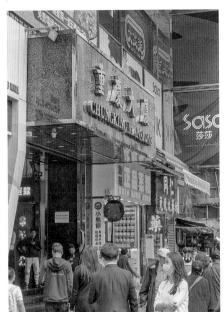

네이선 로드의 낡디 낡은 청킹 맨션이 한국인에게 필수 명소로 통하는 것은 비도 오지 않는데 레인코트 차림으로 벽에 기대 담배를 피우던 임청하의 쓸쓸한 모습이 인상적이었던 영화 〈중경삼림〉의 무대였기 때문이다. 1961년 완공 당시만 해도 홍콩의 부자들이 거주하던 고급 맨션이었으나 세월이 흐르면서 인도, 아프리카, 중동에서 넘어온 가난한 외국인의 아지트가 됐다. 최근에는 저렴한 게스트하우스를 이용하려는 여행객들이 이곳으로 몰린다. 1층에는 환전소가 있다.

🚶 MTR 침사추이역 E출구, 횡단보도 건너 정면 📍 36-44 Nathan Rd, Tsim Sha Tsui 22.29635, 114.17282

09

홍콩 예술 박물관 Hong Kong Museum of Art

중국 전통 문화예술과의 만남

침사추이 해안 산책로에 자리한 홍콩 예술 박물관은 중국
의 전통 문화예술과 만날 수 있는 곳이다. 1만㎡ 공간에 중
국 고대 예술부터 근대기 미술 1만7,000여 작품이 전시돼
있으며 전통 기법의 현대 작가를 조명하는 기획전이 펼쳐
지기도 한다. 이곳의 최고 장점은 대부분의 작품을 무료로
관람할 수 있다는 점이다. 커다란 창으로 빅토리아 하버를
감상할 수 있어 전망 명소로도 꼽힌다. 1층에 현대식 호주
레스토랑 휴 다이닝(Hue Dining)이 자리해 식사와 경관을
동시에 즐길 수도 있다. G층에서는 다양한 뮤지엄 굿즈를
판매한다.

🚶 스타페리 부두와 스타의 거리 사이 📍 10 Salisbury Rd, Tsim
Sha Tsui 🕐 월~금 10:00~18:00, 토, 일 및 공휴일 10:00~21:00,
12/24, 설 전날 10:00~17:00, 제야의 밤 10:00~19:00(목 휴무)
📞 +852 2721 0116 🏠 hk.art.museum
📍 22.293857, 114.170904

10

스카이100 Sky100   360도 조망 실내 전망대

홍콩 최고층 빌딩 국제상업센터 ICC의 100층, 해발 393m에 위치하는 전망대다. 홍
콩 유일의 실내 전망대로 빅토리아 하버 일대를 360도로 조망할 수 있다. 전망대
로 안내하는 더블 데크 엘리베이터는 100층을 60초에 주파한다. 전망대 외에 Café
100 by The Ritz-Carlton(12:00~18:00)에서 차나 애프터눈 티를 즐기며 뷰를 감
상하는 방법도 있다.

🚶 AEL/MTR 구룡역 C, C1, C2 출구에
서 'ICC' 또는 'SKY100' 표지판을 따
라 간다 📍 100F, ICC, 1 Austin Rd W,
West Kowloon 💲 성인 HK$198(온라
인 예약 시 HK$178) 🕐 10:00~20:30
📞 +852 2613 3888
🏠 www.sky100.com.hk
📍 22.30338, 114.16023

구룡 공원 Kowloon Park

침사추이 시민의 휴식 공간

영국군 막사를 공원화해 열대 니무를 심고 호수, 조류 사육장, 스포츠 센터 등을 만들었다. 4~9월에는 수영장도 오픈한다. 다소 낡았지만 탈의실, 샤워실이 있어 한낮 더위를 식히기 좋다. 공원 입장은 무료지만 수영장과 스포츠 센터는 약간의 돈을 받는다.

🚶 MTR 침사추이역 A1출구 왼쪽 📍 Kowloon Park Sports Centre, 22 Austin Rd, Tsim Sha Tsui 🕐 05:00~00:00 📞 +852 2724 3344 🌐 www.lcsd.gov.hk/en/parks/kp/ 🎯 22.30039, 114.17014

홍콩 역사 박물관 香港歷史博物館
Hong Kong Museum of History

볼거리 많은 재미있는 박물관

홍콩에서 가장 볼거리가 많은 지하 1층, 지상 2층의 박물관. 바로 옆 홍콩 과학관과 서로 어울리는 외관이다. 선사 시대부터 식민지 시대, 중국 반환 스토리까지 홍콩 역사를 보여주는 9만여 점의 유물을 소장하고 있다.

🚶 MTR 침사추이역 B2출구에서 도보 10분 📍 100 Chatham Rd, Tsim Sha Tsui 🕐 평일 10:00~18:00(화 휴관), 주말 10:00~19:00 💲 일부 전시 외 무료 입장(여권 지참) 📞 +852 2724 9042 🏠 hk.history.museum/en_US/web/mh 🎯 22.30185, 114.17734

홍콩 과학 박물관 香港科學館
Hong Kong Science Museum

가족 여행객을 위한 과학 놀이터

일반적인 과학 박물관과 달리 직접 보고, 듣고, 만질 수 있는 전시물이 주를 이룬다. 전시품의 70%는 모형이 아닌 실물. 그중 가장 유명한 것은 전시관 중앙의 22m 높이의 에너지 머신이다. 홍콩 역사 박물관과 인접해 있다.

🚶 MTR 침사추이역 B2출구에서 도보 10분 📍 Hong Kong Science Museum, Science Museum Rd, Tsim Sha Tsui 🕐 평일 10:00~19:00(목 휴관), 주말 10:00~21:00 💲 수요일 무료, 학생 무료, 표준 요금 HK$20 📞 +852 2732 3232 🏠 hk.science.museum 🎯 22.30104, 114.17758

홍콩 우주 박물관 Hong Kong Space Museum

아방가르드한 외관이 신선해

돔 형태의 우주 박물관은 침사추이의 랜드마크로 꼽힐 만큼 외관이 파격적이다. 우주극장 원형 스크린에서 상영하는 스카이쇼가 볼만하다. 천문 관련 체험 실습이 가능하며 홍콩 문화 센터와 인접해 있다.

🚶 MTR 이스트침사추이역 J4출구에서 유턴 후 도보 3분 📍 Hong Kong Space Museum, 10 Salisbury Road, Tsim Sha Tsui 🕐 평일 13:00~21:00, 주말 10:00~21:00(화 휴관) 💲 어른 HK$10, 어린이 HK$5 (수요일 무료 관람) [스탠리호 우주극장 별도] 어른 HK$24~32, 어린이 HK$12~16 📞 +852 2721 0226 🏠 hk.space.museum 🎯 22.29428, 114.1719

K11 뮤제아 K11 MUSEA

침사추이 해안 산책로에 자리한 K11 뮤제아는 리테일 숍과 뮤지엄의 경계를 허무는 곳이다. K11 뮤제아에 들어서는 순간 엄청난 규모의 인테리어에 놀라게 되는데 기업가 애드리안 청이 직접 큐레이션 하면서 건물 전체를 예술품처럼 만들었다. 이곳에서 가장 눈에 띄는 건 중앙부에 자리한 '골드볼'이다. 마치 공중에 떠 있는 듯 자리 잡은 미러볼과 물결치는 패널의 조화가 우주적이고 미래적인 느낌을 자아낸다. 또한 곳곳에 갤러리를 방불케 하는 예술품이 전시되어 있다. 그밖에 아시아에서 가장 규모가 큰 MoMA 디자인 숍과 알렉산더 맥퀸의 첫 홍콩 콘셉트 부티크, 레고랜드 디스커버리 센터가 자리한다. 한편 본관 건물 중앙에는 리펄스 베이 맨션과 동일하게 네모난 구멍이 뚫려 있다. 용신(龍神)이 지나다니는 바람길인데, 풍수지리를 고려한 건축이다. 옥상정원도 조성되어 있으며 엘리베이터를 타고 갈 수 있다. 7층의 보헤미안 정원에서는 다양한 설치 미술과 만날 수 있으며 분위기 있는 레스토랑과 바도 만나볼 수 있다. 지하 1~3층에는 애프터눈 티 룸, 막스 누들, 아티잔 블랑제리, 더 팟 스팟(鍋點) 같은 레스토랑 및 카페가 자리한다.

🚶 침사추이 해변 산책로 스타의 거리에서 바로　📍 18 Salisbury Rd, Tsim Sha Tsui
🕐 10:00~22:00　📞 +852 3892 3890　🏠 www.k11musea.com　📍 22.293446,114.174111

예 상하이 Ye Shanghai

현대적 감각의 상하이 요리

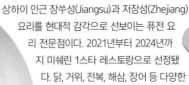

상하이 인근 장쑤성(Jiangsu)과 저장성(Zhejiang) 요리를 현대적 감각으로 선보이는 퓨전 요리 전문점이다. 2021년부터 2024년까지 미쉐린 1스타 레스토랑으로 선정됐다. 닭, 거위, 전복, 해삼, 장어 등 다양한 식재료로 만든 명품 요리를 선보인다.

최고의 XO 소스(중국음식에 매운맛을 내는 용도로 많이 사용하는 해산물 소스)를 선보이는 곳으로 가을이면 한정판 상하이 털게 요리도 맛볼 수 있다. K11 뮤제아, 퍼시픽 플레이스 등 홍콩에 두 개의 매장이 있다.

🍴 장어튀김 HK$88, 아보카도 두부롤 HK$80, 칠리새우 HK$200 🚶 침사추이 스타의 거리에서 바로 📍 7F, K11 Musea, Victoria Dockside, 18 Salisbury Rd, Tsim Sha Tsui 🕐 11:30~22:00 📞 +852 2376 3322 🏠 www.k11musea.com/taste/y%C3%A8-shanghai 📷 22.2934582,114.1703678

02

더 로비 The Lobby, The Peninsula Hong Kong

18세기 영국 상류 사회 체험

영국의 애프터눈 티는 단순히 차와 다과만을 뜻하지 않는다. 총체적인 경험이다. 그런 점에서 페닌슐라 호텔 '더 로비'의 애프터눈 티를 능가할 곳은 흔하지 않다. 우아한 샹들리에, 은은히 흐르는 클래식, 창밖으로 보이는 롤스로이스 자동차 등 영국 상류 사회를 연상시키는 온갖 소품이 홍차 맛을 돋운다. 티파니사의 3단 트레이에 올려진 스콘, 샌드위치, 마카롱, 타르트, 휘낭시에, 티라미수, 파운드 케이크까지 흠잡을 데 없는 애프터눈 티를 경험할 수 있다. 격조 있는 공간인 만큼 슬리퍼나 반바지 차림은 입장하기 어려울 수도 있다.

🍴 클래식 애프터눈 티 1인 HK$658 🚶 MTR 이스트침사추이역 L3 출구 바로 오른쪽 페닌슐라 호텔 내 G/F층 📍 G/F, The Peninsula Hong Kong Salisbury Road, Tsim Sha Tsui 🕐 티 타임 14:00~18:00 선착순 입장 🏠 www.peninsula.com/en/hong-kong/hotel-fine-dining/the-lobby-afternoon-tea
📞 +852 2696 6772 📍 22.29527, 114.17189

03

너츠포드 테라스 Knutsford Terrace

침사추이에서 마주친 리틀 란콰이퐁

센트럴에 소호와 란콰이퐁이 있다면 침사추이에는 너츠포드 테라스가 있다. 100m 남짓한 짧은 거리지만 이 안에는 스페인, 태국, 터키, 일본 등 세계 각지의 요리를 선보이는 레스토랑과 맥주와 스낵을 즐길 수 있는 펍, 라이브 바가 오밀조밀 모여 있다. 와일드 파이어 피자 바(Wildfire), 엘시드 스페니시 레스토랑(El Cid), 메르하바 터키시 레스토랑(Merhaba) 등이 맛집. 야외 테라스에서 마주하는 상큼한 밤공기로 여행의 피로를 씻어보자.

🚶 MTR 침사추이역 B2출구에서 도보 8분 📍 Knutsford Terrace, Tsim Sha Tsui
📍 22.30114, 114.17374

희차 Heytea 喜茶

차와 크림치즈의 참신한 조화

중국에서 공전의 히트를 기록한 블렌딩 티 브랜드가 홍콩에도 상륙했다. 최대 6시간까지 줄을 서야 하는 전설의 대기 시간으로 유명한 희차는 홍콩에서도 젊은 층의 입맛을 저격하며 큰 인기를 얻고 있다. 대표메뉴로 차에 크림치즈를 블렌딩한 '크림치즈 티', 망고에 크림치즈를 넣은 '망고 치조' 등이 있다. 치즈가 들어간 음료를 마실 때는 윗부분의 크림치즈를 먼저 먹은 후 마시는 게 요령이다.

🍴 망고 치조(Mango Cheezo) HK$45, 킹폰(King Fone) HK$32 🚶 MTR 침사추이역 N2출구에서 도보 1분 📍 Shop G32~G33, G/F, K11 Art Mall, 18 Hanoi Road, Tsim Sha Tsui 🕐 11:00~22:00 📞 +852 2356 7880 🌐 22°17'51.1"N 114°10'25.1"E

제니 베이커리 Jenny Bakery 珍妮曲奇

마약 쿠키로 불리는 과자

중독성 있는 맛 때문에 일명 '마약 쿠키'로 불리는 제니 쿠키는 촉촉하고 부드러운 식감으로 여행객은 물론 현지인에게도 큰 사랑을 받고 있다. 마땅한 기념품이 없을 때 선물로 가장 자주 선택하는 품목이기도 하다. 항

상 대기줄이 길기 때문에 주문 전에 종류와 사이즈를 결정해두는 것이 좋다. 주문은 사진을 보고 하면 되며, 현금만 받는다.

🍴 4믹스 버터쿠키 320g HK$80, 640g HK$150 🚶 MTR 침사추이역 N5출구에서 도보 3분 📍 1F, Mirador Mansion, 54 Nathan Rd, Tsim Sha Tsui 🕐 09:00~20:00(비정기 휴무) 📞 +852 2311 8070 🏠 www.jennybakery.com 🌐 22.29719, 114.17244

06

싱럼쿠이 Sing Lum Khui 星林居

매콤새콤 윈난국수의 맛

매콤새콤한 맛이 특징인 윈난국수는 완탕면이 느끼하게 느
껴질 때 한끼 먹어주면 좋다. 주문 시 원하는 메뉴를 체크
해야 한다. 주문서가 복잡하니, 다음 기본 사항을 알
아두자. H1은 국물 국수, H2는 비빔면, A는 단품 고명,
B는 세트 고명, C는 매운맛, D는 신맛, E는 특별 요청란이
다. E11의 No Coriander는 고수가 싫다는 뜻이다.

🍴 기본 국수 HK$35, 고명 1개 HK$6 🚶 MTR 침사추이역 A2출구
에서 도보 3분 📍 3F 14 Carnarvon Rd, Tsim Sha Tsui
🕐 11:00~23:00 📞 +852 2424 1686
🏠 www.singlumkhui.com 🎯 22.29873, 114.17357

07

서래 갈매기 喜來稀肉

고깃집에 분 한류 열풍

우리에게 친숙한 서래 갈매기가 바다 건너 홍콩에도 진출
했다. TV에 소개될 정도로 서래 갈매기의 인기는 상상 이상
이다. 능숙한 솜씨로 불판에 고기와 김치를 올리고 가위
로 쓱쓱 고기를 썰어내는 현지인들의 모습을 볼 수 있
는 곳. 여행 중 시원한 소주 한 잔이 간절할 때 찾으
면 좋다.

🍴 갈비살(150g) HK$150, 한돈삼겹살구이(150g)
HK$180 🚶 MTR 조던역 D출구에서 도보 8분 📍 9-81
Kimberley Rd, Tsim Sha Tsui 🕐 12:30~00:00
📞 +852 9683 6929 🏠 www.facebook.com/seoraehk
🎯 22.30193, 114.17517

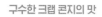

08

치케이 Chee Kei 池記

구수한 크랩 콘지의 맛

캐주얼한 인테리어로 젊은 층의 큰 사랑을 받는 콘지 앤 누
들 레스토랑이다. 1994년 개업해 30년 넘게 꾸준한 인
기를 누리고 있다. 대표메뉴는 완탕면과 크랩 콘지.
넘칠 듯 그릇 가득 담겨 나오는 크랩 콘지는 맛이 깊
고 구수하다. 만두 없이 먹는 완탕면과 차슈덮밥도
인기다.

🍴 완탕면(Wonton Bamboo Noodles) HK$57, 새우 완탕면
(Shrimp Wonton Bamboo Noodles) HK$67, 크랩 콘지 세트
(Crab Congee) HK$106 🚶 MTR 침사추이역 A1출구에서 도보 1분
📍 G/F, 52 Lock Rd, Tsim Sha Tsui 🕐 월~토 11:00~22:30(일 휴
무) 📞 +852 2368 2528 🎯 22°17'52.4"N 114°10'17.9"E

마미 팬케이크 媽咪雞蛋仔

미쉐린도 인정한 길거리 간식

바삭함과 부드러움의 조화 '에그 와플'로 《미쉐린 가이드》에 오른 마미 팬케이크. 특급 호텔 레스토랑이나 유구한 역사의 로컬 식당도 아닌 작은 가게에서 까다로운 미쉐린 기준을 만족시켰다는 사실이 놀랍다. 과자 안에 초콜릿이나 참깨, 커피, 치즈가 들어간 메뉴도 주문 가능하다.

✕ 오리지널 HK$20, 초코칩 HK$27, 마차 HK$29, 아이스크림 추가 HK$20 🏃 MTR 침사추이역 L5출구에서 도보 7분 📍Shop KP-13, 29 & 30, 1/F, Tsim Sha Tsui Star Ferry Pier, Tsim Sha Tsui 🕐 11:00~22:30 🎯22°17'37.6"N 114°10'07.5"E

퍼시픽 커피 Pacific Coffee

스타벅스의 아성에 도전하다

커피의 도시 시애틀 출신의 토머스 니어(Thomas Neir)가 1992년 오픈한 카페에서 출발했다. 창업 당시만 해도 작은 매장에 불과했으나 현재는 스타벅스의 아성에 도전할 정도로 매장이 홍콩 전역에 퍼져있다. 비건을 위한 오틀리 카페모카, 프리미엄 말차라테, 딸기 바나나 등 독특한 메뉴로 차별화에도 성공했다.

✕ 프리미엄 말차라테, 딸기 바나나, 카페모카 [톨 사이즈] HK$39, [그란데] HK$43, [알토] HK$47 🏃 MTR 침사추이역/이스트 침사추이역 B1출구에서 도보 6분 📍1A-B, G/F, Kimberley Plaza, 45-47 Kimberley Road, Tsim Sha Tsui 🕐 08:00~18:00 📞+852 2522 0137 🏠 www.pacificcoffee.com 🎯22°18'03.6"N 114°10'26.7"E

N1 커피 앤 컴퍼니 N1 Coffee & Co.

망원동 스타일 브런치 카페

서울 망원동이나 연남동에서 본 듯한 세련된 분위기의 브런치 카페. 노출 콘크리트 외벽과 오래된 타자기, 목각 인형 같은 소품이 감각적인 멋을 더한다. 규모는 작지만 커피 원두를 직접 로스팅 한다. 라테가 유명하지만 브런치 메뉴도 손색없다.

✕ 라테 HK$40, 아메리카노 HK$32, 시금치 피자 조각 HK$58, 슬라이스 당근케이크 HK$35 🏃 침사추이역 N3출구에서 도보 3분 📍34 Mody Rd, Tsim Sha Tsui 🕐 월~일 09:00~18:00 📞+852 3568 4726 🏠 www.n1coffee.hk 🎯22.29715, 114.1747

12

오존 OZONE

홍콩에서 가장 유명한 루프톱 바

홍콩 최고층 건물인 국제상업센터 (ICC) 118층, 리츠칼튼 호텔 옥상에 위치한 홍콩에서 가장 유명한 루프톱 바로, 환상적인 블루 톤의 분위기가 술맛을 돋운다. 빅토리아 하버와 센트럴 도심이 한눈에 내려다 보여 야경 명소로 이름 높으며 주류로는 칵테일, 와인, 맥주가, 식사 겸 안주로는 타파스, 감바스, 스시, 사시미, 캘리포니아롤이 준비되어 있다. 홈페이지로 예약 가능하며 특히 주말 밤엔 예약 없이 방문하기 어렵다. 밤 9시 이후 반바지, 민소매, 샌들 차림으로는 입장이 안 된다.

🍴 샴페인 1잔 HK$278, 앱솔루트 블루 1잔 HK$158, 불고기 버거 HK$238 🏃 AEL/MTR 구룡역 C1, D1 출구에서 'ICC'표지판을 따라가 엘리베이터 탑승 후 103층(호텔 로비)에 내리면 직원이 안내 📍118F, The Ritz-Carlton Hong Kong, 1 Austin Rd W, Tsim Sha Tsui 🕐월~금 16:00~다음 날 01:00, 토 14:00~다음 날 01:00, 일 14:00~00:00 📞 +852 2263 2270 🏠 www.ritzcarlton.com/en/hotels/china/hong-kong/dining/ozone 🌐 22.30339, 114.16018

13

아쿠아 스피릿 Aqua Spirit

숨 막히는 불빛의 향연

하버시티 맞은편 원페킹 빌딩 30층에 위치한 루프톱 바. 빅토리아 하버가 한눈에 보여 심포니 오브 라이트를 감상하기에 최적의 장소로 꼽힌다. 전면이 유리로 되어 있으며 28층의 중식당 후통(Hutong)이 내려다보이는 독특한 구조다. 이곳도 예약은 필수, 반바지 차림으로는 입장 금지다.

🍴 시그니처 칵테일 HK$148, 로제와인 1잔 HK$148 🏃 MTR 침사추이역 C1출구에서 연결 📍29-30/F One Peking 1 Peking Road, Tsim Sha Tsui 🕐일~목 15:00~00:00, 금, 토 15:00~다음 날 01:00 📞 +852 3427 2288 🏠 aqua.com.hk/experience 🌐 22.29604, 114.16982

14 울루물루 프라임 Wooloomooloo Prime

침사추이의 또 다른 야경 명소

네이선 로드 쇼핑몰 '더 원' 21층에 자리한 울루물루 프라임은 침사추이의 야경 명소로 '심포니 오브 라이트'가 펼쳐지는 저녁 8시 전후로는 좌석이 가득 찬다. 낮시간에는 쇼퍼들이 고급스러운 브런치를 즐기기 위해 많이 찾는다.

🍴 크랩 케이크 HK$240, 푸아그라 HK$278, 브런치 세트 HK$398 🚶 MTR 침사추이역 B1 출구에서 도보 5분, 쇼핑몰 더 원 21층 📍21F, The ONE, 100 Nathan Rd, Tsim Sha Tsui ⏰ 11:45~늦은 밤까지 📞 +852 2870 0087 🏠 https://woo-prime.com ⓖ 22.29984, 114.17253

15 할란스 Harlan's

손에 잡힐 듯 가까운 빅토리아 하버

초고층 빌딩이 아닌 '더 원' 쇼핑몰 19층에 있어 빅토리아 하버 불빛이 손에 잡힐 듯 가깝게 느껴진다. 럭셔리 레스토랑이지만 값 비싼 다이닝 대신 야외 테라스에서 즐기는 로제와인 한 잔과 와인 푸드만으로도 충분히 행복한 오후를 만들 수 있다.

🍴 세미 런치 뷔페 HK$328 🚶 MTR 침사추이역 B1출구에서 도보 5분, 쇼핑몰 더 원 19층 📍19F, The ONE, 100 Nathan Rd, Tsim Sha Tsui ⏰ 12:00~22:30 📞 +852 2972 2222 ⓖ 22.29976, 114.17234

하버시티
Harbour City

홍콩을 통틀어 규모가 가장 큰 쇼핑몰이다. 지층부터 4층에 이르는 공룡 같은 건물 내 부에는 450여 개의 매장과 70여 개의 레스토랑, 3개의 호텔이 자리 잡고 있다. 하버시티는 크게 게이트웨이 아케이드(GW), 오션 센터(OC), 마르코 폴로 홍콩 호텔 아케이드(HH), 오션 터미널(OT), 스타하우스(SA)의 5개 구역으로 나뉜다. 그중 빅토리아 하버 쪽으로 돌출된 오션 터미널 5층 옥상 데크는 침사추이 최고의 전망 명소로 꼽힌다. 하버시티 쇼핑과 식도락은 게이트웨이 아케이드와 오션 터미널을 중심으로 이루어진다. 특히 오션 터미널 1층의 헥사(HEXA)는 빅토리아 하버를 찬란하게 물들이는 노을을 감상하며 칵테일 한잔하기 좋은 곳이다. 또한 오션 터미널에는 어린이용품만 파는 쇼핑 구역이 따로 있어 가족 나들이 코스로 인기를 끌고 있다. 한편 캔톤 로드를 구성하는 하버시티 G층에는 구찌, 루이뷔통, 파테크 필리프 등 전 세계 명품 브랜드가 간판을 걸고 있으며 럭셔리 쇼핑몰에만 입점하는 170여 년 전통의 편집숍 레인 크로퍼드(Lane Crawford)도 어김없이 둥지를 틀고 있다.

🏃 스타페리 선착장 부근, MTR 침사추이역 A1, C1, E 출구에서 도보 5분 📍 Canton Rd, Tsim Sha Tsui ⏰ 10:00~22:00 📞 +852 2118 8666 🏠 www.harbourcity.com.hk 📷 22.29668, 114.16859

하버시티 패션, 뷰티, 잡화
BEST 5

❶ 토즈 TOD'S Boutique

이탈리아에서 제작한 구두, 핸드백, 액세서리를 선보이는 브랜드다.
명품 브랜드지만 캐주얼에 매치하기 좋아 하나 구입하면 두고두고
사용할 수 있다. 연중 진행되는 할인 이벤트 덕분에 한국보다 조금
더 저렴한 쇼핑이 가능.

📍 GW(G308-9) 🕐 11:00~22:00 📞 +852 2199 7752

❷ 토이저러스 Toysrus

전 세계 36개국에 1,500여 개의 지점을 둔 장난감 왕국으로, 미국
내 매출액이 월마트에 이어 두 번째일 만큼 잘 나가는 기업이다. 하
버시티 매장은 규모 면에서 아시아 최강을 자랑한다.

📍 OT(G21-24 & G39-42) 🕐 10:00~22:00 📞 +852 2730 9462

❸ 핫 토이즈 레벨 베이스 Hot Toys- Rebel Base

마블 스튜디오, 스타워즈, 디즈니, DC 코믹스 등 다양한 영화의 캐
릭터 피규어를 선보인다. 1/6 스케일 컬렉터블 피규어, 1/4 스케일
컬렉터블 피규어, 실물 크기 동상, 코스베이비 보블헤드 등 진귀한
피규어를 한자리에서 만날 수 있다.

📍 OT(G52) 🕐 10:00~22:00 📞 +852 2323 7716

❹ 로그온 Log-On

시티슈퍼에서 운영하는 문구·잡화 브랜드. 아이디어 상품이 많아
선물 살 때 들르면 좋다. 눈이나 어깨의 피로를 풀어주는 미니 마사
지기나 괄사 같은 건강 관련 제품이 인기가 많다.

📍 GW(L3 3002) 🕐 10:00~22:00 📞 +852 2736 3866

❺ 나이키 킥스 라운지 Nike Kicks Lounge

아시아 지역에 문을 연 몇 안 되는 나이키 프리미엄 매장. 우리나라
에도 있지만 면세로 살 수 있다는 이점 때문에 농구화 컬렉터들은
홍콩 매장을 선호한다. 한정판 제품과 신상을 다양하게 구비하고
있다.

📍 GW(L3 3237) 🕐 10:00~22:00 📞 +852 3580 2783

하버시티 레스토랑
BEST 5

❶ 쿠치나 Cucina

마르코폴로 홍콩 호텔 6층에 위치한 이탈리안 레스토랑. 창문으로
는 빅토리아 하버 전망을, 주방 쇼윈도를 통해서는 이탈리아 셰프
가 요리하는 과정을 구경할 수 있다. 최근 비건 메뉴를 선보이는 등
다양한 층의 요구를 반영하고 있다.

📍HH(L6 MPHK) 🕐월~토 12:00~다음 날 01:00, 일 11:30~다음 날 01:00
📞+852 2113 0808

❷ 랄프스 커피 Ralph's Coffee

랄프스 커피 하버시티 점은 패션 브랜드 랄프 로렌이 뉴욕, 런던, 파
리, 시카고에 이어 아시아 최초로 오픈한 디저트 카페. 미국의 라
콜롬브 로스터리(La Colombe Raostery)가 검증한 드립 커피와 달
지 않고 부드러운 시그니처 초콜릿케이크가 인기다.

📍OT(313) 🕐월~목 08:00~22:00, 금~일 09:00~22:00
📞+852 2376 3936

❸ 바다 앞 테라스

분식점과 카페 사이를 묘하게 오가는 곳으로 한국식 차찬텡이라고
할 수 있다. 김밥·튀김만두를 파는가 하면 달콤한 디저트 메뉴도 잘
나간다. 한국어로 '바다 앞 테라스'라고 표기되어 있다.

📍OT(233) 🕐11:30~21:30 📞+852 2463 3100

❹ 센소리 제로 sensory ZERO

커피에 초콜릿을 듬뿍 추가하는 등 창의적인 메뉴를 선보인다. '크
레이지 초콜릿'의 경우 초콜릿 음료를 넘치도록 부어 잔 밖으로 흘
러내리도록 하는 파격적인 비주얼이 특징인데 그 덕에 SNS에 올린
사진 리뷰가 유난히 많다.

📍HH(G) 🕐10:00~21:00 📞+852 2118 6090

❺ 헥사 HEXA

현대적인 분위기에서 전통 광동요리를 맛볼 수 있는 곳으로 점심
메뉴인 딤섬이 맛있기로 입소문이 자자하다. 해 질 녘 방문한다면
야외석에 앉아 칵테일을 마시며 홍콩섬과 서구룡지구의 야경을 동
시에 감상하는 행운을 누릴 수 있다.

📍OT(E101) 🕐11:30~23:45 📞+852 2577 1668

캔톤 로드 Canton Road

홍콩 최고의 명품 거리

캔톤(Canton)은 한자어로 광동(廣東)을 뜻한다. 스타페리 선착장에 잇대어 북쪽으로 곧게 뻗은 길이 바로 캔톤 로드다. 영국군은 침사추이항에 입항해 이 길을 통해 광동으로 진격했다. 반대로 중국 본토 사람들은 바다로 나아가기 위해 이 길을 이용했다. 반도 끝 캔톤 로드는 세계와 중국을 잇는 길이었다. 1997년 영화 〈첨밀밀〉에서 여명은 장만옥을 자전거 뒷좌석에 태우고 캔톤 로드를 달렸다. 그때만 해도 수수했던 캔톤 로드가 20년 새 홍콩 최고의 명품 거리로 성장했다. 코즈웨이 베이의 쇼핑몰 패션워크가 감각적 디자인숍이 모인 젊은이의 거리라면 캔톤 로드는 럭셔리함으로 중무장한 거리다. 최고가 브랜드부터 준명품 브랜드까지 전부 만날 수 있다. 한편 T갤러리아, 실버코드 같은 중형 쇼핑몰과 초대형 쇼핑몰 하버시티는 캔톤 로드를 쇼핑의 메카로 격상시키는 데 크게 일조했다.

🚶 스타페리 선착장에서 북쪽을 향해 난 길. 왼쪽에 하버시티가 있다. 📍 Canton Rd, Tsim Sha Tsui 🌐 22.296660, 114.169131

02

그랜빌 로드 Granville Road

홍콩 스트리트 패션의 모든 것

홍콩 패션 리더들의 톡톡 튀는 감각을 피부로 느낄 수 있는 곳. 캔톤 로드 같은 화려함이나 패션워크 같은 세련미 대신 로드숍 특유의 개성과 발랄함이 넘쳐 마음 편히 쇼핑을 즐길 수 있다. 길 안쪽의 그랜빌 서킷에는 라이즈 커머셜 쇼핑센터를 비롯해 젊은층의 사랑을 받는 디자인숍이 여럿 있다.

🚶 MTR 침사추이역 B2출구에서 도보 5분 📍 Granville Rd, Tsim Sha Tsui 🎯 22.30021, 114.17496

03

이사 ISA

명품 특템 찬스를 노려라

침사추이에 명품 매장이 많음에도 이사(ISA)를 찾는 이유는 분명하다. 침사추이에만 6곳의 매장을 운영 중인 아웃렛 이사는 이른바 득템 찬스를 노릴 수 있어 쇼퍼들의 필수 코스가 되었다. 평균 30~50% 기본 할인에 다양한 이름의 추가 할인 혜택을 누릴 수 있다. 심지어 신상도 할인해준다.

🚶 MTR 침사추이역 L3출구에서 도보 2분 📍 GF & 1F, 29 Nathan Rd, Alpha House, Tsim Sha Tsui, Kowloon 🕐 월~일 10:30~20:30 📞 +852 23665890 🏠 https://isaboutique.com 🎯 22.2995846,114.1655613

실버코드 Silvercord

효율적인 쇼핑을 원한다면

명품 숍이 밀집한 캔톤 로드에서도 실버코드의 존재감은 절대 밀리지 않는다. 감각적인 그린 컬러의 '롱샴' 간판이 얼굴 노릇을 톡톡히 하기 때문이다. 실버코드는 값싸고 품질 좋기로 소문난 브랜드들이 모여 있는 데다 지상 4층이라는 적당한 규모는 짧은 시간 효율적인 쇼핑을 즐기기 좋다. 퍼시픽 커피, 클락스, 리바이스, 이사 아울렛 등이 입점해 있다.

🚶 MTR 침사추이역 A1출구에서 도보 5분 ♥ 30 Canton Rd, Tsim Sha Tsui ⏰ 10:30~21:00 📞 +852 2735 9208
🏠 www.silvercord.hk 🌐 22.29749, 114.16936

한나 HANNAH

최신 유행 신상을 저렴하게 구입

홍콩에서 10년 이상 명품 브랜드를 취급해 온 핸드백 전문 매장이다. 구찌, 프라다, 발렌시아가, 보테가 베네타, 샤넬, 에르메스 등 내로라하는 브랜드의 핸드백, 스카프, 의류를 판매한다. 전부 유럽 직수입 제품으로 매주 직원을 유럽 대도시로 보내 따끈따끈한 신상을 구매해 온다. '최신 유행의, 최근 상품을, 최고로 싸게 공급'한다는 모토로 운영하고 있다.

🚶 MTR 침사추이역 L1출구에서 도보 2분 ♥ G/F 26 Nathan Rd, Tsim Sha Tsui 📞 +852 2300 1301
🌐 22.2960552,114.1727464

더 원 The One

여심을 사로잡은 쇼핑몰

젊은 여성층을 타깃으로 한 쇼핑몰. 럭셔리 명품보다는 로컬 브랜드, 일본계 브랜드에 강세를 보인다. 명품 가방의 경우 40~60% 파격 할인에, 각종 추가 할인 이벤트를 실시한다. 침사추이 야경으로 유명한 '할란스'나 '울루물루 프라임'이 이 빌딩에 있다는 것도 인기의 한 요인.

🚶 MTR 침사추이역 B1출구에서 도보 5분 ♥ 100 Nathan Rd, Tsim Sha Tsui ⏰ 10:00~22:00 📞 +852 3106 3640
🏠 www.the-one.hk/en/index.asp
🌐 22.29979, 114.17256

07
트위스트 Twist
편집숍 아웃렛의 대명사

침사추이역 아이스퀘어(iSQAURE)에 위치한 편집숍으로, 홍콩에만 5개의 매장을 거느리고 있다. 프라다, 펜디, 미우미우, 지미추, 클로에, 마크 제이콥스 등 유명 브랜드 핸드백, 슈즈를 아웃렛 가격으로 판매한다. 연말에는 통 크게 70%까지 할인해 준다.

🏃 MTR 침사추이역 N5출구 부근에서 아이스퀘어 건물로 연결
📍 Shop UG5, iSQUARE, 63 Nathan Road, Tsim Sha Tsui
🕐 11:00~22:00 📞 +852 2377 2880
🏠 www.twist.hk 🌐 22.29702, 114.17189

08
미라 플레이스 Mira Place
중저가 브랜드 쇼핑은 여기서

중저가 브랜드를 모아놓은 쇼핑 센터. 킴벌리 로드, 너츠포드 테라스, 하버시티에 둘러싸여 있어 오가는 길에 둘러보기 좋다. 최근 '미라마 쇼핑센터'에서 '미라 플레이스'로 명칭을 변경하면서 '트위스트'가 철수하고 '블락(BLAACK)'이 입점했다. 구름 다리를 통해 더 미라(The Mira) 호텔과 연결된다.

🏃 MTR 침사추이역 B1출구에서 도보 7분 📍 Mira Place 132 Nathan Rd, Tsim Sha Tsui 🕐 10:00~22:00 📞 +852 2730 5300 🏠 www.miraplace.com.hk 🌐 22.30094, 114.17222

09
엘리먼츠 Elements
여행 마지막 날을 알차게

홍콩 최고층 빌딩 ICC에 자리한 쇼핑몰. IFC몰 못지않은 규모지만 침사추이역에서 도보로 이동하기엔 다소 부담스럽다. 대신 AEL 구룡역과 연결되기 때문에 여행 마지막 날 남는 시간을 활용하면 좋다. 화·수·목·금·토 오행 섹션으로 구성되어 있는 게 특징이다.

🏃 AEL/MTR 구룡역 C출구에서 ICC 표지판을 따라 이동
📍 1 Austin Rd W, Tsim Sha Tsui 🕐 10:00~22:00
📞 +852 2735 5233 🏠 www.elementshk.com
🌐 22.30487, 114.16152

홍콩 문화예술의 중심지
서구룡문화지구
West Kowloon Cultural District

홍콩을 대표하는 문화예술 중심지로 바다를 매립한 부지에 조성된 서구룡문화지구에는 대단위 미술관, 박물관, 공연장, 녹지가 자리 잡고 있다. 빅토리아 하버의 낭만을 만끽하며 문화예술을 즐기기 좋아 홍콩의 새로운 랜드마크로 떠오르고 있다.

시취센터 Xiqu Centre

20세기 향수에 젖다

요즘 홍콩 젊은이는 칸토 팝에 열광하지만, 기성 세대는 그 시절 광둥 오페라에 울고 웃었던 기억이 있다. 한국으로 치면 청춘극단이나 유랑극단 정도 가 될 것이다. 시취 센터는 20세기 현지인들이 즐 겼던 추억의 광둥 오페라뿐 아니라 중국 전통극 '시취'를 선보인다. 대극장에서 스케일이 큰 공연을 관람하거나 마을 극단이 선보이는 90분 공연을 티 하우스에서 차와 딤섬을 먹으며 즐길 수 있다.

🚶 MTR 오스틴역 D2출구에서 도보 2분
📍 88 Austin Road West, Tsim Sha Tsui
📞 +852 2200 0022
🏠 www.westkowloon.hk/en/XiquCentre
🌐 22.3024021, 114.1671908

홍콩 고궁 박물관 Hong Kong Palace Museum

중국 황제의 생활을 엿보다

자금성의 전통 건축을 현대적으로 해석한 홍콩 고궁 박물관은 서구룡문화지구 서쪽 끝에 위치한다. 관람객은 바닥에서 출발해 위층으로 올라가며 전시물을 감상하게 되어 있다. 내부 아트리움의 금빛 천장은 자금성 기와를 재해석한 것으로 실크 커튼을 연상시킨다. 9개의 갤러리에서 선보이는 914점의 전시물은 베이징 고궁 박물원에서 대여해 온 것들이다. 파노라마로 펼쳐지는 빅토리아 하버의 멋진 전망은 덤이다. 방문 전 웹사이트를 통해 티켓을 예매하면 바로 입장할 수 있다.

🚶 [버스] 뮤지엄 드라이브 정류장 하차(평일 296D번, 주말 및 공휴일 W4, 296D, 973번), [MTR] 서구룡역 M출구에서 도보 15분 📍 8 Museum Dr, West Kowloon Cultural District
🕐 월, 수, 목, 일 10:00~18:00, 금, 토 및 공휴일 10:00~20:00 (화요일(공휴일 제외) 및 설 연휴 첫 이틀 동안 휴무) 💲 갤러리 1~7 HK$60, 갤러리 1~9 HK$150 🏠 www.hkpm.org.hk/en/home 📍 22.3029167,114.1541231

엠플러스 M+

아시아 최초 비주얼 컬처 박물관

엠플러스는 아시아 최초 현대 비주얼 컬처 박물관으로 2021년 8,000여 점의 컬렉션을 바탕으로 출범했다. 세계적인 건축 회사인 헤르조그 & 드 뫼롱(Herzog & de Meuron)의 설계로 완성된 건물로 납작한 상자 형태의 파사드가 특징이다. 엠플러스는 5,000평이 넘는 전시 공간에 33개의 갤러리를 보유하고 있으며 비주얼 아트, 디자인과 건축, 동영상의 세 개 카테고리로 구성된다. 외부 공간인 플레이스 케이프에는 벤치와 놀이 조형물이 배치되어 있으며 빅토리아 하버의 경관을 감상하며 식사와 음료를 즐길 수 있는 애드플러스(ADD+) 같은 카페와 레스토랑도 자리한다.

🚶 MTR 구룡역에서 도보 20분, 홍콩고궁박물관역에서 도보 5분
📍 38 Museum Dr, West Kowloon Cultural District
📞 +852 2200 0217 💲 HK$120 🏠 www.mplus.org.hk
📍 22.3005786,114.1182952

몽콕
BEST 5

01 템플 스트리트 야시장

02 레이디스 마켓

03 던다스 스트리트 먹방

04 파옌 스트리트 스포츠 용품

05 랭함 플레이스 쇼핑

1 침사추이
2 몽콕
3 셩완 & 센트럴
4 완차이
5 코즈웨이 베이
6 옹핑

구룡반도

홍콩섬

란타우섬

사람 사는
냄새 폴폴

몽콕
Mong Kok

홍콩 금융가의 럭셔리한 모습 뒤에는 사람 사는 냄새 폴폴 나는 몽콕이 자리 잡고 있다. MTR 몽콕역을 중심으로 조던, 야우마테이, 프린스에드워드역 일대를 포괄하는 이름 '몽콕'. 홍콩 전통 시장의 진수를 만끽하기 좋은 곳.

ACCESS

공항에서 가는 법

○ 공항

A21(공항 버스) ⓘ 60분~ HK$33

○ 몽콕

아가일 센터(Argyle Centre, Nathan Road) 또는 뱅크 센터(Bank Centre, Nathan Road) 하차

몽콕
상세 지도

본문에 표시한 각 스폿의 GPS 번호로 검색하면 보다 빠르고 정확한 위치를 검색할 수 있습니다.

📷 SEE

① 템플 스트리트 야시장
② 레이디스 마켓
③ 던다스 스트리트
④ 틴하우 사원
⑤ 파옌 스트리트
⑥ 금붕어 시장
⑦ 상하이 스트리트(주방용품)
⑧ 꽃시장

🍴 EAT

① 죽가장
② 미도 카페
③ 부다오웽 핫폿 퀴진
④ 큐브릭
⑤ 깜와 카페
⑥ 오스트레일리아 데어리 컴퍼니
⑦ 만와 레스토랑
⑧ 페이지에
⑨ 디킹힌
⑩ 원딤섬
⑪ 딤딤섬
⑫ 탭, 에일 프로젝트

🎁 SHOP

① 랭함 플레이스
② 샤오미

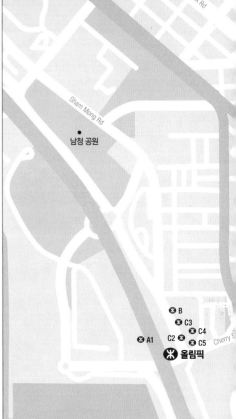

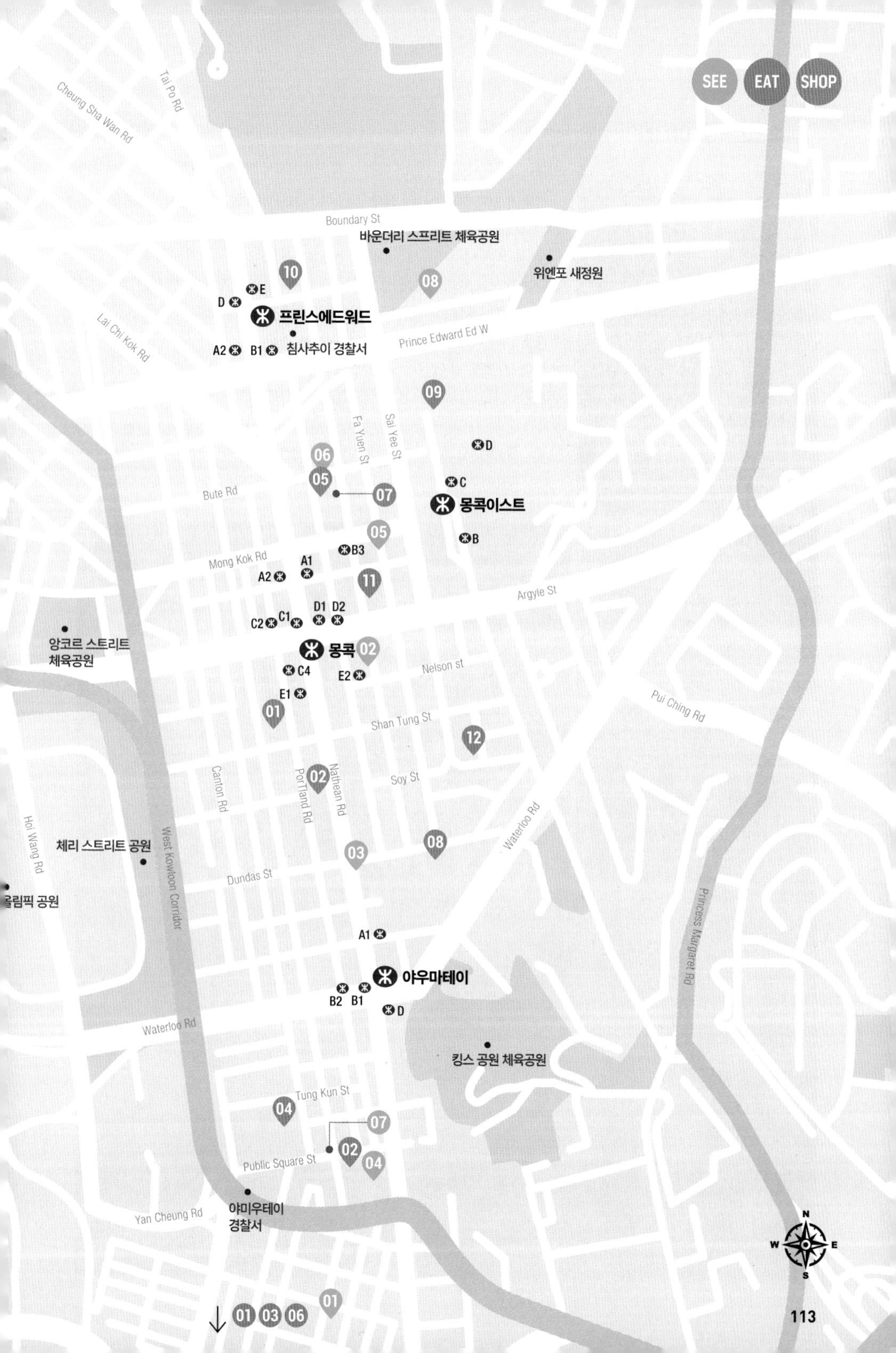

SEE　EAT　SHOP

Cheung Sha Wan Rd
Tai Po Rd
Boundary St
바운더리 스프리트 체육공원
10
08
위엔포 새정원
Lai Chi Kok Rd
D　E
🚇 프린스에드워드
A2　B1　침사추이 경찰서
Prince Edward Ed W
09
Fa Yuen St
Sai Yee St
D
06
05
07
C
🚇 몽콕이스트
Bute Rd
05
B3
B
Mong Kok Rd
A1
A2
11
Argyle St
앙코르 스트리트
체육공원
D1　D2
C2　C1
🚇 몽콕 02
C4
E2
Nelson st
Pui Ching Rd
E1
01
Shan Tung St
12
Canton Rd
West Kowloon Corridor
02
Nathan Rd
Portland Rd
Soy St
Waterloo Rd
08
Hoi Wang Rd
체리 스트리트 공원
03
Dundas St
올림픽 공원
Princess Margaret Rd
A1
🚇 야우마테이
B2　B1
D
Waterloo Rd
킹스 공원 체육공원
Tung Kun St
04
07
Public Square St
02
04
야미우테이
경찰서
Yan Cheung Rd

N
W　E
S

↓ 01　03　06

01

113

템플 스트리트 야시장 Temple Street Night Market

가장 홍콩스러운 야시장

인근에 탄하우 사원이 있어 템플 스트리트라는 이름이 붙었다. 야우마테이역과 조던역에 걸쳐 800m가량 길게 뻗은 이 시장은 거대한 일주문이 진입로 역할을 한다. 로컬 시장답게 다양한 상품을 취급해 사는 재미, 구경하는 재미가 쏠쏠하다. 의류, 액세서리, 장난감, 골동품 등 없는 게 없다. 야시장 특유의 흥정 문화가 있다는 점도 기억하자. 상인들은 고객이 비싸다는 표정으로 돌아서면 그때서야 진짜 가격을 제시한다. 신선한 해산물과 함께 맥주를 기울이기 좋은 노천 레스토랑도 많다. 이곳에서 가장 유명한 메뉴는 스파이시 크랩으로, '템플 스트리트 스파이시 크랩' 외 많은 식당에서 이 메뉴를 취급한다. 홍콩은 치안이 좋은 편이지만 야시장에서는 소매치기를 조심해야 한다. 백팩은 앞으로 매도록 하자.

🚶 MTR 야우마테이역 C출구에서 도보 /분, MTR 조던역 A출구에서 도보 5분 📍 Temple St, Yau Ma Tei 🕐 20:00부터 오픈해 새벽까지 운영 📍 22.3073, 114.17022

02
레이디스 마켓 Ladies Market　　　　　　　　　몽콕 전통 시장의 대명사

1km 정도 거리에 100개가 넘는 노점이
모여 있어 몽콕에서 가장 큰 시장으로
꼽힌다. 1970년대 홍콩 전역에 퍼져 있
던 노점상들이 정부 관리 아래 한 곳에
모이면서 레이디스 마켓의 역사가 시작
되었다. 템플 스트리트 야시장이 남성
용품 시장으로 출발했다면 레이디스 마
켓은 여성용품 시장으로 시작했다. 지
금은 그 경계가 흐려져 차별화는 사라
졌고 장난감과 전자제품까지 다양하게
팔고 시장 규모나 종류가 좀 더 앞서있
다. 낮에도 문을 연다는 것이 특징. 역시
나 치열한 눈치 싸움 끝에 최종 가격이
정해지니 처음 부르는 금액에 덥석 지

갑을 열지 않도록 하자. 또한 가격이 저렴한 대신 중국제가 대부분이니 품질을 크게
기대하기는 어렵다. 역시 소매치기를 주의하자.

🚶 MTR 몽콕역 D3출구에서 도보 3분　📍 Tung Choi St, Mong Kok　🕘 09:30~22:00
🏠 www.ladies-market.hk　📷 22.31897, 114.17063

03
던다스 스트리트 Dundas Street　　　　　　　　　먹방 투어의 종착점

몽콕 시장과 네이선 로드가 만나는 지점에 자리 잡은 던다스 스트리트는 홍콩을 대
표하는 먹거리 스폿으로, 먹방 투어의 종착점으로 꼽힌다. 딤섬, 국수, 꼬치, 밀크티,
생과일 주스, 빙수 등 저렴하고 다양한 식사류와 디저트를 만날 수 있다. 레이디스 마
켓 쇼핑 후 자연스럽게 방문하게 되는 곳으로, 대부분 노점이지만 플라스틱 테이블
을 놓은 곳도 많아 맥주 한 잔으로 하루를 마무리하기에도 좋다.

🚶 MTR 몽콕역 E2출구에서 네이선 로드를 따라 아우마테이역 쪽으로 이동　📍 Dundas St,
Mong Kok　🕘 00:00~22:00(가게마다 다름)　📷 22.31535, 114.17023

115

틴하우 사원 Tin Hau Temple

바다의 신을 모시는 틴하우 사원

어촌을 기반으로 하는 홍콩인 만큼 바다의 신을 모시는 틴하우 사원을 도시 전역에서 볼 수 있다. 구룡반도에서 가장 규모가 큰 몽콕 틴하우는 광장을 끼고 있어 여행자와 시민의 휴식 공간으로 이용된다. 사원 남쪽은 점을 치는 역술인 거리로, 현지인들이 주로 많이 방문한다.

🏃 MTR 야우마테이역 C3출구에서 도보 5분 📍 Tin Hau Temple, Temple St, Yau Ma Tei 🕐 08:00~18:00 📞 +852 2915 3488 📷 22.30995, 114.17069

파옌 스트리트 Fa Yuen Street

우리나라에까지 소문난 운동화 거리

나이키, 푸마, 아디다스, 뉴발란스 등 각종 스포츠 브랜드를 만날 수 있는 곳. 브랜드별 단독 매장부터 스포츠용품을 총망라한 멀티숍이 들어서 있다. 전반적으로 우리나라보다 저렴하지만 매장마다 할인폭이 달라 발품을 팔수록 좋은 물건을 싸게 살 수 있다. 단 지나치게 싼 것은 진품이 아닐 수 있으므로 주의.

🏃 MTR 몽콕역 B2출구에서 도보 3분 📍 Fa Yuen St, Mong Kok 🕐 11:00~23:00 📷 22.32104, 114.1708

금붕어 시장 Goldfish Market

봉지에 담긴 금붕어가 장관

홍콩 전역의 금붕어는 전부 이곳에서 팔려나갔다고 할 정도로 규모가 크다. 비닐 봉지에 담겨 주렁주렁 매달려 있는 금붕어가 장관을 이룬다. 중화권에서 금붕어는 복을 가져다주는 동물로 여겨진다. 인근 꽃시장과 함께 둘러보면 좋고 아이들이 좋아하는 곳이다.

🏃 MTR 프린스에드워드역 B2출구에서 도보 7분
📍 43-49 Bute Street, 175 Tung Choi St, Mong Kok
🕐 10:00~22:00 🏠 www.goldfish-market.hk
📷 22.32236, 114.16973

상하이 스트리트(주방용품) Shanghai Street

야우마테이의 상하이 스트리트에는 주방에 필요한 모든 것을 파는 상점가가 형성돼 있다. 그릇은 홍콩 미식의 출발이라고 할 수 있다. 홍콩의 유명 셰프도 이곳에서 그릇과 주방 도구를 구매한다. 다양한 크기의 프라이팬, 나무 도마, 빵틀, 대나무 찜기 등 풍성한 구경거리가 있다. 추천하는 품목은 홍콩 차찬텡의 시그니처 '블랙 앤 화이트' 밀크티 잔이다. 오래도록 홍콩을 추억할 수 있는 아이템으로 HK\$55~58에 살 수 있다. 과도를 비롯한 칼, 가위 등은 기내 수화물에 실을 수 없으므로 구매에 유의해야 한다.

🚶 MTR 야우마테이역 B2출구에서 도보 2분 📍Shanghai St, Yau Ma Tei 📍22.3135477,114.1641259

꽃시장 Flower Market

홍콩 사람들은 꽃을 사랑한다. 새해가 되면 집 안팎을 꽃으로 장식한다. 꽃의 화사한 기운이 행운을 불러들일 것이라고 믿기 때문이다. 몽콕 꽃시장은 새해가 되면 발 디딜 틈이 없이 붐비는데 평상시에도 많은 시민들이 꽃을 사기 위해 이곳을 찾는다. 걷는 것만으로도 행복감이 밀려오는 꽃시장 구경! MTR 프린스에드워드역 B1출구로 나오면 바로 꽃길이 시작된다. 꽃을 사는 사람들은 대부분 현지인으로, 관광객이 눈에 띄지 않는다는 점이 오히려 낯설다.

🚶 MTR 프린스에드워드역 B1출구에서 도보 1분 📍Flower Market Rd, Prince Edward 📍22.3252478,114.1669387

죽가장 Bamboo Village 竹家莊

배 위에서 조리하던 방식 그대로

스파이시 크랩으로 유명한 해산물 전문 레스토랑. 매콤짭짤한 맛이 일품인 스파이시 크랩은 셰프가 살아 있는 게를 손님에게 확인시켜주는 것으로부터 요리가 시작된다. 씨우락(약간 매운맛), 중락(중간), 따이락(제일 매운맛) 등으로 매운맛을 조절할 수 있다. 가격은 시가로 매겨지지만 보통 한 마리에 HK$980 선이다. 혼자 가기보다 여럿이 방문할 때 유리하다. 한국인 방문객이 많다 보니 한국어 메뉴판과 소주가 준비되어 있다.

🍴 스파이시 크랩 HK$980, 매운 조개볶음 HK$120, 토끼고기 튀김 HK$158 🚶 MTR 조던역 C2출구에서 도보 5분 📍 265-267, Jordan Rd, Temple St, Jordan ⏰ 17:45~04:45 🏠 www.bamboovillage.com.hk 📞 +852 2730 5484 🌐 22.30393, 114.16959

미도 카페 Mido Cafe 美都餐室

시간이 흘러가다 멈춘 곳

낡은 계산기와 손때 묻은 테이블, 파랑·초록 타일벽이 손님을 맞는 미도 카페는 흡사 영화 세트장을 방불케 한다. 1950년대에 영업을 시작한 이래 별다른 변화 없이 지금에 이르러 초창기 차찬텡의 모습을 확인할 수 있다. 또한 바로 앞에 틴하우 사원이 있어 조용하면서 전망도 좋다. 늘 손님이 줄을 잇지만 2층 홀이 매우 넓어 많은 인원을 수용할 수 있다. 버터 토스트, 마카로니 수프, 파인애플 번과 같은 전통적인 차찬텡 메뉴가 유명하지만 한 번쯤 이곳 시그니처인 '사테이 해물소면'을 주문해 보자. 과자처럼 빠삭하게 튀긴 국수를 해물볶음에 비벼 말랑하게 만든 후 먹는데 맛도 식감도 모두 훌륭하다. 튀긴 국수에 꽂아놓은 젓가락이 허공에 떠있는 듯 착시현상을 일으켜 눈까지 즐거운 메뉴다.

🍴 사테이 해물소면 HK$148, 버터 토스트 HK$18, 원앙차 HK$22 🚶 MTR 야우마테이역 C출구에서 도보 5분 📍 G/F, 63 Temple St, Yau Ma Tei ⏰ 11:30~20:30(수 휴무) 📞 +852 2384 6402 🌐 22.31023, 114.17029

03

부다오웽 핫폿 퀴진 Budaoweng Hot Pot Cuisine 不倒翁中日火鍋料理　　소스와 육수로 나만의 맛을 즐긴다

2005년 창업해 변함없는 인기를 유지하고 있는 훠궈집이다. 좌우를 나눈 음양 냄비에 나오는 맑은 국물과 매콤한 국물에 채소와 고기류를 익혀 먹는다. 기본 육수 외에 마라탕 육수, 미소 육수, 일본 카레 해산물 육수 등 다양한 육수를 선택할 수 있다. 함께 나오는 여덟 가지 소스를 어떻게 조합하느냐에 따라 훠궈의 맛이 달라진다.

🍴 2인 세트 HK$488, 4인 세트 HK$888 🚶 MTR 조단역 A출구에서 도보 2분 📍 2F, Sino Cheer Plaza, 23-29 Jordan Rd, Yau Ma Tei
🕐 11:00~다음 날 01:00
📞 +852 3526 0918
🏠 www.bdw.com.hk
📍 22°18'19.9"N 114°10'15.0"E

04

큐브릭 Kubrick

북카페에서 맛보는 큐브릭스러운 메뉴

〈샤이닝〉, 〈스페이스 오디세이〉, 〈시계 태엽 오렌지〉 등 혁신적인 영상으로 유명한 미국의 천재 영화 감독 스탠리 큐브릭의 이름을 빌린 북카페. 예술 관련 서적을 판매하며 다양한 핸드드립 커피를 준비해두고 있다. 큐브릭스럽다고밖에 말할 수 없는 독특한 콘셉트의 파스타와 버거, 샐러드를 맛볼 수 있는 곳.

🍴 아메리카노 HK$46, 치즈케이크 HK$38, 앤초비 소스 스파게티 HK$138 🚶 MTR 야우마테이역 C출구에서 도보 5분
📍 Shop h2, Prosperous Garden, 3 Public Square St, Yau Ma Tei
🕐 서점 11:30~22:00, 카페 11:30~21:30 📞 +852 2384 8929
🏠 www.kubrick.com.hk
📍 22.31078, 114.16889

깜와 카페 Kam Wah Cafe 金華冰廳

원조 뽀로바오를 즐겨보자

홍콩 차찬텡 대표 메뉴인 뽀로바오(Pineapple Bun with Butter)의 원조집으로 알려져 있다. 파인애플번이라는 뜻이지만 이 음식에 파인애플은 없고, 따뜻한 빵 사이에 버터를 끼워 살짝 녹인 상태로 먹는다. 국제적인 유명세에도 불구하고 메뉴판에서 단 한 글자의 영어도 찾아볼 수 없는 뚝심의 로컬 식당. 뽀로바오를 주문하려면 음식 사진을 보여주는 게 가장 빠르다. 이곳에서 대기와 합석은 일상이다. 뽀로바오에는

밀크티를 곁들이는 게 기본. 뽀얀 돼지뼈 육수에 달걀반숙과 스팸을 고명으로 얹은 홍콩식 라면 퇴딴미엔도 인기가 많다.

🍴 뽀로바오 HK$13, 버터 프렌치 토스트 HK$22, 퇴탄미엔 HK$33 🚶 MTR 프린스에드워드역 B2출구에서 도보 5분 📍 4/ Bute St, Prince Edward 🕐 06:30~23:30 📞 +852 2392 6830 🌐 22.32226, 114.16972

오스트레일리아 데어리 컴퍼니 Australia Dairy Company 澳洲牛奶公司

세상에서 가장 부드러운 달걀 요리

사람 많고 차 많은 조던역 일대에서도 아침이면 유난히 긴 줄이 늘어서 있어 시선을 끄는 이 집, 오스트레일리아 데어리 컴퍼니를 빼놓고 홍콩 차찬텡을 말할 수 없다. 달걀 푸딩, 스크램블드 에그, 햄앤에그 샌드위치 등 홍콩 최고의 달걀 요리를 선보이는 곳으로 유명하다. 오스트레일리아라는 가게 명칭이 무색하게 메뉴판이 한자 일색이다. 하지만 외국인인 걸 알면 영어로 된 메뉴판을 내준다.

🍴 조찬 세트(早餐:버터 토스트+햄 마카로니+커피 또는 차)HK$38, 차찬세트(茶餐:버터 토스트+햄달걀프라이+바비큐 스파게티와 수프+커피 또는 차)HK$46, 패스트푸드 세트(快餐: 버터 토스트+달걀프라이+우유)HK$38 🚶 MTR 조던역 C2출구에서 도보 5분 📍 47 Parkes St, Jordan 🕐 07:30~23:00(목 휴무) 📞 +852 2730 1356 🌐 22.30458, 114.17051

만와 레스토랑 Man Wah Restaurant 民華餐廳　　　　　평범하면서 색다른 홍콩의 맛

다양한 홍콩 요리를 선보이는 차찬텡으로 현지인으로부터 높은 별점을 얻고 있다. 음식의 질과 양이 탁월하고 맛도 깔끔하다. 두툼하고 폭신한 토스트와 감칠맛 나는 토마토 마카로니는 한국인 입맛에 딱 맞는다. 현지인은 폭찹 커리를 많이 시키는 편. 푹 익어서 흐물흐물해진 고기와 커리가 찰떡궁합을 이룬다. 이곳에서 꼭 먹어봐야 할 또 하나의 음식으로 명태 껍질 튀김이 있다. 한국에서 쉽게 맛보기 힘든 음식으로 비린내가 전혀 나지 않을뿐더러 바삭바삭한 식감이 입맛을 당긴다. 생선껍질에는 콜라겐이 풍부해 피부에도 좋다. 토스트+스크램블드애그+햄+마카로니+밀크티가 포함된 아침 세트(07:00~11:00)가 HK$42. 이후에는 HK$50를 받는다.

✗ 프렌치 토스트 HK$23, 버터 슬라이스 토스트 HK$18, 폭찹 커리 HK$49, 명태 껍질 튀김 HK$18 ✗ MTR 몽콕역 B3출구에서 도보 4분 ♥ Shop C&D, G/F, Wah Hung House, 153~159 Tung Choi St, Mong Kok
🕐 06:30~23:45 📞 +852 2392 4880
🌐 22°19'17.7"N 114°10'12.1"E

페이지에 Fei Jie 肥姐小食店　　　　　문어다리 한 꼬치 하실래예?

길거리 음식점이란 음식점은 다 모여 있는 던다스 스트리트 내에서도 '페이지에' 꼬치 요리는 꽤 유명하다. 대표 메뉴인 문어다리(大墨魚)는 중독성이 너무 강해 집에 가서도 생각난다. 메뉴는 온통 한자 일색이지만 주인이 영어를 할 줄 알아 음식을 고르는 데는 문제 없다.

✗ 콤보(꼬치 3개) HK$35, 빅 콤보 HK$40 ✗ MTR 야우마테이역 A2출구에서 도보 5분, 던다스 스트리트 내 ♥ 55 Dundas St, Mong Kok 🕐 14:00~22:15, 공휴일 13:00~22:15 📞 +852 8489 2326 🌐 22.3157, 114.17182

09

디킹힌 Di King Heen 帝京軒

가성비 갑 호텔 딤섬

몽콕 지역 5성 호텔인 로열 플라자 호텔(Royal Plaza Hotel)에 자리한 광둥 요리 레스토랑. 호텔 레스토랑임에도 저렴한 가격이 매력 요인이다. 모닝 딤섬 브래킷, 런치 딤섬 플래터의 경우 품질은 고스란히 유지하면서 다른 호텔 레스토랑의 절반 가격에 선보인다.

🍴 로열 런치 세트 HK$398, 플라자 런치 세트 HK$298
🚶 MTR 프린스에드워드역 B2출구에서 도보 7분
📍 L3, 193 Prince Edward Rd W, Kowloon
🕐 월~금 11:00~22:00, 토, 일 및 공휴일 09:00~22:00
🏠 www.royalplaza.com.hk/dining/dikingheen
📍 22.32318, 114.17192

10

원딤섬 一點心

최고의 맛과 푸짐한 양으로 승부

미쉐린 1스타 레스토랑이다. 몽콕 1등 딤섬 집이라고 해도 과언이 아닐 만큼 뛰어난 맛과 양을 자랑한다. 딤섬의 크기가 커서 몇 개만 먹어도 배부르다. 실내에는 홍콩의 거리를 그림으로 표현한 벽화가 자리 잡고 있다. 기다리는 사람이 많으면 안쪽 내실로 안내해 준다. 디저트로는 시그니처 메뉴인 '망고 커스터드 롤'을 추천한다.

🍴 망고 커스터드 롤(4개) HK$32, 하가우(4개) HK$40, 슈마이(4개) HK$34, 로마이까이(연잎밥) HK$34, 초이삼 HK$23 🚶 MTR 프린스에드워드역 A출구에서 도보 2분
📍 G/F, 209A-209B Tung Choi St. Prince Edward
🕐 월~금 09:30~00:00, 토, 일 및 공휴일 08:30~00:00
📞 +852 2677 7888 📍 22°19'31.8"N 114°10'09.0"E

11

딤딤섬 點點心   가지 탕수과 포크 커스터드 번으로 유명

전통과 퓨전이 조화롭게 어우러진 딤섬 집이다. 2011년 여행잡지 〈타임아웃(Time Out)〉에서 '홍콩에서 가장 맛있는 딤섬'으로 추천할 정도로 딤섬에 일가견이 있다. 가지 탕수와 포크 커스터드 번이 시그니처 메뉴. 한국 소주도 주문할 수 있다. 주문 시 커다란 종이를 내주는데 이곳에 주문하고자 하는 메뉴를 체크하면 된다.

✗ 하가우(4개) HK$36, 샤오롱바우(4개) HK$34, 가지 탕수(3개) HK$34, 돼지 커스터드 번(3개) HK$27, 한국 소주 HK$40 ✦ MTR 몽콕역 D2출구에서 도보 2분 ♥ G/F, 106 Tung Choi St, Mong Kok ⏰ 11:00~23:00 ☎ +852 2309 2300 ⊚ 22°19'11.6"N 114°10'14.1"E

12

탭, 에일 프로젝트 TAP, The Ale Project   몽콕에서 만나는 호주 스타일 펍

몽콕에서는 매우 귀하다 할 에일 맥주 전문점. 호주 유학파 주인장이 오픈한 호주 스타일 펍으로, 로컬 맥주와 수입 맥주를 다양하게 갖춰 놓고 있다. 수제 맥줏집답게 시음이 가능하고 트렌드에 따라 수시로 메뉴를 교체하는 부지런함을 보인다.

✗ 클래식 페일 에일(200mL) HK$48, 케이준 마늘 새우 HK$78 ✦ MTR 몽콕역 E2출구에서 도보 6분 ♥ 15 Hak Po St, Mong Kok ⏰ 월~목 15:00~다음 날 00:30, 금 15:00~다음 날 01:30, 토 12:00~다음 날 01:30, 일 12:00~다음 날 00:30 ☎ +852 2468 2010 🏠 www.thealeproject.com ⊚ 22.31743, 114.17259

랭함 플레이스 Langham Place

몽콕 대표 쇼핑몰

전통 시장이 주를 이루는 몽콕에서 독보적인 존재감으로 빛나는 대형 쇼핑몰이다. 지하 2층부터 지상 13층까지 총 15개 층에 걸쳐 300여 개의 브랜드숍과 레스토랑, 카페가 입점해 있다. 10~20대의 젊은 고객층을 타깃으로 한 중저가의 로컬 브랜드와 스파(SPA) 브랜드가 주를 이룬다. 하나의 거대한 조각 작품을 연상시키는 독특한 외관이 빛을 발하며 4층에서 8층으로 바로 연결되는 익스프레스컬레이터는 홍콩 최장 실내 에스컬레이터로 신선한 볼거리를 제공한다. 층과 층을 연결하는 나선형 계단 역시 기존의 쇼핑몰에서는 찾아볼 수 없는 혁신적인 설계로 건물 자체가 하나의 관광 포인트로 여겨진다.

🚶 MTR 몽콕역 C3 출구에서 연결 　📍 8 Argyle St, Mong Kok
🕐 11:00~22:00 　📞 +852 3520 2800
🏠 www.langhamplace.com.hk 　📍 22.31791, 114.16874

샤오미 Xiaomi 小米

IT 덕후들의 놀이터

그동안 해외직구로만 구매하던 샤오미. 목이 빠지게 배송을 기다리고, 배송비까지 추가되던 불편함을 홍콩 여행길에 해결해보자. 레이디스 마켓 초입에 자리한 샤오미 매장은 최신형 스마트폰은 물론, 이월 상품을 직구보다 저렴하게 구입할 수 있다. 휴대폰 외에 우리나라에서 선풍적인 인기를 끌고 있는 보조 배터리 전 기종과 문구, 선풍기, 블루투스 헤드셋, 식기, 커피포트, 캐리어까지 샤오미 제품이라면 없는 것 없이 갖추고 있다. 가성비로 따져 삼성이나 애플이 도저히 따라잡을 수 없는 샤오미만의 매력을 원 없이 만끽할 수 있는 곳. 밤늦게까지 사람들로 붐벼 그 인기를 실감할 수 있다.

🚶 MTR 몽콕역 E1출구에서 도보 5분, 레이디스 마켓 건너편 　📍 GF, Chong Hing Square, 601 Nathan Rd, Mong Kok 　🕐 10:00~23:00 　📞 +852 2698 8871 　🏠 www.mi.com/hk
📍 22.31634, 114.16978

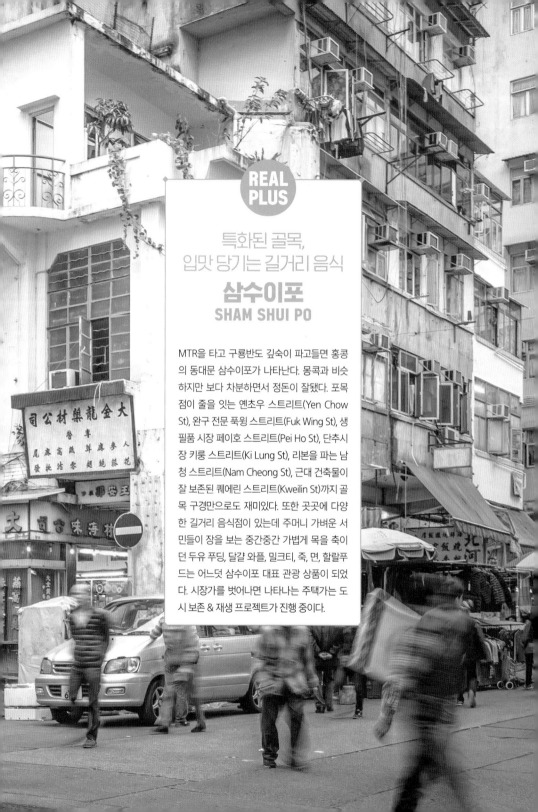

특화된 골목,
입맛 당기는 길거리 음식
삼수이포
SHAM SHUI PO

MTR을 타고 구룡반도 깊숙이 파고들면 홍콩의 동대문 삼수이포가 나타난다. 몽콕과 비슷하지만 보다 차분하면서 정돈이 잘됐다. 포목점이 줄을 잇는 옌초우 스트리트(Yen Chow St), 완구 전문 푹윙 스트리트(Fuk Wing St), 생필품 시장 페이호 스트리트(Pei Ho St), 단추시장 키룽 스트리트(Ki Lung St), 리본을 파는 남청 스트리트(Nam Cheong St), 근대 건축물이 잘 보존된 퀘에린 스트리트(Kweilin St)까지 골목 구경만으로도 재미있다. 또한 곳곳에 다양한 길거리 음식점이 있는데 주머니 가벼운 서민들이 장을 보는 중간중간 가볍게 목을 축이던 두유 푸딩, 달걀 와플, 밀크티, 죽, 면, 할랄푸드는 어느덧 삼수이포 대표 관광 상품이 되었다. 시장가를 벗어나면 나타나는 주택가는 도시 보존 & 재생 프로젝트가 진행 중이다.

① 쿵워 빈커드 팩토리 Kung Wo Dou Bun Chong 公和荳品廠

입에서 살살 녹는 두유 푸딩

2016, 2017년 미쉐린 길거리 음식 베스트에 오른 쿵워 빈커드 팩토리는 홍콩에서 만날 수 있는 가장 특색 있는 음식점 중 하나다. 두유 푸딩으로는 아마 세계 최고일 이 집은 60년 전 창업자가 만든 레시피 그대로 4대째 운영 중이다. 지금도 맷돌로 콩을 갈아 두유와 두부를 만든다. 뽀얀 살결의 두유 푸딩은 보통 주황색 갈릭설탕을 뿌려 먹지만 두유의 고소한 맛을 음미하려면 그냥 먹는 것도 좋다. 현금 결제만 가능하다.

✕ 두유 푸딩(豆花) 소 HK$11, 대 HK$13 🏃 MTR 삼수이포역 B2출구에서 도보 3분 📍 GF, 118 Pei Ho Street, Sham Shui Po 🕐 07:00~21:00 📞 +802 2386 6871 🌐 22.33109, 114.16359

② 팀호완 본점 First Tim Ho Wan 添好運 本店

오너 셰프가 선보이는 딤섬의 지존

삼수이포 팀호완 본점은 40개가 넘는 지점 가운데 오너 셰프가 요리하는 유일한 가게다. 개업한 지 1년 만인 2010년 미쉐린 가이드 원스타 맛집으로 등극했고 어느덧 아시아뿐만 아니라 호주, 뉴욕, 하와이에도 분점을 차렸다. 25종의 딤섬 가운데 만두의 일종인 펀궈, 새우딤섬 하가우, 돼지고기가 들어있는 차슈바오, 새우, 돼지고기, 버섯이 든 샤오마이의 인기가 높다.

✕ 하가우 HK$36, 슈마이 HK$34, 소고기 두부완자 HK$25 🏃 MTR 삼수이포역 B2출구에서 도보 7분 📍 G/F 9-11 Fuk Wing Street, Sham Shui Po 🕐 월~금 10:00~21:30, 토, 일 및 공휴일 09:00~21:30 📞 +802 2788 1226 🏠 www.timhowan.hk 🌐 22.32904, 114.16633

③ 애문생 Oi Man Sang 愛文生

〈스트리트 푸드 파이터〉의 그 다이파이동

홍콩 4대 다이파이동 중 하나인 유명한 노포다. 대부분의 다이파이동이 그렇듯 일반 상점들이 셔터를 내리기 시작하는 오후 5시에 테이블과 의자를 늘어놓고 장사를 시작한다. 1956년 영업을 시작한 이래 변함없는 인기를 누려온 맛집으로, 한국인이 선호하는 메뉴는 감자 소고기 후추 볶음, 게튀김, 바지락 볶음, 달걀 볶음밥이다.

✕ 맛조개 볶음 HK$178, 소고기 감자 후추 볶음 HK$138, 가루파 조림 HK$90 🏃 MTR 삼수이포역 A2출구에서 도보 8분 📍 Sham Shui Po Building, 1A-1C Shek Kip Mei St, Sham Shui Po 🕐 17:00~23:30 📞 +802 2393 9315 🌐 22.32668, 114.1623

④ 자키 클럽 크리에이티브 아트 센터 Jockey Club Creative Arts Center; JCCAC

폐공장을 예술 공간으로

폐공장을 리모델링해 복합문화공간으로 재탄생한 곳.
작가들에게는 창작 공간과 갤러리를 제공하며 방문
자에게는 문화 체험을 선사한다. 엘리베이터 앞과 복
도에 기지 넘치는 설치 작품이 전시돼 있다. 신진 아티
스트들의 공방이 모여 있는 복합 문화 공간인 홍콩섬
PMQ에 관심 있는 사람은 이곳도 들러보자.

🚶 MTR 삼수이포역 B1출구에서 도보 10분 📍 Jockey Club
Creative Arts Centre, Pak Tin St, Shek Kip Mei, Sham Shui
Po 🕙 10:00~22:00 📞 +852 2353 1311
🏠 www.jccac.org.hk 🌐 22.33479, 114.16543

⑤ 사바나 예술대학 Savanah Colleage of Art & Design; SCAD
감옥이 대학이 되다

SCAD는 미국과 프랑스에 캠퍼스를 두고 있는 예술대
학으로, 과거 북구룡 법원이었던 건물을 리모델링해
홍콩 캠퍼스로 이용 중이다. 법원 출입문, 프레임, 벽
패널, 천장 패널과 계단 원형을 그대로 살렸으며 재소
자가 머물던 감옥도 그대로 보존하고 있다.

🚶 MTR 삼수이포역 B1출구에서 도보 10분 📍 292 Tai Po Rd,
Sham Shui Po 🕙 월~금까지 매일 두 차례 투어 진행(주말은
매월 세 번째 토요일, 예약 필수) 📞 +852 2253 8044
🏠 scad.edu.hk/en 🌐 22.33546, 114.16283

⑥ 메이호 하우스 유스 호스텔 MEI HO HOUSE; YHA
깔끔하고 저렴한 숙소

홍콩에서 유일하게 남아 있는 'H' 형태의 모던 건축물
로, 1950년대 화재로 집을 잃은 이재민들을 위한 공공
주택을 유스 호스텔로 리모델링한 곳이다. 세계 문화
유산에 아시아 퍼시픽 문화유산으로 등재된 유서 깊
은 곳으로, 실제 호스텔로 운영 중이다. 24시간 프런트
데스크 서비스와 조식을 제공하며 체크아웃 후 여행
가방 보관 서비스도 제공한다.

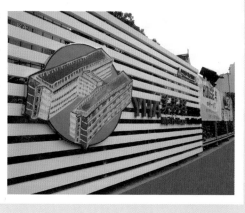

💲 도미토리 5만 원대, 개인룸은 20만 원 전후 🚶 MTR 삼수이
포역 B1출구에서 도보 8분 📍 41, Shek Kip Mei Estate, 70,
Berwick St, Shek Kip Mei 📞 +852 3728 3500 🏠 www.
yha.org.hk 🌐 22.33405, 114.16367

홍콩 최대 규모의 사원

웡타이신 사원
Wong Tai Sin Temple 黃大仙祠

구룡반도 안쪽 깊숙이 자리한 웡타이신에는 홍콩에서 제일 규모가 큰 사원인 식식유엔 웡타이신 사원 (嗇色園 黃大仙祠)이 있다. 웡타이신이라는 지역명도 사원 이름에서 비롯되었다. 웡타이신 사원은 도교, 불교, 유교 3개 종교의 본산지로 웡타이신 승려를 기리기 위해 1921년 설립됐다. 원래도 인파가 북적이는 곳이지만 설 전날 밤이면 한해 운수를 비는 사람들로 발 디딜 틈이 없다. 웡타이신 사원 앞에는 샤오미·다이소(일본) 등이 입점한 웡타이신 쇼핑몰이 자리 잡고 있다.

풍경 01 입구에는 입장객을 위한 12지신상이 세워져 있어 사람들이 자기 띠에 맞는 동물 신의 발을 만지며 소원을 빌 수 있다.

풍경 02 식식유엔 경내에 들어서면 불상에 대고 소원을 빌거나 운수 점을 치는 사람들과 만날 수 있다. 매캐한 향내 속에는 경건함이 가득하다.

풍경 03 소원정원(Good Wish Garden)에서는 중국 전통 조경의 아름다움을 만끽하며 휴식을 취하거나 전망대에 올라 연못을 감상할 수 있다.

난리안 가든 Nan Lian Garden

윙타이신 사원 인근 다이아몬드 힐에 자리한 난리안 가든은 당나라 정원을 모티브로 건축되었다. 언뜻 일본 정원 느낌도 나는데 일본 정원 역시 당나라 양식을 이어받았기 때문이다. 폭포수와 연못가 바위, 아치형 다리는 당나라 정원의 전형성이라고 할 수 있다. 붉은 다리 밑으로 비단잉어가 헤엄치고 온 사방에 꽃이 만발한 모습은 '선경'이라는 말이 꼭 들어맞는다. 황금 정자를 포함한 대부분의 목재 건축물은 못을 한 개도 사용하지 않고 짜맞춤 공법으로 건축된 것으로 유명하다.

🚶 MTR 다이아몬드힐역 C2출구에서 도보 4분
📍 Fung Tak Rd, Diamond Hill, Kowloon
🕐 07:00~21:00 📞 +852 3658 9366

치린 수도원 Chi Lin Nunnery

난리안 가든에 인접한 치린 수도원은 1934년 세워진 유서 깊은 건축물로 2000년이 되어서야 대중에게 개방된 곳이다. 이곳은 승려들의 거주지로 출발한 이래 학교, 도서관, 치과 그리고 양로원이 속속 들어섰다. 고대의 승려들이 경전을 읽고 불전에 나와 예배드리는 것을 중요하게 여겼다면 현대에 이르러서는 가난하고 아픈 사람들을 돕는 데 더 큰 사명감을 느끼고 있다.

🚶 MTR 윙타이신역 B3출구에서 도보 1분 📍 5 Chi Lin Drive, Diamond Hill, Kowloon 🕐 07:30~16:30
📞 +852 2354 1888 🏠 hk.chilinhk.cn/buddhism

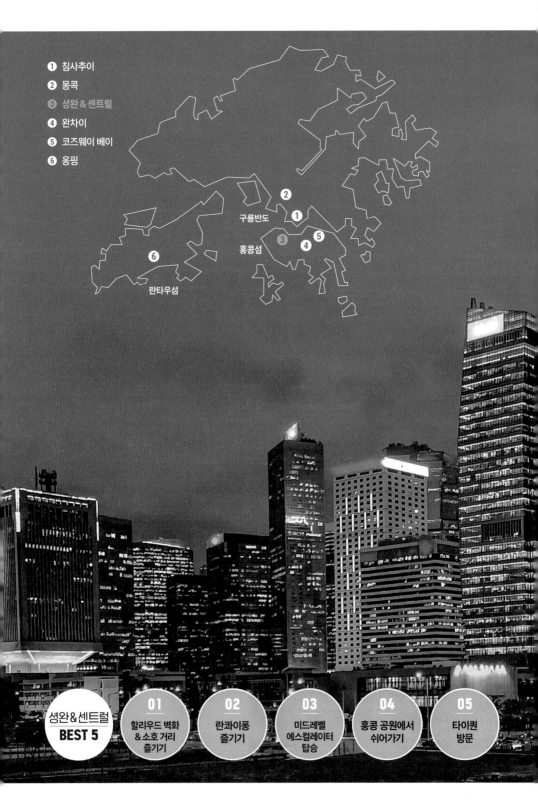

① 침사추이
② 몽콕
③ 성완 & 센트럴
④ 완차이
⑤ 코즈웨이 베이
⑥ 옹핑

구룡반도

홍콩섬

란타우섬

성완 & 센트럴
BEST 5

01
할리우드 벽화
& 소호 거리
즐기기

02
란콰이퐁
즐기기

03
미드레벨
에스컬레이터
탑승

04
홍콩 공원에서
쉬어가기

05
타이퀀
방문

첨단의 마천루와 올드타운의 조화
성완 & 센트럴
Sheung Wan & Central

홍콩섬 센트럴은 개항 이후 가장 먼저 현대화가 진행된 곳으로, 첨단의 마천루가 멋진 야경을 연출할 뿐만 아니라 올드타운 골목골목 볼거리가 많아 도보 투어의 재미가 있다.

ACCESS

공항에서 가는 법

○ 공항
AEL(공항고속철도) ⏱ 24분 HK$115

○ 홍콩역
지하 통로로 연결(도보 5분)

○ MTR 센트럴

○ 공항
A11(공항 버스) ⏱ 60분~ HK$40

○ 센트럴
자딘 하우스(Jardine House)나
시티홀(City Hall) 정류장에서 하차

셩완 & 센트럴
상세 지도

본문에 표시한 각 스폿의 GPS 번호로 검색하면 보다 빠르고 정확한 위치를
검색할 수 있습니다.

📷 SEE

① 타이쿤 ② 할리우드 로드 ③ 소호 ④ 미드레벨 에스컬레이터
⑤ 포호 ⑥ 만모 사원 ⑦ PMQ ⑧ 홍콩 의학 박물관
⑨ 황후상 광장 ⑩ 센드럴 페리 선착장 ⑪ 홍콩 대관람차
⑫ 포팅거 스트리트 ⑬ 더델 스트리트 ⑭ 웨스턴 마켓
⑮ 프린지 클럽 ⑯ 센트럴 마켓 ⑰ 노호 ⑱ 성 요한 성당
⑲ 홍콩 공원 ⑳ 플래그스태프 하우스 다기 박물관
㉑ 페더 빌딩 ㉒ 더 센터 ㉓ 홍콩 상하이 은행 ㉔ 더 헨더슨
㉕ 리포 센터 ㉖ 중국은행 타워 ㉗ 제2국제금융센터

🍴 EAT

① 룽킹힌 ② 린흥 티하우스 ③ 팀호완 ④ 정두 ⑤ % 아라비카
⑥ 퓨엘 에스프레소 ⑦ 왓슨스 와인 ⑧ 서월펀 ⑨ 딩딤 1968
⑩ 얌차 ⑪ 막안키 청키 누들 ⑫ 소셜 플레이스 ⑬ 카우키
⑭ 란퐁유엔 ⑮ 싱흥유엔 ⑯ 상기 콘지숍 ⑰ 딤섬 스퀘어
⑱ 찬지키 ⑲ 침차이키 ⑳ 리프 디저트 ㉑ 타이청 베이커리
㉒ 만다린 케이크숍 ㉓ 쿵리 ㉔ 싱키 ㉕ 슈게츠
㉖ 어반 베이커리 웍스 ㉗ 막스 누들 ㉘ 남기 국수
㉙ 하프웨이 커피 ㉚ 기화병가 ㉛ 코바 ㉜ 모트32
㉝ 폰드사이드 ㉞ 죽원해선반점 ㉟ 크래프티시모 ㊱ 야드버드

🎁 SHOP

① IFC몰 ② 퍼시픽 플레이스 ③ 지오디 ④ 룽펑몰
⑤ 레인 크로포드 ⑥ 랜드마크 ⑦ 하비 니콜스 ⑧ 셀렉트-18

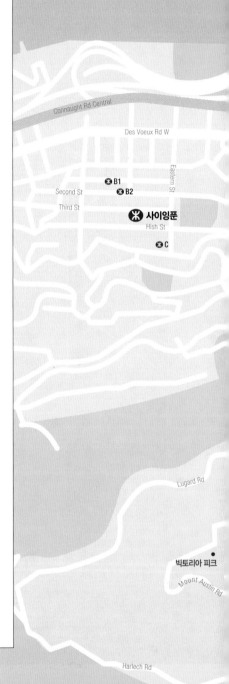

SEE EAT SHOP

여객선 터미널

Wing Lok St
34
36
14
Rd W
B C
성완
A2
E5
E3
Hollywood Rd
17 16
35
29
13
15
06
02
17 02
05
07
08
20
Aberdeen St
23
Bonham Rd
03
03
14
01
Caine Rd
Old Bailey Rd
09
15
D'Aguilar St
21
13

03 04 05 06 07

01
Finance St
05
10
27 01
11
11
12
홍콩
Man Yui St
Lung Wo Rd
04
16
12
Des Voeux Rd Central
18
19
08
04
B A
30
22
C
센트럴
D2
D1 G
07
H
06
K
09
Chater Rd
채터 정원
24
32 23
25
26
02 31
18 Garden Rd
20
33
19

루가드 로드 전망대

N
W E
S

133

타이쿤 Tai Kwun Centre for Heritage and Arts 大館

감옥의 변신

'큰 관청'이라는 뜻의 '타이쿤'은 영국 식민지 시대 중앙경찰서, 중앙관공서, 빅토리아 감옥을 모아 놓은 곳이다. 10년 넘는 복원 작업 끝에 2018년 역사 박물관과 갤러리를 겸하는 복합문화공간으로 재탄생하면서 시민들과 여행자의 새로운 휴식처로 자리매김했다. 170년 동안 홍콩 역사와 함께해온 이곳은 1930년대에는 베트남 혁명 지도자 호치민이 수감되는 등 많은 사연을 품고 있다. 홍콩섬 중심에 자리 잡은 덕에 올드베일리 스트리트, 할리우드 로드, 앨버트노트 로드 3면에 잇닿아 있다. 박물관 마당의 60살 먹은 망고 나무 아래에서는 매주 다양한 공연이 펼쳐진다. 센터 내에는 독일의 예술 서적 출판사 '타센(TASCHEN)'의 첫 아시아 지점을 만날 수 있고, '록차 티하우스' 분점에서는 질 좋은 보이차와 녹차를 선보인다. 점심에 제공하는 채식 딤섬 코스 역시 빼놓을 수 없다. 12번 B홀 빅토리아 감옥 전시관과 20번 'JC CONTEMPORARY' 내부 나선형 계단이 핫 포인트. 사람이 많을 시 타이쿤 패스 소지자부터 입장시키는데 타이쿤 패스는 홈페이지에서 예약할 수 있다.

🚶 MTR 센트럴역 D출구에서 도보 7분 📍 10 Hollywood Rd, Central 🕐 타이쿤 08:00~23:00, 비지터 센터 10:00~20:00, JC 컨템포러리·문화유산전시 11:00~19:00(월요일 휴관) 📞 +852 3559 2600 🏠 www.taikwun.hk/en/ 🌐 22.28136, 114.15397

할리우드 로드 Hollywood Road

홍콩의 인사동

미국 LA의 할리우드를 의식한 이름 같지만 정작 미국의 할리우드가 유명해지기 훨씬 전에 조성된 거리다. 1841년 홍콩섬에 도착한 영국군이 이 일대에 호랑가시나무 (Holly Tree)가 많은 것을 보고 이러한 이름을 붙였다. 센트럴에서 성완까지 1km 넘게 이어지는 이 길은 골동품 가게와 갤러리가 모여 있어 우리나라 인사동을 연상시킨다. 간척사업으로 지금처럼 홍콩섬의 규모가 커지기 전 할리우드 로드는 항구와 가까운 곳이었고 외국 상인들은 자신이 들고 온 소장품을 처분하면서 골동품 거리가 형성되었다. 포팅거 스트리트, 웰링턴 스트리트, 할리우드 벽화 거리, 린드허스트 테라스 등으로 연결되며 홍콩섬의 다양한 명소를 아우른다.

🚶 MTR 성완역과 센트럴역 사이 📍 Hollywood Rd, Central 🎯 22.2839, 114.15126

소호 SOHO

마천루가 우후죽순 솟은 센트럴 뒷골목 구시가지에 소호
가 있다. 소호는 할리우드 로드의 남쪽을 뜻하는 'South of
Hollywood Rd'의 약자로, 뉴욕의 소호 못지않게 트렌디한 카
페와 레스토랑, 부티크숍이 자리해 있다. 근대 식민지 시대부
터 홍콩은 전 세계 교역의 중심지로 온갖 상품이 들고나는 곳
이었다. 올드타운 센트럴 내 소호는 영국인 이민자들이 가장
먼저 상륙한 곳으로, 근대기 유럽 문화의 저장소로 꼽힌다. 골

목 전체가 파티장인 '란콰이퐁', 세계 최장 옥외 에스컬레이터
'미드레벨 에스컬레이터', 운치 있는 자연석 돌계단 '포팅거 스
트리트' 등 특색 있는 명소가 가득하다. 세계 관광객이 모이는
만큼 먹거리도 다양한데 광동식, 패스트푸드, 이탈리안, 스페니시, 프렌치, 일
식, 인도식, 멕시칸 등 세계 요리가 집합해 있다. 소호의 레스토랑 대부분이 역
사가 깊고 명성이 자자해 어디를 가든 크게 실패하지 않으니 너무 까다롭게 고
르기보다 대기줄이 짧은 곳을 찾아가는 게 좋다.

🏃 미드레벨 에스컬레이터 탑승 후 할리우드 로드에서 하차 ♥ South of Hollywood Rd,
Central ⓖ 22.28157, 114.15284

미드레벨 에스컬레이터 Mid-level Escalator

센트럴 번화가 소호의 중추를 형성하는 세계 최장 옥외 에스컬레이터. 장장 800m 경사로를 연결하는 이 긴 에스컬레이터는 시민들의 편리한 출퇴근을 위해 1994년 우리 돈 약 300억 원을 들여 건설됐다. 게이지 스트리트, 린드허스트 테라스 등 센트럴의 주요 포인트를 관통하기에 여행객에게도 중요한 이동 수단이다. 홍콩의 슈퍼리치들은 습기와 더위를 피해 서늘한 고지대에 대저택을 짓고 살았던 반면 젊은 상류층은 경사진 언덕 고층 아파트로 모여들었다. 고층 아파트가 즐비한 이곳을 미드레벨(Mid-Level)이라고 한다. 이곳을 중심으로 트렌디한 카페와 레스토랑 거리가 생겨났는데, 그 여파가 아래의 동네에까지 미치면서 지금의 올드타운 센트럴 상권을 형성했다. 미드레벨 에스컬레이터는 영화 〈중경삼림〉에서 왕페이가 량차오웨이를 훔쳐보던 곳으로 알려지면서 우리나라에서도 유명세를 타게 되었다. 미드레벨 에스컬레이터는 단일한 통로가 아니라 20개의 에스컬레이터로 연결되어 있으며 오전 10시 20분부터 밤 12시까지만 상행 운행한다. 그 전에는 출근하는 시민을 위해 하행으로 운행된다.

🚶 MTR 센트럴역 D1출구에서 도보 5분 📍 Jubilee St, Central 🕐 하행 06:00~10:00, 상행 10:20~24:00 🎯 22.28382, 114.15514

성완 & 센트럴

05

포호 POHO

소호가 확장되다

포힝홍(Po Hing Fong) 거리 일대를 일컫는
곳이다. 소호가 확장되면서 포호라는 별명
이 붙었다. 과거 인쇄소 골목이었으나 소호
의 높은 임대료를 감당하지 못한 카페, 앤티
크 가구점, 빈티지 의류매장, 트렌디한 팬시
숍이 고지대로 이동하면서 포호 상권을 형
성했다. 낡고 오래된 벽면을 감추려는 듯 여
기저기 그려진 벽화가 자유분방한 이미지를
전달한다. 구체적으로 PMQ와 만모 사원 일
대다.

🚶 MTR 성완역 A2출구에서 도보 11분
📍 Po Hing Fong, Sheung Wan
🌐 22.28355, 114.15032

06

만모 사원 Manmo Temple

홍콩 최고의 도교 사원

할리우드 로드 포호의 관문이자 홍콩에서 가장 오래된 도교 사원으로, 영국에 점령
되기 전인 1847년에 세워졌다. 학문의 신 문창제와 무신 관우를 모신 곳으로, 붓을 들
고 있는 문창제 상과 〈청룡언월도〉를 든 관우 상을 볼 수 있다. 소용돌이 모양 선향
끝에 소원을 적은 붉은 종이를 걸면 향이 다 타고 난 뒤 소원이 이루어진다고 전해진
다. 〈쉔무2(Shenmue2)〉 게임 속 실제 배경지로 알려져 있다.

🚶 MTR 성완역 A2출구에서 도보 7분 📍 Man Mo Temple, 124~126 Hollywood Rd, Tai Ping
Shan 🕐 08:00~18:00 📞 +852 2540 0350 🌐 22.28395, 114.15019

PMQ Police Married Quarters | 경찰 기숙사에서 로컬 창작촌으로

포호에 자리한 PMQ는 1889년 서양식 교과를 가르치는 '중앙학교'로 출발해 2014년 이후 기혼 경찰 숙소로 사용되었다. 대대적인 리노베이션을 거쳐 현재 패션·액세서리·소품 관련 워크숍 공간으로 사용 중이다. 장인들이 만든 물건을 현장에서 구매할 수 있는 것은 물론 레스토랑 '루이스'에서는 격조 있는 다이닝을 즐길 수 있다. 잘 꾸며진 정원에는 다양한 조각작품이 전시돼 있으며 포호가 한눈에 내려다보여 눈 또한 즐거운 곳이다.

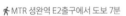

🚶 MTR 성완역 E2출구에서 도보 7분
📍 35 Aberdeen St, Central
📞 +852 2870 2335 🏠 www.pmq.org.hk
📍 22.28364, 114.1521

홍콩 의학 박물관 Hong Kong Museum of Medical Sciences | 에드워드 7세 시대의 벽돌 건물

에드워드 7세 시대의 건축물인 홍콩 의학 박물관은 아름다운 외관만으로도 방문할 가치가 충분한 곳이다. 19세기 말 흑사병이 도시를 휩쓸자 영국 정부는 1906년 이곳에 도시 최초로 공중보건을 위한 세균학 연구소를 설립했다. 1969년 의학 박물관으로 리모델링된 후에는 중국의학과 서양의학을 비교하는 다양한 자료를 전시하고 있다.

🚶 MTR 성완역 A2출구에서 도보 10분 📍 2 Caine Ln, Sheung Wan 🕐 화~토 10:00~17:00, 일 및 공휴일 13:00~17:00, 12/24·12/31 10:00~15:00(월·12/15·설 연휴 휴무) 💲 HK$20
📞 +852 2549 5123 🏠 www.hkmms.org.hk
📍 22.2835584,114.10745

09
황후상 광장 Statue Square

〈영웅본색〉의 추억과 만다린 호텔

황후상 광장이라는 명칭은 이곳에 영국의 빅토리아 여왕의 동상이 있었던 데서 연유했다. 지금 여왕의 동상은 코즈웨이 베이 빅토리아 공원으로 옮겨가고 현재는 홍콩 상하이 은행 초대 은행장인 토마스 잭슨 경의 동상만 남아 있다. 우리에게는 영화 〈영웅본색〉에서 주윤발이 트렌치코트 자락을 날리며 지나치던 곳으로 기억된다. 배우 장국영이 몸을 던져 생을 마감한 만다린 호텔도 이곳에 있다. 지금은 주말이면 갈 곳 없는 필리핀 메이드들의 쉼터가 되어주고 있다.

🚶 MTR 센트럴역 K출구에서 도보 1분 📍 Statue Square, Des Voeux Rd, Central 🎯 22.281067, 114.159782

10
센트럴 페리 선착장 Central Ferry Pier

망망대해로 난 출구

홍콩 각지에서 출발한 배가 전부 모이는 대규모 선착장으로, 출퇴근 시간에는 침사추이와 센트럴을 오가는 사람들로 붐비고, 주말이면 외곽으로 피크닉을 가는 사람들로 북적인다. 이곳에서 출발하는 스타페리는 홍콩의 대중교통수단이면서 최고의 관광 상품으로 꼽힌다. 침사추이행은 7번 부두, 디스커버리 베이행은 3번, 라마섬행은 4번, 청차우섬행은 5번 부두를 이용하면 된다. 페리 터미널 앞에는 홍콩 각지로 이동하는 버스 터미널과 택시 승차장이 있다.

🚶 MTR 센트럴역 A2출구에서 선착장 표지판을 따라 도보 8분 📍 Ferry Terminal, Man Kwong St, Central 📞 +852 2367 7065 🏠 www.starferry.com.hk 🎯 22.28705, 114.16119

11
홍콩 대관람차 The Hong Kong Observation Wheel

거대한 휠이 있는 풍경

빅토리아 하버를 끼고 자리 잡은 높이 60m의 이 대형 관람차는 영국 템즈강의 런던아이를 연상시킨다. 홍콩 대관람차는 빅토리아 하버를 한눈에 조망할 수 있는 수단이면서 바로 옆 IFC와 함께 센트럴의 상징물이기도 하다. 총 42대의 캐빈이 있는데 캐빈당 2명에서 8명까지 탄다. 티켓은 온라인 구매도 가능하며 주말을 제외하면 대기줄이 길지는 않다. 15분 동안 빅토리아 하버를 발 아래 두어보자.

💲 일반 캐빈 성인 HK$20, 어린이 HK$10, 전용 캐빈 HK$160 🚶 센트럴 페리 선착장 바로 앞 📍 33 Man Kwong Street, Central ⏰ 월~목 12:00~22:00, 금, 토, 일 및 공휴일 11:00~23:00(종료 30분 전 탑승 마감) 🏠 www.hkow.hk 🎯 22.28528, 114.16172

12

포팅거 스트리트 Pottinger Street

200년 된 화강암 계단

영국 식민지 초기, 홍콩 전역에 도로를 포장하는 도시 계획이 진행되었다. 홍콩 초대 총독 헨리 포팅거 경(Sir Henry Pottinger)의 이름을 딴 이곳은 미끄럼을 방지하기 위해 경사로에 깔아놓은 화강암 계단이 지금까지 남아 있다. 홍콩 할리우드 로드와 연결되는 주요 골목이면서 로컬 의류매장이 줄지어 있어 여행자의 필수 코스로 꼽힌다.

🚶 MTR 센트럴역 D1출구에서 도보 5분 📍 Pottinger St, Central 📍 22.28359, 114.15646

13

더델 스트리트 Duddell Street

홍콩 마지막 가스등

1920년대의 가스등을 볼 수 있는 곳. 이곳에 있는 두 개의 가스등은 홍콩에 남은 마지막 가스등으로, 밤이면 여전히 불을 밝히고 있다. 옛스러운 멋으로 인해 〈금지옥엽〉, 〈천장지구〉 등 홍콩 영화에 단골로 등장했다. 계단 끝까지 올라간 후 오른쪽 아이스 하우스 스트리트를 따라 올라가면 130년간 센트럴을 지켜온 프린지 클럽과 만나게 된다.

🚶 MTR 센트럴역 D1출구에서 도보 5분 📍 13 Duddell St, Central 📍 22.279720, 114.156698

14

웨스턴 마켓 Western Market

홍콩 최초의 서양식 시장

1858년에 세워진 홍콩 최초의 서양식 시장. 벽돌과 화강암이 연출하는 독특한 외관이 눈길을 끄는 이곳은 식료품 전문시장으로 출발해 지금은 레스토랑과 베이커리, 디저트숍, 수공예품점이 들어서 있다. 원래는 두 개 동으로 건립되었으나 현재 남쪽 건물은 철거되었다. 2층에 있는 '더 그랜드 스테이지(The Grande Stage)' 레스토랑은 건축 당시와 크게 변한 것이 없으며 1~2층에 포목점이 모여 있는 것까지 시계를 100년 전으로 돌려놓은 듯하다.

🚶 MTR 성완역 B출구에서 도보 7분 📍 323 Des Voeux Rd Central, Sheung Wan ⏰ 10:00~24:00(상점별로 다름) 📞 +852 6029 2675 🏠 www.westernmarket.com.hk 📍 22.28739, 114.15043

프린지 클럽 Fringe Club

예술과 사람의 만남

란콰이퐁 골목이 끝나는 지점, 사람과 차가 뒤섞인 사거리 한복판에 얼핏 봐도 100년은 족히 넘었을 것 같은 건물이 서 있다. 붉은색과 하얀색 줄무늬가 인상적인 이 벽돌 건물은 1913년 우유 회사 데어리 팜 컴퍼니(Dairy Farm Company)의 냉동 창고로 지어졌다. 1984년 예술 단체 프린지 클럽이 매입한 후에는 공연·전시·이벤트 무대로 활용 중이다. 내부에는 냉동 창고 시절의 타일이 그대로 남아 있어 과거의 모습을 조금이나마 짐작해 볼 수 있다.

🚶 MTR 센트럴역 D1출구에서 도보 6분 📍 2 Lower Albert Road, Central
🕐 10:00~22:00(일 및 공휴일 휴무/공연·전시에 따라 다름) 📞 +852 2521 7251 🏠 www.hkfringeclub.com 📷 22.280170, 114.1556

센트럴 마켓 Central Market

재래시장에서 도심 속 휴식처로

1842년 홍콩의 첫 번째 재래시장으로 출발한 중앙시장은 1939년에 이르러 당시 유행하던 바우하우스 스타일의 4층짜리 건물로 재건축되었다. 하지만 대도시의 소비 패턴이 바뀌면서 2003년 영업이 중단되었고 이후 재개발에 들어가 2021년 8월 다시 문을 열었다. 3등급 역사 건물(Grade III Historic Building)의 외형을 고스란히 간직하고 있으며 휴식·쇼핑·다이닝을 아우르며 도심 속 오아시스 역할을 톡톡히 해내고 있다.

🚶 MTR 센트럴역 C1출구에서 도보 7분 📍 80 Des Voeux Road Central, Central 🕐 10:00~22:00 📞 +852 3618 8668
🏠 www.centralmarket.hk/en 📷 22.2840067,114.1141614

노호 NOHO

여행자를 향한 느긋한 유혹

소호가 관광객 거리처럼 변하면서 홍콩 젊은이들은 자신들의 문화가 녹아든 거리를 새로 만들기 시작했다. 할리우드 로드 북쪽이라는 뜻의 노호(North of Hollywood)는 100m 남짓한 좁은 골목에 불과하지만 톡톡 튀는 인테리어숍, 미쉐린 라멘집, 트렌디한 카페가 자리 잡고 있어 소호보다 생기발랄한 느낌이 강하다. 고프 스트리트(Gough Street) 일대가 바로 그곳.

🚶 MTR 성완역 A2출구에서 도보 7분
📍 8 Aberdeen St, Central 📷 22.28402, 114.15304

18

성 요한 성당 St. John's Cathedral

영국 국교회의 흔적을 엿보다

동아시아에서 가장 오래된 영국 성공회 성당. 외관은 고딕, 빅토리아 양식이지만 내부는 동남아 양식으로 독특하다. 영국 통치 시절에는 총독의 전용 성당이었으며 제 2차 세계대전 당시 홍콩 총독이 대일본 항복 선언을 한 곳이기도 하다.

🚶 MTR 센트럴역 J2출구로 나와 퀸즈대로 건넌 후 도보 5분
📍 4-8 Garden Rd, Central 🕐 월~화, 목~금 07:00~18:00, 수 09:00~16:00, 토~일 07:00~19:30 📞 +852 2523 4157
🏠 www.stjohnscathedral.org.hk 📷 22.27869, 114.15975

19

홍콩 공원 Hong Kong Park

고층빌딩 숲속의 빈터

센트럴 비즈니스 지구 한복판에 자리한 홍콩 공원은 도심의 산소통 역할을 톡톡히 하고 있다. 북쪽으로는 퍼시픽 플레이스, 남쪽으로는 피크 트램 정류장과 잇닿아 있어 여행자에게 휴식의 공간을 제공한다. 분수대, 플래그스태프 하우스 다기 박물관, 조류 전시장 등의 시설과 유명 레스토랑이 있다.

🚶 MTR 애드미럴티역 C1출구에서 도보 7분 📍 Hong Kong Park, 19 Cotton Tree Dr, Central 📞 +852 2521 5041 🏠 www.lcsd. gov.hk/en/parks/hkp 📷 22.2770219,114.1196188

20

플래그스태프 하우스 다기 박물관
Flagstaff House Museum of Tea Ware

희귀 다기류가 한곳에

1840년대 영국군 사령관의 관사 및 사무실로 사용된 곳으로 고풍스러운 외관이 방문객의 마음을 사로잡는다. 1984년 박물관으로 리모델링된 이후 당·송·명·청 등 시대별 도자기를 비롯해 희귀 소장품을 전시하고 있다.

🚶 MTR 애드미럴티역 C2출구에서 도보 13분 📍 10 Cotton Tree Dr, Central 🕐 10:00~18:00(화요일 휴무) 📞 +852 2869 0690 🏠 hk.art.museum/en_US/web/ma/tea-ware.html
📷 22.2786695,114.1590215,17

21

페더 빌딩 Pedder Building

홍콩 아트투어의 중심

1923년 건축된 홍콩 1등급 역사 건물이다. 세계의 큰손으로 불리는 가고시안 갤러리, 런던 기반의 사이먼 갤러리, 서도호·이불이 소속되어 있는 리만 머핀 갤러리, 홍콩 라이신 그룹의 펄램 갤러리 등 홍콩 현대미술의 핵이라고 해도 과언이 아닐 만큼 역대급 갤러리가 다수 입점해 있다.

🚶 MTR 센트럴역 D1출구에서 도보 1분 📍 12 Pedder St, Central 🕐 가고시안 갤러리 화~토 11:00~19:00 (일, 월 휴무) 📞 가고시안 갤러리 +852 2151 0555 🏠 가고시안 갤러리 https://gagosian. com/locations/hong-kong 📷 22.2819378,114.1158104

22 더 센터 The Centre

평범함 속 비범함

홍콩에서 다섯 번째로 높은 빌딩 (346m). 평범해 보이지만 하늘에서 내려다보면 거대한 별 모양이다. 밤이 되면 건물 전체를 덮은 수천 개의 조명이 빛을 발한다. 크리스마스 시즌, 외벽에 트리 형태의 조명이 켜져 눈길을 끈다.

🚶 MTR 센트럴역 D1출구에서 도보 10분
📍 99 Queen's Rd, Central 📞 22.2846, 114.15473

23 홍콩 상하이 은행 HSBC

홍콩 지폐에 등장한 빌딩

홍콩 상하이 은행 홍콩 본점으로 홍콩 화폐를 발행하는 은행 중 하나이다. 노먼 포스터의 작품인 두 마리의 사자상이 건물을 지킨다. 1(G)층은 통로로 개방 중인데 이는 풍수 사상에 따라 용이 지나는 길을 열어둔 것이라고 한다.

🚶 MTR 센트럴역 K출구 맞은편 📍 1 Queen's Road Central, Central 🕐 G층 통로 24시간 개방 📞 22.28033, 114.15952

24 더 헨더슨 The Henderson

자하 하디드의 건축 예술

홍콩 헨더슨 부동산 그룹이 센트럴 비즈니스 지구 한복판에 있던 5층 규모의 주차장 빌딩을 매입한 후 그 자리에 36층의 슈퍼 그레이드 오피스 타워를 올렸다. 4,000개 이상의 곡선 유리 패널로 된 외관이 이채롭다.

🚶 MTR 센트럴역 J2에서 도보로 5분
📍 2 Murray Rd, Central
📞 22.2801344,114.1210354

25 리포 센터 Lippo Centre

코알라 닮은 쌍둥이 빌딩

세계적인 건축가 폴 마빈 루돌프의 작품으로 외관이 독특한 쌍둥이 빌딩이다. 코알라가 매달려 있는 모습과 수갑을 닮았다는 의견이 분분하다. 풍수지리에 민감한 홍콩인들은 이를 수갑으로 여겨 금융권 회사는 입주를 꺼리기도 했다.

🚶 MTR 어드미럴티역 B출구 바로 왼쪽
📍 89 Queensway, Central 📞 22.27929, 114.1634

26 중국은행 타워
Bank of China Tower
中國銀行大廈

유니크한 날카로움

홍콩에서 네 번째로 높다. 삼각 타일을 연결해놓은 듯한 외관이 눈길을 끈다. 칼을 연상시켜 주변 빌딩들이 방어적 설계를 채택했다고 한다.

🚶 MTR 센트럴역 K출구에서 도보 10분
📍 1 Garden Rd, Central 🕐 [무료 전망대] 평일 09:00~17:00(주말, 공휴일 휴무)
📞 22.2793, 114.16149

27 제2국제금융센터
Two International Finance Centre; Two IFC

할리우드 영화에 등장한 빌딩

영화 〈다크나이트〉의 무대로, 홍콩 국제상업센터 다음으로 높다. IFC몰, AEL 홍콩역과 연결되고 유명 레스토랑도 많아 여행 마지막 날 공항 가는 길에 들르면 좋다.

🚶 MTR 센트럴역에서 스카이워크로 연결
📍 8 Finance St, Central 🕐 09:00~22:00 (시설별로 다름) 📞 22.28529, 114.15929

룽킹힌 Lung King Heen

미쉐린 3스타에 빛나는 광둥 요리점

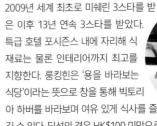

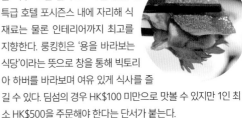

2009년 세계 최초로 미쉐린 3스타를 받은 이후 13년 연속 3스타를 받았다. 특급 호텔 포시즌스 내에 자리해 식재료는 물론 인테리어까지 최고를 지향한다. 룽킹힌은 '용을 바라보는 식당'이라는 뜻으로 창을 통해 빅토리아 하버를 바라보며 여유 있게 식사를 즐길 수 있다. 딤섬의 경우 HK$100 미만으로 맛볼 수 있지만 1인 최소 HK$500을 주문해야 한다는 단서가 붙는다.

✘ 차슈번 HK$84, 하가우 HK$84, 얌차 샴페인 고메 메뉴 HK$1,680, 이그제큐티브 런치 HK$880 ✦ MTR 홍콩역에서 IFC로 이동하면 연결 통로 있음 ◉ P4, Four Seasons Hotel Hong Kong, 8 Finance St, Central ⏱ [런치] 평일 12:00~14:30, 주말 11:30~15:00, [디너] 18:00~22:30 ☎ +852 3196 8882 🏠 www.fourseasons.com/hongkong/dining/restaurants/lung_king_heen ◎ 22.28665, 114.15661

02 린흥 티하우스 Lin Heung Tea House 蓮香樓

유서 깊은 딤섬집

소호의 대표 딤섬집. 일반적으로 딤섬집에 티하우스
란 이름이 붙는 것은 홍콩 사람들이 차를 마시다가 딤
섬(點心)을 곁들였기 때문이다. 어느덧 차보다 딤섬
이 메인이 되었지만 여전히 이름은 티하우스. 홍콩
에서 티하우스를 얌차(Yamcha)라고 부르는데, 이는
차를 마신다는 뜻의 '음차'를 광둥어로 발음한 것이다.
린흥 티하우스는 '연꽃향기 얌차집'으로 해석할 수 있
다. 1926년 개점해 90년이 넘은 역사를 이어온 이곳
은 외관은 물론 내부 인테리어가 그때 그 시절을 떠올
리게 한다. 대표 메뉴는 샤오롱바오, 샤오마이, 하가
우이며 보기에는 살짝 부담스럽지만 닭발도 인기가

많다. 갓 쪄낸 딤섬 대바구니를 손수레에 켜켜이 쌓아올리고 테이블 사이사이를 돌
아다니면서 주문 받는다. 먹고 싶은 딤섬을 직접 고르면 바구니 크기에 따라 계산된
다. 주문표에 도장을 받은 뒤 원하는 것을 받아 가면 된다.

✕ 바구니 크기에 따라 소점(小點) HK$25, 중점(中點) HK$30, 대점(大點) HK$35, 특점(特點)
HK$38, 정점(頂點) HK$42 ✖ MTR 성완역 E1출구에서 도보 5분 ♀ 160~164 Wellington
Street, Central ⊙ 06:00~23:00(22시까지 입장) ☏ +852 2116 0670
◉ 22.28426, 114.15344

IFC
맛집

국제금융센터(IFC)는 IFC1, IFC2 두 개의 빌딩을 아우르는 이름이다.
세계 유명 브랜드가 입점한 데다 AEL/MTR 홍콩역과 연결돼 최고의 인기 상권으로 자리매김하고 있다.

03

팀호완 Tim Ho Wan 添好運

딤섬의 기준이 되다

어느덧 홍콩 딤섬의 기준이 되어버린 곳. 8년 연속 미쉐린 스타에 빛나는 유일무이한 딤섬집이다. 찬사에 걸맞은 맛을 자랑하며 가격까지 착해 부담 없이 들를 수 있다. 오너 셰프 막가푸이는 룽킹힌의 셰프로 일하다 2009년 독립해 팀호완을 창업하면서 주문 즉시 요리에 들어간다는 철학으로 일관하고 있다. 싱가포르, 대만, 뉴욕 등지에도 지점을 두고 있으며 샤오마이와 하가우가 특히 유명하다.

🍴 하가우 HK$42, 슈마이 HK$40, 차슈번 HK$32, 창펀 HK$32 🚶 MTR 홍콩역 F출구에서 도보 1분 📍 Shop 12A, Hong Kong Station Podium Level 1, IFC Mall, Central 🕐 09:00~21:00 📞 +852 2332 3078 🏠 www.timhowan.com.hk
📷 22.28494, 114.15797

04

정두 正斗

실패 확률 적은 완탕면 맛집

정두는 고급스러운 완탕면 레스토랑이다. 자리에 앉으면 따로 주문하지 않아도 기본적으로 차(HK$6)가 제공되며 계산 시 반영된다. 매장 인테리어가 깔끔하고 직원들의 서비스가 안정되어 있어 호텔 레스토랑 분위기가 난다. 대체적으로 무난한 맛을 지향해 실패할 확률이 적다. 메뉴 결정이 어렵다면 메뉴판의 탑10에서 메뉴를 골라보는 것도 좋다. 10%의 서비스 요금이 있다.

🍴 101번 완탕면(소) HK$52, 완탕면(대) HK$69, 815번 차슈번 HK$48, 338번 콘지 HK$75, 810번 하가우 HK$52
🚶 IFC 내 L3층 📍 Shop 3016-3018, 3F, IFC, 1Harbour View Street, Central
🕐 11:00~23:00 📞 +852 2295 0101
📷 22.28483, 114.15814

05

% 아라비카 % Arabica

응 커피 모르면 간첩

%의 모양을 따서 '응 커피'라는 애칭으로 통하는 '퍼센트 아라비카'는 일본 교토에서 시작된 커피 브랜드로, 홍콩에서 선풍적인 인기를 얻고 있다. 침사추이 스타페리 선착장에 먼저 생긴 후 IFC몰에도 생겼다. 가장 인기 있는 메뉴는 카페라테와 스페니시 라테. 진한 에스프레소와 우유의 조화가 훌륭하며 라테아트가 예술이다.

✖ 아메리카노(Hot, 8온스) HK$40, 스페니시 라테(Hot, 8온스) HK$50 ✦ IFC 내 L1층 ♥ Shop 1050, 1/F, IFC, 1 Harbour View Street, Central ⏰ 08:00~21:00 ☎ +852 2319 0389 🏠 arabica. coffee 🌐 22.28623, 114.15769

06

퓨얼 에스프레소 Fuel Espresso

뉴질랜드에서 날아온 감미로움

1996년 뉴질랜드 웰링턴에서 출발한 커피 전문점. 2008년 홍콩에 진출한 이후 2009년 〈타임아웃〉에서 홍콩 최고의 커피로 선정했다. IFC몰 외 랜드마크, 어드미럴티 퍼시픽 플레이스에 지점이 있다. 커피 메뉴 외 크림치즈가 듬뿍 올라간 당근 케이크가 인기.

✖ 아메리카노 HK$45, 카페라테 HK$58, 웰링턴 플랫화이트 HK$58 ✦ IFC 내 L3층 ♥ Shop 3023, IFC, Central ⏰ 월~금: 07:30~19:30, 토~일 10:00~19:00 ☎ +852 2295 3815 🏠 www.fuelespresso.com 🌐 22.28494, 114.15732

07

왓슨스 와인 Watson 's Wine

와인 종류가 가장 많은 숍

왓슨 와인은 드러그스토어 왓슨스가 운영하는 와인 전문숍으로, 홍콩 와인 리테일 1위를 자랑한다. 전 세계 20개 산지에서 들여온 2,000여 종을 구비하고 있으며 그중 400종을 독점 공급한다. 홍콩 대형 쇼핑몰 내에 대부분 위치해 있어 방문하기 쉽다.

✦ IFC 내 L3층 ♥ Shop 3019, IFC, 8 Finance St, Central ⏰ 11:00~19:30 ☎ +852 2530 5002 🏠 www.watsonswine.com 🌐 22.28468, 114.1578

서윙펀 Ser Wong Fun 蛇王芬

보양식으로 즐기는 뱀 수프

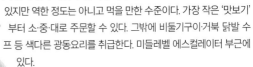

120년 전통의 보양식 맛집이다. 뱀 사(蛇)로 시작하는 상호에서 알 수 있듯 뱀 수프로 유명하다. 뱀 수프는 홍콩인의 전통 보양식으로 잘게 찢은 뱀 고기에 전복, 닭, 생강, 목이버섯, 생선 부레 등을 넣어 탕으로 끓인 것이다. 가장 작은 사이즈를 시키면 우묵한 공기에 담아주는데 고명으로 튀김 스낵이 듬뿍 얹혀 나온다. 뱀 특유의 누린내가 있지만 역한 정도는 아니고 먹을 만한 수준이다. 가장 작은 '맛보기'부터 소·중·대로 주문할 수 있다. 그밖에 비둘기구이·거북 닭발 수프 등 색다른 광동요리를 취급한다. 미들레벨 에스컬레이터 부근에 있다.

🍴 뱀 수프 맛보기 HK$140, 소 HK$450, 중 HK$900, 대 HK$1,180
🚶 MTR 홍콩역 E1출구에서 도보 6분 📍 G/F, 30 Cochrane St, Central
🕐 11:00~21:30 📞 +852 3579 5954 🧭 22°16'58.3"N 114°09'14.9"E

09

딩딤 1968 Ding Dim 1968

란콰이퐁의 인기 딤섬집

란콰이퐁에 자리한 유명한 딤섬 집으로 클럽에서 늦게까지 놀다 오는 손님을 위해 밤늦도록 영업한다. 란콰이퐁이 유러피언의 놀이터다 보니 손님도 유러피언이 대다수다. 주문지에 원하는 딤섬의 번호를 체크해서 주문할 수 있다. 딤섬의 크기는 아담한 편이나 샤오룽바오의 경우 국자에 한 개씩 예쁘게 따로 나와 특색 있어 보인다. 육즙이 가득 차 있는 샤오룽바오는 먹을 때 반드시 수저를 사용해야 하는 음식으로 주인의 센스가 느껴지는 플레이팅이라고 할 수 있다. 단 너무 뜨거울 때 먹으면 입천장을 델 수 있으니 주의할 것.

🍴 하가우(101번) HK$32, 샤오룽바오(107번) HK$90, 마라이고(109번) HK$28, 춘권(203번) HK$33, 초이삼(305번) HK$32 🚶 MTR 센트럴역 D2출구에서 도보 6분 📍 1/F, 59 Wyndham St, Central 🕐 일~목 11:00~22:00, 금, 토 11:00~23:00 📞 +852 2326 1968 🏠 www.dingdim.com 🌐 22°16'52.6"N 114°09'17.8"E

10

얌차 Yum Cha 飲茶

이토록 앙증맞은 커스터드 번

보통명사인 '차 마시기'를 업소명으로 하는 딤섬 집. 널찍한 공간에 세련된 인테리어가 눈길을 끈다. 아기자기한 모양의 딤섬 메뉴 때문에 눈으로 먼저 먹는 집으로 통한다. 특히 크림으로 속을 채운 노란색 커스터드 번은 마치 토하는 듯한 모양을 연상시켜 아이들의 열렬한 사랑을 받고 있다. 돼지 모양의 차슈 번도 많이 찾는 메뉴.

🍴 커스터드 번(3개) HK$49, 비비큐 피기 번(3개) HK$49, 하가우(3개) HK$59, 슈마이(4개) HK$68 🚶 MTR 성완역 E5출구에서 도보 2분 📍 Shop 1-2, 2/F, Nan Fung Place, 173 Des Voeux Road Central, Central 🕐 11:30~22:00(브레이크 타임 15:00~17:30) 📞 +852 3541 9710 🏠 www.yumcha.com.sg 🌐 22°17'09.9"N 114°09'16.2"E

막안키 청키 누들 麥奀記 忠記 麵家

막씨 가문 큰 손자네 집

캐비닛 노점이 늘어선 센트럴 윙캣 스트리트 후미진 골목에 자리한 국숫집이다. 홍콩 완탕면의 대부 막환치의 큰 손자 막지총이 사장이다. 막지총은 '막밍 누들' 막지명의 형이기도 하다. 믿고 먹는다는 막 씨 가문 식당인 만큼 현지인들로부터 큰 신뢰를 얻고 있다. 가볍게 완탕면 한 그릇이 생각날 때 들르면 그만이다. 한번 들렀다가 진한 국물과 꼬들꼬들한 면발이 생각나서 또다시 찾게 되는 집이다. 완탕면은 크기에 따라 소(小)·대(大)로 구분해서 주문할 수 있다.

✗ 완탕면 소 HK$45, 대 HK$67 ✦ MTR 성완역 E1출구에서 도보 2분 ♥ G/F 37 Wing Kat St, Central ◷ 월~토 10:30~20:00, 일 10:30~19:00 ☎ +852 2541 6388
◉ 22°17'07.2"N 114°09'15.1"E

소셜 플레이스 Social Place 唐宮小聚

이토록 스타일리시한 딤섬

치열하기 그지없는 홍콩 딤섬 시장에서 신생업체가 살아남기란 여간 힘든 일이 아니다. 하지만 소셜 플레이스는 스타일리시한 딤섬을 바탕으로 SNS 핫플레이스로 우뚝 섰다. 오픈 키친의 멋이 살아 있는 캐주얼한 다이닝을 표방한다. 딤섬 모양도 모양이지만 인공 조미료를 배제하고 신선한 재료를 사용한다는 점이 인기 요인으로 꼽힌다. 오후 3시부터 6시까지는 브레이크타임이다.

✗ 검은깨 슈마이(3개) HK$69, 차콜 커스터드 번(3개) HK$59, 피기 푸딩(1개) HK$39 ✦ MTR 센트럴역 D1출구에서 도보 10분, 센트럴역과 성완역 중간 엘플레이스 2층 ♥ 2/F, The L. Place, 139 Queen's Road Central, Central ◷ 11:30~22:00(브레이크 타임 15:30~17:30) ☎ +852 3568 9666
🏠 www.socialplace.hk ◉ 22.28456, 114.15407

13

카우키 | Kau Kee Restaurant 九記牛腩

줄 서서 먹는 소고기 국수

중화권 최고 스타 양조위의 단골집. 굳이 스타의 명성에 기대지 않아도 국수 맛만으로 현지인 여행객 모두의 사랑을 받는 중이다. 특히 한국인 여행객에게 인기가 많다. 영업 시간 내내 줄서기와 합석이 기본이지만, 회전율이 빨라 넉넉히 30분만 기다리면 훌륭한 소고기 국수를 맛볼 수 있다. 면의 굵기와 재료, 토핑을 선택할 수 있는데, 한국인은 '소고기 안심 튀긴 국수'를 선호한다. 영어와 한국어가 병행 표기된 메뉴판이 준비되어 있다.

✕ 소고기 안심 쌀국수 HK$70, 소고기 안심 튀긴 국수 HK$75, 카레 소고기 쌀국수 HK$70 🏃 MTR 성완역 A2출구에서 도보 5분, 고프 스트리트 일대 📍 G/F, 21 Gough Street, Central 🕐 월~토 12:30~22:30(일 및 공휴일 휴무) 📞 +852 2850 5967
📍 22.28422, 114.15259

14

란퐁유엔 | Lan Fong Yuen 蘭芳園

홍콩 차찬텡의 산증인

미도 카페와 함께 홍콩에서 차찬텡의 역사를 말할 때 빠지지 않는 곳. 인테리어라 할 만한 것도 없는 좁고 허름한 공간으로 접어들면 빈자리가 없을 정도로 사람이 북적이는 것에 놀라게 된다. 실크 스타킹에 홍차를 우려내는 것으로 유명하지만 스타킹처럼 보이는 것은 사실은 긴 실크 주머니다. 실크 주머니가 찌꺼기를 걸러주어 부드러운 밀크티를 맛볼 수 있다. 아침 메뉴는 07:30~11:00까지만 판매하고 세트로 주문하면 좀 더 저렴하게 먹을 수 있다. 현금만 받는다.

✕ 누들(햄·달걀프라이 토핑) HK$43, 버터 토스트 HK$38, 밀크티 Hot HK$22, Iced HK$25, 조식 세트(마카로니 수프+크리스피 번+커피 또는 티) HK$43 🏃 MTR 센트럴역 D1출구에서 도보 7분 📍 2 Gage St, Central 🕐 07:30~18:00(일 휴무) 📞 +852 2544 3895 📍 22.28266, 114.15384

싱흥유엔 Sing Heung Yuen 勝香園

70년 역사의 다이파이동

디자인숍이 옹기종기 모여 있는 고프 스트리트 일대, 테이블 몇 개로 존재를 알리는 다이파이동. 1957년 첫 영업을 개시한 이래 식지 않는 인기를 유지하는 집으로, 가장 많이 팔리는 메뉴는 토마토라면이다. 토마토를 끓인 국물에 인스턴트 라면을 넣고 스팸, 치킨, 달걀프라이 등의 고명을 올려 먹는다. 차찬텡 메뉴인 크리스피 번, 토스트, 밀크티도 인기가 많다. 현금만 받는다.

🍴토마토 비프 라면 HK$37, 버터 연유 크리스피 번 HK$23 🚶MTR 성완역 E1출구에서 도보 6분, 고프 스트리트 카우키 앞집
📍2 Mee Lun St, Central 🕐08:00~15:30
(일 휴무) 📞+852 2544 8368
📷22.2841, 114.15256

상기 콘지숍 Sang Kee Congee Shop 生記粥品專家

죽 한 그릇에 홍콩을 담다

3평 남짓한 공간에 벽을 따라 놓인 바 형태의 테이블과 대형 한자 메뉴판 하나가 전부지만, 이곳의 죽을 맛보기 위해 홍콩의 비즈니스맨들이 아침부터 긴 줄을 선다. 생선죽으로 유명한 집이지만 우리 입에는 소고기죽과 닭죽이 맞다. 재료를 아끼지 않아 건더기가 푸짐한 것이 특징. 꽈배기 모양의 야우티우를 주문해 함께 먹는 것이 보통이다.

🍴소고기죽(鮮牛肉粥) HK$40, 생선죽(魚骨魚片粥) HK$59, 야우티우(油條) HK$10 🚶MTR 성완역 A2출구에서 도보 3분 📍7 Burd St, Sheung Wan
🕐06:30~20:30(일 휴무) 📞+852 2541 1099
📷22.2853, 114.15168

17

딤섬 스퀘어 Dim Sum Square 聚點坊

최강 가성비 딤섬집

홍콩을 방문해 딤섬을 양껏 맛보고 싶은 이들에게 강력
추천하는 곳이다. 유구한 역사가 있는 것도 아니고 미쉐린
별점을 자랑하는 것도 아니지만 대부분의 메뉴가 20~30
달러 사이인 데다 맛도 괜찮아 배낭 여행자의 큰 사랑을
받고 있다. 영어 메뉴판도 있다.

🍴 샤오룽바오 HK$35, 하가우 HK$35, 슈마이 HK$32, 소고기 달
걀밥 HK$35 🚶 MTR 성완역 A2출구에서 도보 4분 📍 Dim Sum
Square 88 Jervois St, Sheung Wan 🕐 평일 10:00~22:00, 주말
08:00~22:00 📞 +852 2851 8088 📍 22.28505, 114.15123

18

찬지키 Chan Sze Kee 陳泗記

홍콩식으로 즐기는 비프 앤 에그 샌드위치

미드레벨 에스컬레이터 부근에 자리한 다이파이동. 센트
럴 직장인들이 점심을 해결하기 위해 찾는 집으로 국수와
덮밥 메뉴 가격이 HK$60으로 동일하다는 점이 독특하다.
주인이 '홍콩식 샌드위치'라며 강력하게 추천하는 '비프 앤
에그 샌드위치'는 놀라울 정도로 새롭고 맛있다. 패티 대신
고기와 달걀을 잘 버무려 식빵 사이에 끼워 먹는 게 특징.
이 메뉴를 포장해 가려는 사람이 줄을 섰다.

🍴 비프 앤 에그 샌드위치 HK$60, 믹시드 그릴 HK$108 🚶 MTR
홍콩역 E1출구에서 도보 5분 📍 G/F 74 Stanley St, Central
🕐 11:30~18:00(일 휴무) 📞 +852 2545 2834
📍 22°17'00.2"N 114°09'16.9"E

침차이키 Tsim Chai Kee 沾仔記 　　　　　　　　　　맛으로 승부하는 뚝심의 국숫집

수많은 식당들이 메뉴 개발에 열을 올리는 가운데 완탕면 하나로 60년 세월을 이어온 뚝심의 국숫집이다. 완탕면(HK$32)을 기본으로 어묵완자면, 소고기 토핑국수를 같은 가격에 선보인다. 고명 개수에 따라 금액이 올라가는데, 세 가지 모두를 올려도 HK$50에 즐길 수 있다. 면발은 납작면(Flat White Noodle)과 에그누들(Yellow Noodle) 가운데 하나를 선택하면 된다. 한국인이 좋아하는 면은 에그누들이다.

🍴완탕면(招牌雲呑) 어묵완자면(鯪魚球面) 소고기 토핑국수(鮮牛肉面) 각각 HK$40 🚶MTR 센트럴역 D2출구에서 도보 7분 📍98 Wellington St, Central 🕐11:00~21:30 📞+852 2850 6471 🌐22.28296, 114.15446

리프 디저트 Leaf Dessert 玉葉甜品 　　　　　　　　　센트럴 한복판에서 즐기는 여유

광둥지방의 대표적인 후식 통수이(糖水)를 맛볼 수 있는 다이파이동이다. 통수이는 달콤한 수프의 총칭으로 우리나라 죽과 비슷하지만, 훨씬 묽다. 리프 디저트에서는 검은깨 수프 '지마우'와 팥 수프 '훙다오사'를 취급한다. 그 외 코코넛 가루가 뿌려진 찹쌀 경단이 이곳의 시그니처 메뉴다. 모든 디저트 가격이 HK$14로 통일되어 있으나 차갑게 주문할 경우 HK$1을 더 받는다.

🍴찹쌀 경단(Iced HK$15), 검은깨 수프·팥 수프(Hot HK$14, Iced HK$15) 🚶MTR 성완역 A2출구에서 도보 8분 📍G/F 2 Elgin St, Soho, Central 🕐13:00~21:00(토, 일 휴무) 📞+852 9149 9870 🌐22°16'58.4"N 114°09'09.5"E

21 타이청 베이커리 Tai Cheong Bakery 泰昌餅家

홍콩에서 가장 유명한 에그타르트

포르투갈 전통 간식인 에그타르트가 마카오를 통해 홍콩으로 들어오면서 홍콩식 에그타르트로 거듭났다. 1954년 오픈한 이래 60년 넘게 꾸준한 인기를 끌어온 타이청 베이커리는 홍콩 전역에서 25개의 매장을 운영하고 있다. 모든 에그타르트를 센트럴 본점에서 수작업으로 만들기 때문에 하루 평균 4,000개 정도만 생산 가능한데, 아직까지 단한 개의 재고도 없이 모두 팔려나갔다. 매장 안에는 테이블이 없어 많은 여행객이 가게 앞에 서서 에그타르트를 먹는 진풍경을 연출한다. 하루 1,000개 한정 도넛인 슈거퍼프도 인기 메뉴.

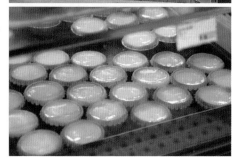

✕ 에그타르트 HK$11, 슈거퍼프 HK$13 ✦ MTR 센트럴역 D2출구에서 도보 10분 ♥ 35 Lyndhurst Terrace, Central
🕐 09:30~19:30 📞 +852 8300 8301 📍 22.28269, 114.15365

22 만다린 케이크숍 The Mandarin Cake Shop 文華餅店

만다린 호텔표 장미잼

특급 호텔 만다린 오리엔탈 내 케이크숍. 럭셔리한 외관과 재미있는 테마의 케이크로 유명하다. 그러나 이곳에서 케이크보다 더 유명한 것은 바로 장미잼과 XO소스다. 장미잼은 사실 붉은 유리병 안에 든 딸기잼을 말하는데, 은은한 장미향과 고급스러운 포장 덕분에 로맨틱한 선물로 많이 팔려나간다. 약간 비싸지만 매콤한 맛의 중국 전통 소스인 엑스오소스(X.O Sauce)도 선물용으로 인기가 많다.

✕ 애프터눈 티 세트(2인) HK$888, 장미잼×스콘 HK$520 ✦ MTR 센트럴역 F출구에서 도보 1분 ♥ 2F Mandarin Oriental Hong Kong, 5 Connaught Rd, Central
🕐 08:00~20:00(일 ~19:00) 📞 +852 2825 4008 🏠 www.mandarinoriental.com/hongkong/fine-dining/the-mandarin-cake-shop 📍 22.28195, 114.15941

쿵리 Kung Lee 公利真料竹蔗水

지친 여행길 단비

홍콩 최고의 사탕수수 음료 가게. 점포 이름은 쿵리(公利)지만 왼쪽부터 읽는 게 습관이 된 한국인의 눈에는 '水蔗竹料真公'로 읽힌다. 홍콩은 왼쪽에서 읽어나가는 경우, 오른쪽에서 읽어나가는 경우가 혼재되어 있다. 1950년 처음 문을 연 이래 4대째 장사를 이어오고 있다. 갓 짜낸 사탕수수즙과 한약재가 들어간 거북젤리는 덥고 습한 여름철의 구호품이었다. 사탕수수즙 한 잔이면 지친 여행길, 갈증 해소와 영양 보충이 동시에 된다. 맛이나 색이 식혜를 닮은 이 음료, 무엇보다 가격이 착하다. 소호 지역 할리우드 벽화 거리에 있어 찾아가기도 쉽다.

✕ 사탕수수즙(竹蔗汁) 컵 HK$16, 보틀 HK$43, 거북젤리(龜苓膏) 소(小) HK$40 🚶 MTR 성완역 E출구, MTR 센트럴역 D출구 사이, 도보 각기 7분
📍 60 Hollywood Road, Central
🕐 11:00~22:00 📞 +852 2544 3571
🌐 22.2829, 114.15269

싱키 Sing Kee 盛記

〈스트리트 푸드 파이터〉 맛집

홍콩 4대 다이파이동이자 미드레벨 에스컬레이터 맛집으로 불리는 '싱키'. 싱키는 다양한 종류의 국수와 볶음요리를 내는 홍콩 대표 맛집으로, 길거리 음식을 예술의 경지로 끌어올렸다는 평을 듣고 있다. 돼지갈비를 튀긴 후 후추와 소금으로 양념한 '쟈오옌 파이구', 튀긴 소고기에 달걀을 넣고 볶은 '소고기달걀볶음', 쪽파, 병어, 검은콩이 어우러진 '병어찜'이 인기 많다. 낮에는 콘지, 창편, 토스트, 누들 요리를 맛볼 수 있다.

✕ 소고기 달걀 볶음(牛肉炒蛋) HK$58, 돼지갈비 튀김(椒鹽排骨) HK$75, 병어찜(豉汁蒸倉魚) HK$125 🚶 MTR 홍콩역 C출구에서 도보 6분
📍 82 Stanley Street, Central 🕐 11:00~23:00 (브레이크 타임 15:00~18:00, 일 휴무) 📞 +852 2541 5678 🌐 22.28357, 114.15449

25 슈게츠 Shugetsu 周月

미쉐린이 추천한 츠케멘

노호 고프 스트리트의 터줏대감. 2014년부터 2024년까지 11년 연속으로 미쉐린 빕 구르망에 선정되었다. 이는 일본에서도 달성하지 못한 기록이다. 메뉴는 츠케멘과 슈게츠 라멘으로 구분된다. 츠케멘은 일반 라멘과 달리 면과 육수가 따로 나오고 슈게츠 라멘은 일반 라면처럼 면이 육수에 잠겨 나온다. 달걀·양파·고기 등 토핑을 추가해서 먹을 수 있다.

🍴 츠케멘·슈게츠 라멘 각각 HK$111 🏃 MTR 성완역 E1출구에서 도보 6분, 고프 스트리트 일대 📍 5 Gough St, Central ⏱ 11:30~21:30 📞 +852 2850 6009 🧭 22.28412, 114.15284

26 어반 베이커리 웍스 Urban Bakery Works

수상한 크루아상 맛집

홍콩에서 가장 유명한 크루아상 전문점이다. 2012년 오픈 직후 3개월 만에 10만 개를 팔아치우는 대기록을 달성했으며 지금도 늘 문정성시를 이루는 곳으로 유명하다. 센트럴 랜드마크 웍스점은 아침·점심 식사는 물론 티타임과 해피아워를 고려한 다양한 메뉴를 선보인다. 기네스 맥주와 함께 즐기는 크루아상은 홍콩을 즐기는 또 다른 방법이다.

🍴 데어데블 크루아상 HK$30, 랑구스틴 크루아상 샌드위치 HK$52, 베지테리안 랩 HK$52, 카르보나라 스파게티 HK$88, 기네스 맥주 HK$68 🏃 MTR 센트럴역 G출구에서 도보 2분 📍 322, Landmark Atrium, 15 Queen's Road Central, Central ⏱ 월~금 08:00~20:00, 토, 일 및 공휴일 09:00~18:00 📞 +852 3565 4320 🏠 www.landmark.hk/en/dine/urban-bakery-works 🧭 22°16'51.0"N 114°09'28.6"E

막스 누들 Mak's Noodle

막씨 가문 장자네 국수집

홍콩 국수 가게 가운데 막 씨 이름을 단 곳이 많은 것은 그들이 모두 완탕면의 대부 막환치(麥煥池)의 혈통이기 때문이다. 막환치는 1920년대 광저우에서 처음 국수 가게를 열었는데 전성기에는 8개의 점포를 거느릴 만큼 인기가 많았다. 막스 누들은 막환치의 장남인 막안이 아버지의 기술을 이어받아 창업한 곳이다. 그 밖에 막환치의 제자 호치유홍은 '호홍키'를 오픈했으며 막환치의 형 막경만은 '막만키'를 열어 성업 중에 있다. 막환치의 큰 손자 막지총은 '막안키 면가'를 설립했는가 하면, 막환치의 둘째 손자 막지명은 '막밍누들'을 창업했을 정도로 막씨 가문을 빼놓고 홍콩 완탕면을 논할 수 없다. 그들이 모두 막환치의 비법을 전수 받은 만큼 막 씨 가문 간 완탕면 맛의 우열을 가리는 일은 매우 힘들다고 할 수 있다.

✖ 시그니처 완탕면 HK$45, 새우 덤플링 누들 HK$4 🏃 MTR 홍콩역 C출구에서 도보 6분
📍 G/F, 77 Wellington St, Central
🕐 11:00~21:00 ☎ +852 2854 3810
🏠 www.maksnoodle.com
🌐 22.28329, 114.1542024

남기 국수 Nam Kee Spring Roll Noodle 南記粉麵

진한 육수에 담가 먹는 쫀득한 스프링롤
패스트푸드점을 연상시키는 캐주얼한 분위기의 국숫집. 구수한 돼지뼈 육수와 매콤새콤 완난국수 두 개를 선보인다. 스프링롤을 주문해 국물에 푹 담가두었다가 야들야들해졌을 때 떠먹으면 그 맛이 환상적이다. 메뉴는 한자로 되어 있으나 사진을 보고 고르면 된다.

✖ D2메뉴: 스프링롤과 고기국수 세트(春捲牛麵條+콜라) HK$47, B메뉴: 완난국수 세트(雲南+콜라) HK$56 🏃 MTR 홍콩역 C출구에서 도보 6분 📍 shop 3-4, 66-72 Stanley St, Central 🕐 월~토 08:00~20:30, 일 및 공휴일 11:00~20:00 ☎ +852 2576 8007
🏠 www.namkee.hk 🌐 22.28316, 114.15489

하프웨이 커피 Halfway Coffee

호이온 카페 건물 그대로

홍콩 전역에는 하프웨이 커피가 다섯 곳이나 있지만 성완 콘노트 로드 점이 특히 유명한 데는 이유가 있다. 원래 이 자리에는 호이온 카페(Hoi On Cafe, 海安喋啡室)가 있었다. 호이온 카페는 1950년 오픈한 유서 깊은 차찬텡으로 70년 넘게 영업을 이어 오다가 최근 문을 닫았다. 하프웨이 커피 처마를 유심히 살펴보면 '海安喋啡室'이라는 글자가 아직 희미하게 남아 있음을 알 수 있다. 호이온(해안, 海安)이라는 이름도 이유가 있는데, 원래 이곳은 뱃사람들이 들고 나면서 아침을 먹던 바닷가 식당이었다. 센트럴 일대를 매립하면서 바다가 물러났고 '해안'이라는 이름과 달리 도심 속 식당이 되어버렸다. 더 이상 밀크티와 토스트는 맛볼 수 없지만 커피 맛은 더할 나위 없이 훌륭하다.

🍴 아메리카노 HK$40, 카페라테 HK$45, 블랙 슈가라테(Hot HK$55, Iced HK$60)
🚶 MTR 성완역 C출구에서 도보 4분 📍 17 Connaught Rd W, Sai Ying Pun 🕐 08:00~18:00 🏠 www.instagram.com/p/CnDQZoiSGfy 🧭 22°17'15.9"N 114°08'58.0"E

기화병가 Kee Wah Bakery 奇華餅家

홍콩의 명물 판다쿠키

80년 역사를 자랑하는 과자 가게. 기화병가 최고 라이벌인 제니 베이커리의 쿠키가 다소 빡빡한 식감으로 호불호가 갈린다면 기화병가의 판다쿠키는 극강의 부드러움으로 폭 넓은 팬층을 거느리고 있다. 판다·펭귄·코알라 세 가지 모양의 동물 쿠키가 있다. 아직 푸바오를 잊지 못하는 친구들에게 판다 쿠키를 선물해 보자.

🍴 판다 틴케이스 HK$100 🚶 MTR 센트럴역 내 E출구 부근
📍 Shop E19, Central MTR Station, Central 🕐 월~금 07:30~20:00, 토, 일 및 공휴일 09:30~19:30 📞 +852 2602 2501
🏠 www.keewah.com 🧭 22.28208, 114.15811

31 코바 Cova Ristorante & Caffe

품위 있게 즐기는 티타임

1817년 이탈리아 밀라노에서 탄생한 제과점. 최근 홍콩 주요 랜드마크·MTR 역·호텔에 속속 입점하고 있다. 핑크빛의 아기자기한 디저트 선물 세트로 유명하며 오후 2시 30분 이후 방문하면 3단 에프터눈 티 세트를 맛볼 수 있다. 코바 에프터눈 티 세트는 호텔에 비해 가격이 저렴하고 나오는 메뉴도 충실해 젊은 층이 많이 찾고 있다. 그 밖에 파스타·샐러드·샌드위치를 취급하며 간단하게 스낵과 차를 즐기기에도 좋다. 요금에 서비스 요금 10%가 추가로 붙는다.

✕ 에프터눈 티 세트(2인) HK$538, 티 스낵 플레이트(1인) HK$178 🏃 MTR 어드미럴티역 퍼시픽 플레이스 내 📍 Shop 230A, L2/F, Pacific Place, 88 Queensway, Admiralty ⏰ 월~금 08:30~22:00, 토, 일 및 공휴일 11:00~22:00 📞 +852 2918 9660 🏠 www.pasticceriacova.com 🧭 22°16'39.0"N 114°09'58.8"E

32 모트32 Mott32 卅二公館

19세기 뉴욕 감성이 궁금하다면

세계적으로 손꼽히는 모던 차이니즈 레스토랑이다. LA, 밴쿠버, 두바이 등 세계 곳곳에 지점을 두고 있다. 19세기 뉴욕을 떠올리게 하는 어둡고 스타일리시한 인테리어가 특징. 사과나무 장작으로 45일간 구워낸 북경오리가 유명하며 식사 외 바 스테이지에서 칵테일 한 잔을 맛보는 것도 추천한다.

✕ 홍콩 아이스티(Hong Kong Iced Tea) HK$120, 포비든 로즈(Forbidden Rose) HK$130, 북경오리(Apple Wood Roasted 42 Days Peking Duck) HK$650 🏃 MTR 센트럴역 K출구에서 도보 3분, 황후상 광장 스탠다드차타드 은행 빌딩 지하 📍 Basement, Standard Chartered Bank Building, 4-4A Des Voeux Road Central, Central ⏰ 12:00~00:00(브레이크 타임 15:00~18:00) 📞 +852 2885 8688 🏠 www.mott32.com 🧭 22.28044, 114.1590

33 폰드사이드 Pondside

차와 함께 보내는 느긋한 오후 시간

홍콩에서 데이트 명소로 이름 높은 카페. 홍콩 공원 내 연못가에 자리해 숲과 물을 동시에 만끽할 수 있다. 연못가에는 색색의 부겐빌레아꽃이 만발해 낭만적인 풍경을 연출하며 테라스석도 마련되어 있다. 예쁘게 꾸민 애프터눈 티 세트와 평일 점심 한정 런치 박스가 많은 인기를 얻고 있다. 연못을 조망할 수 있는 창가 좌석은 홈페이지를 통해 예약하지 않으면 자리가 없을 정도로 인기다. 서비스 요금 10%가 부과된다.

× 런치 박스(Keto-friendly Lunch Box) HK$88, 애프터눈 티 세트(1인 HK$328, 2인 HK$588), 칵테일 HK$78~ ⭑ MTR 애드미럴티역 C1출구에서 도보 13분 ◆ 10 Cotton Tree Dr, Admiralty ◕ 월~금 11:30~22:00, 토~일 10:30~22:00 ☏ +852 2885 3787 ♠ www.facebook.com/pondsidehk ◉ 22°16'37.8"N 114°09'39.1"E

34 죽원해선반점 Chuk Yuen Seafood Restaurant 竹園海鮮飯店

갓 잡은 해산물의 신선함

랍스터, 갯가재, 가리비 등 고급 갑각류를 취급한다. 손님이 수조에서 해산물을 고르면 요리를 해주는 방식이다. 시그니처 메뉴인 치즈 랍스터는 토실한 랍스터 살과 버터 치즈 소스의 조화가 남다르다. 각종 해산물 요리는 볶음밥과 함께 먹으면 맛이 배가된다. 오랜 세월 동안 한 자리에서 영업해 오다 최근 인근으로 이사했다.

× 마늘 갯가재구이(Grilled Mantis Shrimp with Garlic) HK$950, 치즈 랍스터(Cheese Lobster) HK$1,120 ⭑ MTR 성완역 C출구에서 도보 5분 ◆ G/F, Seaview Commercial Building, 21-24 Connaught Road West, Sheung Wan ◕ 10:00~22:30 ☏ +852 2668 9638 ◉ 22.2878422,114.1079615

35 크래프티시모 Craftissimo

'맥주가 곧 인생'이 모토인 맥주 바

이탈리아 출신 주인장이 전 세계 맥주를 소개하기 위해 차린 맥주 바. '맥주가 곧 인생'이라는 모토로 운영하고 있다. 홍콩의 에일 맥주 시장 활성화에 앞장선다는 자부심 아래 종류별, 가격대별로 다양한 맥주를 구비하고 있다. 가지런히 정리된 어마어마한 규모의 맥주병 앞에 서면 자신도 모르게 경건한 마음이 들 정도. 한국에서는 구경조차 못 해 본 맥주가 많고 가격도 크게 비싸지 않아 숙소로 돌아갈 때 몇 병 사 들고 가기에 그만이다.

✕ 브리지스 비치 블론드 에일 HK$45, 아마티스타 모스카토 HK$40, 블랙커런트 스매시 HK$42, 피자 HK$120 ✗ MTR 성완역 A2출구에서 도보 10분 ♥ 22-24 Tai Ping Shan St, Sheung Wan ⏱ 12:00~21:00 ☎ +852 6053 7760 ♠ www.craftissimo.hk ◉ 22.28464, 114.14825

36 야드버드 Yardbird

비즈니스맨은 닭꼬치를 좋아해

퇴근 무렵 비즈니스맨들이 모여 왁자지껄 하루 스트레스를 푸는 술집. 일본 위스키를 거의 다 갖추었으며 하이볼 종류도 다양하다. 그 외에 사케, 일본 맥주, 칵테일, 와인, 논알콜 음료를 판매한다. 그러나 무엇보다 이 집의 자랑은 다양한 부위로 즐길 수 있는 닭꼬치 구이인 야키토리다. 닭가슴살, 닭 껍질, 닭목, 닭갈비, 닭 염통, 닭 꼬리 등 취급하지 않는 부위가 없다. 예약은 받지 않는다.

✕ 야키도리 개당 HK$52, 니카 하이볼 HK$110, 준마이 HK$300, 산토리 카오루 에일(300mL) HK$62 ✗ MTR 성완역 A2출구에서 도보 7분 ♥ 154-158 Wing Lok St, Sheung Wan ⏱ 18:00 ~24:00(월, 일 휴무) ☎ +852 2547 9273 ♠ www.yardbirdrestaurant.com ◉ 22.28724, 114.14908

IFC몰 IFC mall

홍콩의 넘버2 고층 빌딩 IFC에 자리한 복합 쇼핑몰. 침사추이 하버시티에는 안 들러도 이곳에 안 들르는 사람은 없을 정도로 많은 사람이 온다. 명품 브랜드, 로컬 브랜드가 골고루 입점 해 있으며 정두, 팀호완과 같은 광둥식 레스토랑과 글로벌 카페 체인, 슈퍼마켓 체인을 만나볼 수 있다. 뭐니뭐니해도 이곳에서 가장 사람이 많이 몰리는 곳은 2층에 자리한 애플 스토어. 또 한 IFC몰은 공항철도 홍콩역과 연결되어 있어 출국 직전 시간 을 보내기에도 좋다. 1층부터 3층까지 중앙광장을 중심으로 4 면의 복도를 따라 상점들이 길게 들어서 있다. 1층은 스트리트 패션, 중저가 브랜드 위주로 구성되어 있으며, 2층은 식당과 잡화, 3층에는 고 가의 명품 브랜드가 있다. 4층에는 옥상 정원이 마련되어 있어 탁 트인 전망을 즐기며 휴식을 취하기 좋다.

🚶 AEL/MTR 홍콩역에서 연결. 또는 MTR 센트럴역 A출구에서 스카이워크 이용
📍 8 Finance St, Central 🕐 10:30~21:00(매장마다 다름) 📞 +852 2295 3308
🏠 www.ifc.com.hk/en/mall 🌐 22.28516, 114.15884

퍼시픽 플레이스 Pacific Place

4개의 특급호텔과 연결

MTR 애드미럴티역에서 바로 이어지는 퍼시픽 플레이스는 4개의 5성급 호텔 및 홍콩공원과 연결된다. 현지인 사이에서 'PP'라는 애칭으로 통하는 퍼시픽 플레이스는 영국의 유명 건축가 토머스 헤더윅이 설계한 아름다운 외관에 실내 미디어아트를 개최해 눈이 쉴 틈이 없다. 샤넬·클로에·막스마라·펜디·지미추·조말론 등 고급 브랜드가 최신 유행을 선보이고 있으며 최근에는 루이뷔통에서 향수 라인을 도입했다. 미식 공간도 풍성해 JW메리어트 호텔의 '더 라운지', 콘래드 호텔의 '로비 라운지' 외에 일식·중식·태국 음식 등 각 나라 음식을 취급하는 파인 다이닝을 운영한다. 또한 퓨엘 에스프레소·고야드·코바·폴 라파예트·예 상하이 같은 유명 카페와 레스토랑이 자리 잡고 있으며 6층에는 소더비 와인이 입점해 있다. 여섯 개의 상영관을 갖춘 멀티 플렉스까지 있어 짧은 여행 일정이라면 PP를 벗어나지 않고 쇼핑과 미식, 산책, 엔터테인먼트를 한자리에서 해결할 수 있다.

🏃 MTR 어드미럴티역 F출구와 연결 📍 88 Queensway, Admiralty 🕐 11:00~20:00
📞 +852 2844 8988 🏠 www.pacificplace.com.hk 🌐 22.2776232,114.1663732

03

지오디 G.O.D

일상생활로 옮겨온 디자인
홍콩 여행객 대부분이 알고
있을 만큼 유명한 디자인숍.
20년 역사에 불과한 가게가
이토록 많은 사랑을 받는 것
은 이곳의 아이템들이 가장
홍콩다운 디자인을 추구하기
때문이다. 12지신, 이소룡, 한
자, 판다 등 홍콩의 이미지를
디자인으로 승화시켰다. 상호인 G.O.D(Goods of Desire, 住
好啲)는 모든 사람들이 갖고 싶어 하는 물건을 지향한다는
의미로, 실용성과 디자인 어느 것도 포기할 수 없음을 시사
한다. HK$100 안팎의 컵, 에코백, 접이식 우산이 선물용으로
많이 팔린다.

🚶 MTR 센트럴 D1출구에서 도보 10분
📍 48 Hollywood Rd, Central ⏰ 11:00~21:00
🏠 www.god.com.hk 🧭 22.28244, 114.15303

04

룽펑몰 Lung Fung Mall 龍豐

저렴한 가격에 만나는 천연 재료로 만든 약
홍콩을 명품 쇼핑으로만 기억하면 곤란하다. 홍콩에는
건강·미용·생활용품을 취급하는 드럭스토어가 많기로
도 유명하다. 룽펑몰은 최근 현지인에게 큰 인기를 얻고
있는 약국으로 천연 재료로 만든 약을 저렴한 가격에
득템할 수 있는 곳이다. 침사추이 점과 센트럴 점이 가
장 규모가 크며 약 종류도 많다.

🚶 MTR 센트럴역 D2출구에서 도보 2분 📍 Yu To Sang
Building, 37 Queen's Rd Central ⏰ 09:30~22:00
📞 +852 2265 8068 🧭 22.282527,114.1151136

레인 크로포드 Lane Crawford

1850년 창업한 유서 깊은 편집숍. 2001년 영화 〈소림축구〉에서 주성치가 조매
를 데려와 옷을 구경시켜 준 곳이다. 감각적인 디스플레이로 현지 및 해외 쇼퍼
들의 큰 사랑을 받고 있다. 홍콩 내 6곳에 지점을 두고 있는데 IFC, 퍼시픽 플레
이스, 하버시티, 타임스 스퀘어 등 홍콩 내 유명 쇼핑몰에는 거의 입점해 있다고
해도 과언이 아니다.

🚶 IFC몰 3층
📍 Podium 3, 8 Finance Street, Central
🕐 10:00~21:00　📞 +852 2118 2288
🏠 www.lanecrawford.com
🌐 22.2858, 114.1578

랜드마크 Landmark

채터 하우스, 랜드마크 아트리움, 랜드마크 프린시스, 알렉산드라 하우스 4개
건물로 구성된 초대형 쇼핑몰. 명품 브랜드숍과 고급 레스토랑이 입점해 있다.
매장 수나 화려함에서 침사추이의 명품숍 거리인 캔톤 로드와 견주어도 전혀
밀리지 않는다. 4개 건물
은 스카이워크로 모두 연
결된다.

🚶 MTR 센트럴역 G, H, E, K 출
구와 각기 연결 📍 15 Queen's
Road Central, LANDMARK,
Central 📞 +852 2500 0555
🏠 www.landmark.hk
🌐 22.28057, 114.15777

07
하비 니콜스 Harvey Nichols

차별화된 영국스러움

200년 역사를 자랑하는 영국의 럭셔리 편집 백화점 하비 니콜스의 아시아 1호점이다. 명품 중에서도 스타일리시한 브랜드만 취급한다. 프랑스의 고야드, 영국의 태너 크롤과 스미스, 랑방, 모니크 륄리에, 매튜 윌리엄슨 등 핫 브랜드를 최대 95% 할인한 가격에 팔기도 한다.

🚶 랜드마크 아트리움 내 1~4층 📍 15 Queen's Road, Central 🕐 월~토 11:00~20:00, 일 11:00~19:30
📞 +852 3696 3388 🏠 www.harveynichols.com/store/harvey-nichols-landmark
🎯 22.28102, 114.15766

08
셀렉트-18 Select-18

궁극의 빈티지

홍콩의 유서 깊은 골동품 골목 어퍼래스카로우에 자리한 빈티지 숍이다. 낡은 카메라, 19세기 그릇, 옥으로 만든 펜던트, 빛바랜 영화 포스터, 녹슨 장신구 등 홍콩 역사를 관통하는 물건들과 만날 수 있다. 그중에서도 이곳에서 유심히 눈여겨봐야 할 것은 안경테다. 중고 안경테 가게에서 출발한 가게답게 100여 종의 안경테가 새 주인을 기다리고 있다.

🚶 MTR 성완역 A2출구에서 도보 10분 📍 18 Bridges St, Central 🕐 월~수 12:00~21:00, 목~토 12:00~23:00, 일 12:00~20:00
🎯 22.28339, 114.15077

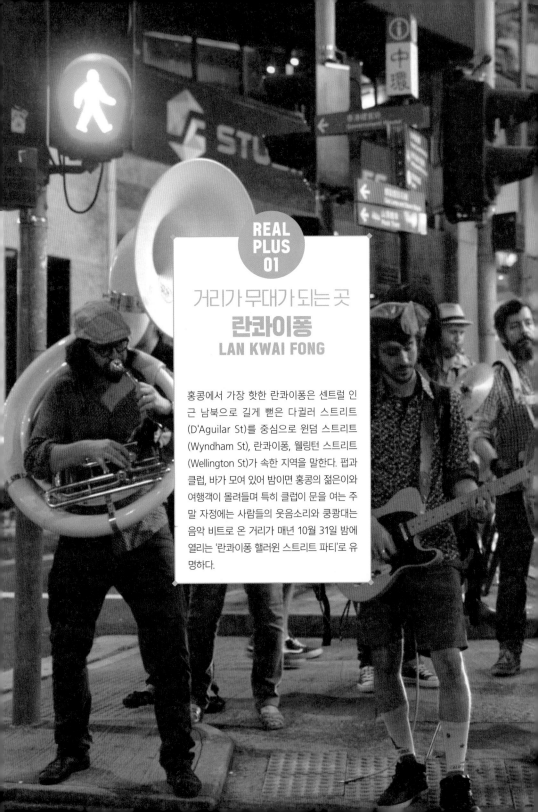

거리가 무대가 되는 곳
란콰이퐁
LAN KWAI FONG

홍콩에서 가장 핫한 란콰이퐁은 센트럴 인근 남북으로 길게 뻗은 다귈러 스트리트 (D'Aguilar St)를 중심으로 윈덤 스트리트 (Wyndham St), 란콰이퐁, 웰링턴 스트리트 (Wellington St)가 속한 지역을 말한다. 펍과 클럽, 바가 모여 있어 밤이면 홍콩의 젊은이와 여행객이 몰려들며 특히 클럽이 문을 여는 주말 자정에는 사람들의 웃음소리와 쿵쾅대는 음악 비트로 온 거리가 매년 10월 31일 밤에 열리는 '란콰이퐁 핼러윈 스트리트 파티'로 유명하다.

① 란콰이퐁 포토존
LAN KWAI FONG Photo Zone

보는 즐거움이 있는 표지판

란콰이퐁에선 무엇 하나 평범한 게 없다. 란콰이퐁 존에 들어섰음을 알리는 표지판은 이곳을 찾는 이들에게 좋은 포토존이 되어준다. 시즌마다 디자인이 변경되는 란콰이퐁 표지판은 이곳이 얼마나 재미있는 곳인지 말해준다. 표지판은 란콰이퐁의 중심 '캘리포니아 타워' 앞에 있다.

🚶 MTR 센트럴역 D1출구에서 도보 7분
📍 California Tower, 30-32 D'Aguilar St, Central
📡 22.280917, 114.155528

② 바키 Baci

호객행위 안 해도 술맛은 최고

란콰이퐁 표지판 바로 뒤, 캘리포니아 타워 1층에 자리 잡은 바. 다양한 맥주와 칵테일을 만나볼 수 있다. 호객행위가 난무하는 란콰이퐁에서 '독특하게' 조용히 장사한다. 외부 탁자에 앉아 란콰이퐁의 시끌벅적한 분위기를 즐겨도 좋고, 편안한 실내 좌석에서 조용히 맥주잔을 기울이기에도 그만이다. 안주도 수준급인데, 피자를 주문하면 화덕에서 직접 구워준다.

🍴 버팔로 윙 6조각 HK$148, 맥주 HK$98 🚶 MTR 센트럴역 D2출구에서 도보 4분 📍 G/F, California Tower, 30-32 D'Aguilar St, Lan Kwai Fong, Central 🕐 월 11:30~다음 날 01:00, 화~금 11:30~다음 날 02:00, 토 12:00~다음 날 02:00, 일 12:00~00:00
📞 +852 2344 0005
📡 22°16'51.3"N 114°09'19.8"E

③ 젠트럴 Zentral

흥겨운 음악에 맞춰 클러빙을 즐길 수 있는 곳. 독일어 젠트럴(Zentral)은 영어로 센트럴(Central)에 해당한다. 장기간의 경기 침체와 코로나19 여파로 베이징 클럽, 디지, 매그넘 등 유명한 클럽들이 속속 문을 닫는 중에도 끝까지 란콰이퐁을 지키고 있다. 입장료는 HK$500로 부담스러운 편이지만 거리에서 할인 쿠폰을 나눠주기 때문에 절반 가격에도 입장할 수 있다.

🚶 MTR 센트럴역 D1출구에서 도보 7분, 캘리포니아 타워 4~5층 📍 4~5F, California Tower, 32 D'Aguilar St, Central 🕐 화~토 22:00~다음 날 04:00(일, 월 휴무) 📞 +852 2111 8110 🏠 www.zentral.club 📍 22.280917, 114.155500

④ 페이 FAYE

센트럴이 한눈에 내려다보이는 캘리포니아 타워 꼭대기 층에 자리 잡은 루프톱 바. 25층 실내와 26층 옥상 구역으로 구분되어 있다. 빅토리아 피크에서 불어오는 시원한 바람을 만끽하며 홍콩섬 전망을 즐기기 좋은 곳. 디제잉이 현장에서 곡을 틀어주어 현장감을 더한다. 흥겨운 음악이 나오면 자리에서 일어나 가볍게 몸을 흔들어도 좋다. 주변 빌딩으로 쏘아 올려지는 레이저쇼는 이곳의 또 다른 볼거리다. 10%의 서비스료가 붙는다.

🍴 페이 시그니처 샹그리아 HK$88, 모히토 HK$88 🚶 MTR 센트럴역 D2출구에서 도보 4분 📍 25-26/F, California Tower, 30-32 D'Aguilar St, Lan Kwai Fong, Central 🕐 17:00~다음 날 04:00(일 휴무) 📞 +852 3619 4282 🏠 www.instagram.com/faye.hkg 📍 22°16'51.3"N 114°09'19.9"E

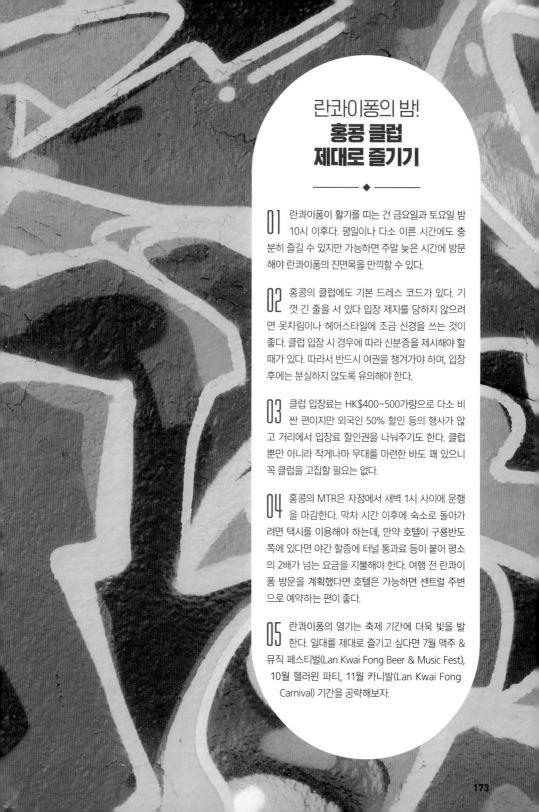

란콰이퐁의 밤!
홍콩 클럽
제대로 즐기기

◆

01 란콰이퐁이 활기를 띠는 건 금요일과 토요일 밤 10시 이후다. 평일이나 다소 이른 시간에도 충분히 즐길 수 있지만 가능하면 주말 늦은 시간에 방문해야 란콰이퐁의 진면목을 만끽할 수 있다.

02 홍콩의 클럽에도 기본 드레스 코드가 있다. 기껏 긴 줄을 서 있다 입장 제지를 당하지 않으려면 옷차림이나 헤어스타일에 조금 신경을 쓰는 것이 좋다. 클럽 입장 시 경우에 따라 신분증을 제시해야 할 때가 있다. 따라서 반드시 여권을 챙겨가야 하며, 입장 후에는 분실하지 않도록 유의해야 한다.

03 클럽 입장료는 HK$400~500가량으로 다소 비싼 편이지만 외국인 50% 할인 등의 행사가 많고 거리에서 입장료 할인권을 나눠주기도 한다. 클럽뿐만 아니라 작게나마 무대를 마련한 바도 꽤 있으니 꼭 클럽을 고집할 필요는 없다.

04 홍콩의 MTR은 자정에서 새벽 1시 사이에 운행을 마감한다. 막차 시간 이후에 숙소로 돌아가려면 택시를 이용해야 하는데, 만약 호텔이 구룡반도 쪽에 있다면 야간 할증에 터널 통과료 등이 붙어 평소의 2배가 넘는 요금을 지불해야 한다. 여행 전 란콰이퐁 방문을 계획했다면 호텔은 가능하면 센트럴 주변으로 예약하는 편이 좋다.

05 란콰이퐁의 열기는 축제 기간에 더욱 빛을 발한다. 일대를 제대로 즐기고 싶다면 7월 맥주 & 뮤직 페스티벌(Lan Kwai Fong Beer & Music Fest), 10월 핼러윈 파티, 11월 카니발(Lan Kwai Fong Carnival) 기간을 공략해보자.

제 2의 소호

사이잉푼
SAI YING PUN

퀸즈 로드와 보햄 스트리트 사이 MTR 사이잉
푼역 일대를 일컫는 사이잉푼은 제2의 소호라
불릴 만큼 성장했다. 조용한 주택가면서 괜찮
은 브런치 카페와 바가 많아 유러피안이 즐겨
찾고 있다. 지대가 낮은 퀸즈 로드(A1출구)에
서 한 칸씩 올라가면서 퍼스트 스트리트, 세컨
드 스트리트(B2출구), 써드 스트리트(B1출구),
하이 스트리트로 이어진다. 맨 꼭대기는 보햄
스트리트(C출구)다. 소호처럼 미드레벨 에스
컬레이터가 있지만 복잡하지 않아 여유롭게
즐길 수 있다.

① 콴키 | Kwan Kee Claypot

광둥식 솥밥 '뽀자이판' 전문점으로 여러 차례 미쉐린 빕 구르망을 받았다. 문 여는 시간부터 닫는 시간까지 손님을 길게 줄 세우는 식당으로 유명하다. '클레이 솥밥'이라고도 하는 뽀자이판은 육류·해산물·채소 등의 토핑을 올려 밥을 지은 후 간장을 뿌려서 먹는 음식이다. 질그릇에 밥을 짓기 때문에 클레이 솥밥이라는 이름이 붙었다. 완탕면과 딤섬에 물렸다면 한 끼쯤 솥밥으로 해결해도 좋을 듯하다. 한국인의 입맛에 특히 잘 맞는다.

🍴 소고기 달걀 솥밥 HK$103, 해물 솥밥 HK$115, 오리고기 솥밥 HK$115 🚶 MTR 사이잉푼역 B1출구에서 도보 3분 📍 G/F Wo Yick Mansion, 263 Queen's Road West, Sai Ying Pun, Western District 🕐 월~토 11:00~22:30(브레이크 타임 14:30 ~17:30), 일 18:00~22:30 📞 +852 2803 7209 📍 22°17'13.1"N 114°08'35.0"E

② 잉키 누들 Ying Kee Noodles 英記麵家

하이 스트리트에 자리한 고기 국숫집이다. 2018년 미쉐린 가이드에 처음으로 이름을 올린 이후 2024년까지 연속으로 미쉐린 빕 구르망에 이름이 오르고 있다. 현지인 사이에도 손꼽히는 맛집으로 유리창 너머 좁은 주방에서 주인이 고기를 손질하는 모습을 볼 수 있다. 차슈탕면이 가장 많이 나간다.

🍴 차슈탕면(叉燒湯麵) HK$49, 소고기 완자탕면(牛丸湯麵) HK$44 🚶 MTR 사이잉푼역 C, B2출구에서 도보 5분 📍 32 High St, Sai Ying Pun 🕐 09:00~19:00 📞 +852 2540 7950 📍 22.28511, 114.14239

③ 윈스턴 커피 Winstons Coffee

퀸즈 로드 힙한 커피숍

카페라테가 맛있는 커피집으로 소문나 유러피안이 많이 찾는다. 사이잉푼역 A1출구 바로 앞에 있어 찾기 좋은데 다 트렌디한 인테리어가 마음을 끈다. 혼행족이라면 길거리 바에 자리를 잡고 라테 한 잔을 주문해 보자. 사이잉푼 퀸즈 로드의 정겨움 속에 폭 안길 수 있다.

✖ 숏블랙 HK$34, 롱블랙 HK$37, 카페라테 HK$42 ☆ MTR 사이잉푼역 A1출구에서 도보 1분 ♀ SHOP 4, 213 Queens Road West Sai Ying Pun ⏰ 월 및 공휴일 07:00~18:00, 화~일 07:00 ~22:00 ☎ +852 2559 5078 🏠 www.winstonscoffee.com ⊚ 22.28704, 114.14427

④ 세인트 푸마 레스토랑 St. Pumar Restaurant 新寶馬餐廳

복고풍 서양 레스토랑

한국인에겐 안 알려졌지만 현지인은 줄 서서 먹는 복고풍 레스토랑. 1980년대를 연상시키는 고색창연한 인테리어와 합리적인 가격이 매력적이다. 차찬텡 개념이므로 세트 메뉴로 주문하는 게 보통이다. 차 추가 시 HK$2. 메인 선택 시 '비프스테이크/샐러드'를 추천한다. 고소한 고기맛이 입맛을 사로잡는다. 간단하게 아침을 해결하고 싶을 때 찾아도 좋다. 영어 메뉴판이 있으므로 참고하자.

✖ 런치 세트 HK$64, 뉴질랜드 양고기 베이비 랙(New Zealand Lamp Rack) HK$176, 아메리칸 티본 스테이크(American T-bone Steak) HK$162 ☆ MTR 사이잉푼역 B2출구에서 도보 5분 ♀ Sai Wan, High Street, 61~63, Sai Ying Pun ⏰ 07:00~22:00 ☎ +852 2549 1237 ⊚ 22.28522, 114.14194

⑤ 핑퐁129 진토네리아 Ping Pong 129 Gintonería

탁구장의 변신은 무죄

아지트 바로 통하는 핑퐁129 진토네리아는 탁구장을 개조해 칵테일 바로 꾸민 곳이다. 소박한 출입문을 열고 실내로 들어서면 스타일리시한 공간이 드넓게 펼쳐져 두 눈을 휘둥그레하게 만든다. 진토닉 전문점인 만큼 '진&토닉' '진 칵테일' 두 개의 카테고리로 구분된다. 사이잉푼 명소로는 특이하게 하이 스트리트가 아닌 세컨드 스트리트에 자리 잡고 있다.

✖ 런던드라이 HKS$120, 진&진저 HK$140 ☆ MTR 사이잉푼역 B2출구에서 도보 5분 ♀ Nam Cheong Lau, 129 Second Street, Sai Ying Pun ⏰ 18:00~23:30(월 휴무) ☎ +852 9158 1584 🏠 www.pingpong129.com ⊚ 22.28637, 114.13969

⑥ 하이 스트리트 그릴 High Street Grill

하이 스트리트 그릴은 이름처럼 하이 스트리트에 자리 잡은 그릴 식당
이다. 세련된 노출 콘크리트에 페인트로 쓴 가게 이름이 금
방 눈에 들어온다. 서양인이 선호하는 브런치 식당으로 양
도 많고, 음식 맛도 훌륭하다. 이곳의 인기 브런치 메뉴는
'아보카도 에그 베네딕트'. 월~금 점심시간(11:00~15:00)에는 버거
세트(블랙앵거스 치즈버거+샐러드)를 HK$98에 판매한다. 서비스 요금 10%가
부과되니 참고하자.

🍴 에그 베네딕트 HK$120, 야생버섯 페투치니 HK$148 🚶 MTR 사이잉푼역 B2, C출구에서
도보 5분 📍 Shop 4&5, G/F, Hang Sing Mansion, 54&56 High Street, Sai Ying Pun
🕐 월~금 09:00~22:00, 토, 일 및 공휴일 07:00~22:00 📞 +852 2559 2638 🏠 www.
facebook.com/highstreetgrill 📌 22.2851, 114.14165

⑦ 플라잉 피그 비스트로 Flying Pig Bistro

날개 달린 돼지 엠블럼의 '플라잉피그 비스트로'는 맥주와
함께 돼지고기 요리를 즐기기 좋은 곳이다. 버거, 샐러드, 파
스타, 디저트류도 인기가 많다. 하이 스트리트에 자리한 식
당 대부분 그렇지만 맛이 좋으면서 양도 푸짐하다. 주말 오
후 4시까지 브런치 메뉴를 판매하며 수·목요일에는 베이비
립 BBQ와 폭찹 등의 메인 요리와 두 가지 사이드 메뉴를 묶
어 저렴하게 파는 '피기 위기 나이트' 행사를 진행한다.

🍴 피기 위기 나이트 HK$238, 캐나디언 폭찹 HK$268, 시저 샐러
드 HK$158 🚶 MTR 사이잉푼역 C출구에서 도보 5분 📍 62 High
Street, Sai Ying Pun 🕐 월~금 11:00~23:00, 토, 일 및 공휴일
09:00~23:00 📞 +852 2540 0311 📌 22.28514, 114.14159

⑧ 막밍 누들 Mak Ming Noodles 麥明記 완탕면 맛의 정석

완탕면의 대부 막환치의 둘째 손자 막지명이 창업한 완탕면 집으로 소규모임에도 〈미쉐린 가이드〉에 등재될 정도로 큰 인기를 얻고 있다. 이곳의 완탕면은 완탕면의 정석이라고 할 만큼 뛰어난 맛을 자랑한다. 사실 막환치의 형제·자식·손자·제자들이 창업한 호홍키, 정두, 막스 누들, 막만키, 막안키 면가의 완탕면 맛은 용호상박이요, 난형난제라고 할 수 있다.

🍴 완탕면 HK$60, 소고기 콘지 HK$50
🚶 MTR 사이잉푼역 B1출구에서 도보 2분
📍 G/F, 309 Queen's Road West, Sai Ying Pun, Western District
🕐 10:30~21:00 📞 +852 2633 2368
📡 22°17'13.3"N 114°08'31.3"E

⑨ 커피 바이 자이언 Coffee by Zion 뛰어난 커피 맛과 라테아트

MTR 사이잉푼역 B1출구 퍼스트 스트리트에 자리 잡은 카페. 동네 카페라고 우습게 봤다간 큰코다친다. 수준급의 다양한 커피 메뉴를 선보이기 때문이다. 라테아트도 뛰어난데 라테 위에 말을 그려주기도 한다. 외부 좌석에 앉아 한적한 거리 풍경을 감상하면서 마시는 커피는 휴식 그 자체. 샌드위치·팬케이크·토스트 등 간단한 식사류도 취급한다.

🍴 [아메리카노] 하우스 블랜드 HK$37, 싱글 오리진 HK$41, [카페라테] 하우스 블랜드 HK$40, 싱글 오리진 HK$44, [핸드드립] Hot HK$60, Iced HK$65, 버터 팬케이크 HK$78 🚶 MTR 사이잉푼역 B1출구에서 도보 1분 📍 G/F, 83 First St, Sai Ying Pun, Western District 🕐 09:00~18:00 📞 +852 9404 7721
📡 22°17'12.0"N 114°08'30.0"E

REAL PLUS 03

홍콩의 전망대!

빅토리아 피크
VICTORIA PEAK 太平山頂

홍콩에서 단 하루만 머물러야 한다면 반드시 가보아야 하는 명소 중의 명소가 바로 홍콩에서 가장 높은 산 빅토리아 피크다. 발 아래 얕게 깔린 구름 사이로 고개를 내민 마천루의 모습은 감동 그 자체다. 해가 진 후 반짝반짝 레이저를 내뿜는 도시 풍경 또한 전 세계 어느 대도시와 비교해도 뒤쳐지지 않는 장관이다.

──────── **TIP** ────────

피크 트램 콤보 티켓을 이용하자!

피크 트램 콤보 티켓은 피크 트램(편도·왕복)+스카이 테라스 428 입장을 한 번에 할 수 있어 일일이 표를 구매하는 수고를 더는 한편 비용도 절약할 수 있다. 요금은 평일 기준 성인 편도 HK$122다. 현장 구매는 물론 온라인 여행 사이트에서도 미리 구입할 수 있다.

① 피크 타워 The Peak Tower

피크에서 즐기는 복합물

피크 트램을 타고 종점에 내리면 바로 연결된다. 피크 타워 내에는 스카이 테라스 428과 홍콩의 명소인 마담 투소 박물관이 관광객을 기다리고 있다. 영화 〈포레스트 검프〉를 테마로 꾸며진 '부바 검프'와 전망을 즐길 수 있는 '퍼시픽 커피' 등 레스토랑 및 카페도 자리한다.

🚶 피크 트램 종점 📍 The Peak Tower, 128 Peak Rd, The Peak 🕐 월~금 10:00~23:00, 토, 일 및 공휴일 08:00~23:00 📞 +852 2849 0668 🏠 www.thepeak.com.hk/kr 🌐 22.27123, 114.14996

② 스카이 테라스 428 Sky Terrace 428

홍콩을 360도로 감상하고 싶다면

해발 428m에 자리한 홍콩 최고의 전망대로 홍콩섬 시내는 물론 빅토리아 하버 일대를 하늘에서 굽어보는 특권을 누릴 수 있다. 밤이면 야경을 보기 위한 사람들로 발 디딜 틈이 없어진다. 피크 트램 승차권이 포함된 콤보 티켓을 이용하면 더 저렴하게 이용할 수 있다.

🚶 피크 타워에 오른 후 에스컬레이터로 이동 💲 평일 기준 성인 HK$75 📍 128 Peak Rd, The Peak 🕐 월~금 10:00~23:00, 토, 일 및 공휴일 08:00~23:00 📞 +852 2849 5968 🏠 www.thepeak.com.hk 🌐 22.27121, 114.15024

③ 마담 투소 박물관 Madame Tussauds Hong Kong

전 세계 스타들과 인증샷

중화권 스타부터 김수현·수지·임시완 같은 K-스타, 인기 할리우드 스타와 미국의 트럼프 전 대통령까지 실물을 고스란히 재현한 밀랍 인형 100여 개가 전시돼 있다. 티켓은 온라인 홈페이지에서 피크트램 모닝 콤보, 2 in 1 등을 선택하면 저렴하게 구매할 수 있다.

🚶 피크 트램 종점 💲 성인 HK$300, 아동 및 경로 HK$255 📍 P1, The Peak Tower, 128 Peak Road, The Peak 🕐 10:30~21:30 (입장 마감 20:30) 📞 +852 2849 6966 🏠 www.madametussauds.com/hong-kong 🌐 22.27123, 114.14996

④ 피크 갤러리아 Peak Galleria

홍콩에서 가장 높은 곳에 자리한 쇼핑몰

홍콩에서 가장 높은 곳에 있는 쇼핑몰이다. 2년 반 넘게 걸린 리모델링을 마치고 최근 재개장했다. 건물 전체가 곡선의 유리로 되어 있어 외관이 아름다울 뿐 아니라 실내로 자연광이 비쳐 친환경적으로 느껴진다. 또한 세계 최초의 몰입형 엔터테인먼트인 모노폴리 드림스(Monopoly Dreams)를 비롯해 60여 개의 매장이 입점해 있다.

🚶 피크 타워 맞은편 📍 118 Peak Rd, The Peak 🕐 10:00~22:00 📞 +852 2849 4113 🏠 www.thepeakgalleria.com 🌐 22.27122, 114.14977

⑤ 라이언스 파빌리온 Lion's Pavillion

작은 정자에서 바라보는 전망

피크 타워를 정면에 두고 오른쪽으로 난 숲길을 따라 조금만 올라가면 중국 풍 작은 정자 라이언스 파빌리온이 등장한다. 이곳에서 바라본 도시 역시 숨 막히게 아름답다. 대부분의 사람이 스카이 테라스 428에서 전망을 즐기기 때문에 비교적 한적하다는 점도 매력적이다.

🚶 피크 타워를 정면에 두고 오른쪽 숲길을 따라 약 30m 직진 📍2 Findlay Rd, The Peak ⏱24시간 개방 📡22.27093, 114.15078

⑥ 루가드 로드 Lugard Road

홍콩에서 가장 전망 좋은 산책로

피크 서클워크(Peak Circle Walk)는 태평산을 한 바퀴 도는 산책로로 자연과 도시를 동시에 감상하면서 느리게 걸을 수 있는 것이 장점이다. 빅토리아 피크 왼쪽으로 자그마한 오솔길이 보이는데 이곳이 바로 피크 서클 워크로 진입하는 루가드 로드다. 홍콩의 14번째 총독인 프레드릭 루가드의 이름을 딴 곳으로 워낙 길이 좁아 '판자 거리'라는 별명을 갖고 있다. 산을 타고 천천히 내려가는 20분 동안 오른쪽으로 보이는 빅토리아 하버의 절경에서 거의 눈을 떼지 못하게 된다.

🚶 피크타워 왼쪽 오솔길
📍31 Lugard Rd, The Peak ⏱24시간
📡22.2773721,114.1454454

·········· TIP ··········

빅토리아 파크를 즐기는 노하우

❶ 날씨가 맑은 날 올라가는 것이 좋다.

❷ 야경 즐기기 가장 좋은 시간은 '심포니 오브 라이트'가 시작되는 저녁 8시 전후다. 7시쯤 미리 올라가서 전망이 좋은 자리를 맡아놓는 편이 좋다.

❸ 공식 명칭은 더 피크(The Peak, 山頂)다. 시내 곳곳 안내판에도 더 피크로 적혀 있으니 헷갈리지 말자.

❹ 빅토리아 피크의 버스 터미널과 택시 승강장은 피크 갤러리아 LG층에 있다. 미니버스와 2층 버스 모두 이곳에서 승하차한다.

빅토리아 피크로 이동하는 방법

피크 트램 The Peak Tram

피크 트램은 홍콩섬 가든 로드 정류장에서 빅토리아 피크까지 이어지는 산악 열차로 롤러코스터를 방불케 하는 아찔한 경사를 자랑한다. 피크 트램 정류장에서 피크 타워까지는 10분도 안 되는 짧은 구간이지만, 45도 급경사길을 오르는 동안 빅토리아 하버와 도심 빌딩, 수풀이 어우러지는 풍경을 만끽할 수 있다. 피크 트램을 타고 해발 396m의 빅토리아 피크에 이르면 빅토리아 하버가 손에 잡힐 듯 가까이 눈앞에 펼쳐진다. 옥토퍼스 카드 소지자나 사전 승차권 구매자는 줄을 서지 않고 바로 탑승할 수 있다.

💲 평일 기준 성인 편도 $62, 왕복 $88(3~11세 아동 및 65세 이상 50% 할인) 🚶 MTR 센트럴역 K 출구에서 데 부 로드(Des Voeux Rd)를 건넌 후 좌회전. 길 끝에서 가든 로드(Garden Rd)를 따라 언덕길을 10분가량 오른 후 왼쪽 📍33 Garden Rd, Central ⏱07:30~23:00 📞+852 2849 0877 🏠www.thepeak.com.hk/kr

버스

· **1번(미니버스)** 피크까지 25분 소요, 편도 HK$10다. 센트럴 스타페리 선착장 3, 4번 부두 앞 육교 건너편에 있는 IFC 미니버스 정류장에서 탑승하자.

· **15번(2층 버스)** 페리 선착장 6번 부두 앞 터미널에서 출발하며 익스체인지 스퀘어, 시티홀, MTR 어드미럴티역 등 시내 주요 포인트에서 탈 수 있다. 소요 시간은 약 40분, 요금은 편도 HK$12.1다.

택시

택시 이용 시, 택시 기사에게 '피크 타워'까지 가자고 하면 된다. 도심으로 내려올 때는 피크 갤러리아 LG 층에서 탄다. 2km 기본 요금 HK$27. 센트럴에서 피크 갤러리아까지 HK$120 전후.

완차이
BEST 5

1 침사추이
2 몽콕
3 성완 & 센트럴
4 완차이
5 코즈웨이 베이
6 옹핑

2 구룡반도
1
3 5
4
홍콩섬

6 란타우섬

CALZEDONIA
ITALIAN BEACH WEAR

www.calzedonia.com
f t

조금 더
현지 속으로

완차이
Wan Chai

완차이에는 일반 주택가 사이로 전통
시장과 오래된 식당이 옛 모습 그대로
자리하고 있어 홍콩 서민의 일상을 가
까이에서 들여다볼 수 있다.

ACCESS

공항에서 가는 법

○ 공항

AEL(공항고속철도) ⓣ24분 HK$115

○ 홍콩역

MTR 또는 트램(트램 탑승 시 오브리엔
로드(O'Brien Road) 하차)

○ 완차이

○ 공항

A11(공항 버스) ⓣ70분~ HK$40

○ 완차이
플래밍 로드(Fleming Road, Hennessy
Road) 또는 스튜어드 로드(Stewart
Road, Hennessy Road) 하차

완차이
상세 지도

본문에 표시한 각 스폿의 GPS 번호로 검색하면 보다 빠르고 정확한 위치를
검색할 수 있습니다.

📷 SEE

① 홍콩 컨벤션 센터
② 엑스포 프롬나드
③ 골든 보히니아 광장
④ 센트럴 플라자
⑤ 홍콩 아트 센터
⑥ 리퉁 애비뉴
⑦ 스타 스트리트
⑧ 구 완차이 우체국
⑨ 더 폰
⑩ 블루 하우스
⑪ 타이윤 시장
⑫ 호프웰 센터
⑬ 홍힝 토이

🍴 EAT

① 오보
② 보스톤
③ N1 커피 & Co.
④ 호놀룰루 커피숍
⑤ 룽딤섬
⑥ 캄스 로스트 구스
⑦ 커피 아카데믹스
⑧ 프론 누들숍
⑨ 모던 차이나 레스토랑
⑩ 푹람문
⑪ 캐피탈 카페
⑫ 22 십스

🎁 SHOP

① 모노클숍

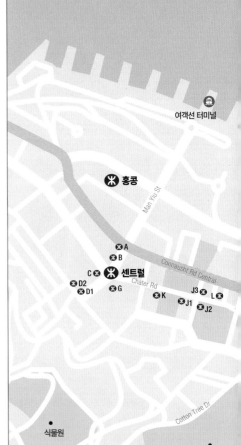

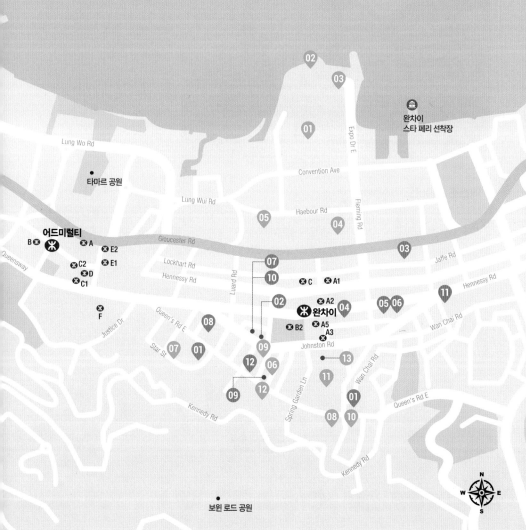

SEE EAT SHOP

완차이
스타 페리 선착장

02

03

01

타마르 공원

Lung Wo Rd

Convention Ave

Lung Wui Rd

Expo Dr E

Fleming Rd

Haebour Rd

05

04

Gloucester Rd

어드미럴티

B ✖ ✖ A

✖ E2

03

Jaffe Rd

Queensway

✖ C2

✖ E1

Lockhart Rd

07

✖ D

Hennessy Rd

10

✖ C

✖ A1

Hennessy Rd

✖ C1

11

✖
F

Luard Rd

02

✖ 완차이

✖ A2

04

05 06

Wan Chai Rd

Justice Dr

Queen's Rd E

08

✖ B2

✖ A5
✖ A3

Johnston Rd

Star St

07

01

09

13

11

Wan Chai Rd

12

06

Spring Garden Ln

Kennedy Rd

09

12

01

Queen's Rd E

08

10

Kennedy Rd

보원 로드 공원

N
W   E
S

185

홍콩 컨벤션 센터 Hong Kong Convention and Exhibition Centre

아시아 최대 박람회장

매립지에 지어 올린 전시 박람회장으로, 5개의 전시장, 2개의 컨벤션홀, 2개의 공연장, 52개의 회의실과 레스토랑으로 구성되어 있다. 비상하는 새와 피어나는 연꽃 모습을 모티브로 설계했다. 아시아 최대 규모의 박람회장이며, 특히 1997년 때맞춰 완공한 신관에서 7월 1일 홍콩 중국 반환 행사가 열렸다. 센터 옆에 자리한 골든 보히니아 광장, 엑스포 프롬나드와 함께 둘러보면 좋다. 매일 저녁 8시 심포니 오브 라이트가 펼쳐질 때 방문하면 침사추이의 해변 산책로에서 보는 것과 다른 느낌의 레이저 쇼를 즐길 수 있다.

🚶 MTR 완차이역 A5출구에서 스카이워크로 이동, 표지판을 따라 직진
📍 1 Expo Dr, Wan Chai
🕐 행사에 따라 다름
📞 +852 2582 8888
🏠 www.hkcec.com
📷 22.28321, 114.1731

엑스포 프롬나드 Expo Promenade

센트럴과 침사추이를 한눈에

홍콩 컨벤션 센터 앞에 위치한 200m 길이의 산책로. 하버 쪽으로 돌출되어 있어 침사추이는 물론 센트럴까지 한눈에 볼 수 있다. 작은 공원도 있어 잠시 휴식을 취하기 좋으며 야경 포인트로도 괜찮다. 스타페리 터미널이 가까이 있으니 참고하자.

🚶 MTR 완차이역 A5출구에서 스카이워크를 따라 도보 15분 📷 22.28478, 114.17319

골든 보히니아 광장
Golden Bauhinia Square

중국 반환을 기념하며

1997년 홍콩의 중국 반환을 기념해 조성
된 광장이다. 광장 가운데에 홍콩을 상징
하는 꽃인 보히니아를 형상화한 황금 조
형물이 있어 이런 이름이 붙었다. 매일 아
침 오전 7시 50분 국기 게양식이 진행되
며, 매달 1일 같은 시각 특별 공연을 선보
인다.

🚶 MTR 완차이역 A1출구에서 도보 10분
📍 1 Expo Dr, Wan Chai
📷 22.28442, 114.1739

센트럴 플라자 Central Plaza

홍콩 최고의 무료 전망대

홍콩에서 세 번째로 높은 빌딩으로, 76층부터 78층까지
무료 전망대를 개방한다. 1층에서 엘리베이터를 타고 46
층 스카이 로비에 내린 후 전망대 전용 엘리베이터로 갈아
타면 되는데, 46층 로비에서도 근사한 파노라마를 감상할
수 있다.

🚶 MTR 완차이역 A1출구에서 에스컬레이터를 이용해 메인 로비
로 이동 📍 Central Plaza, 18 Harbour Rd, Wan Chai 🏠 www.
centralplaza.com.hk 📷 22.2799, 114.17372

홍콩 아트 센터 Hong Kong Arts Centre

홍콩 예술의 모든 것

1977년 개관한 복합 문화 예술 공간으로, 다양한 장르의
전시와 공연이 열린다. 센트럴 플라자, 홍콩 컨벤션 센터
와 가까워 오가는 길에 들르면 좋다. 홍콩은 3월 내내 아트
페스티벌이 열리므로 미리 홈페이지를 확인해 괜찮은 전
시나 공연이 있는지 알아두자.

🚶 MTR 완차이역 C출구에서 도보 10분 📍 2 Harbour Rd, Wan
Chai ⏰ 08:00~23:00 📞 +852 2582 0200 🏠 hkac.org.hk
📷 22.28014, 114.17082

리퉁 애비뉴 Lee Tung Avenue

완차이를 대표하는 쇼핑 거리

세련된 유럽 풍 건축물이 즐비한 쇼핑 거리. 시카고 그릴 식당 댄 라이언(Dan Ryan 's)에서 150m가량 남북으로 길게 이어져 있다. 2015년 새로운 완차이 건설을 목표로 탄생한 곳으로, 낡은 건물을 찾아볼 수 없을 뿐더러 입점한 업체들도 전부 트렌디하다. 미국 화장품 브랜드 베네피트 코스메틱스, 뉴욕 기반 패션 브랜드 비비안 탐, 일본 제과점 요쿠모쿠가 대표적. 더 폰을 바라보고 왼쪽에 있으며 귀여운 석상이 출입구에 정겹게 자리하고 있어 찾기 쉽다.

🚶 MTR 완차이역 A3출구에서 도보 5분 📍 200 Queen's Road East, Wan Chai
🕐 10:00~22:00 🏠 www.leetungavenue.com.hk 📷 22.27573, 114.17218

스타 스트리트 Star Street

고급스럽게 그러나 차분하게

완차이에서 조용히 산책할 만한 곳을 고른다면 스타 스트리트 만한 데가 없다. 세인트 프랜시스 스트리트에서 시작해 람보르기니 매장에 이르는 구역을 포괄한다. 분위기 있는 카페와 레스토랑, 의류 매장이 있어 서울의 청담동 분위기도 살짝 난다. 인근 선 스트리트, 문 스트리트 역시 독특한 매력이 있다. 침사추이와 센트럴에 싫증을 느낀 사람들이 대안으로 많이 찾는다. 침사추이에 있는 스타의 거리(Avenue of Stars)와 헷갈리지 않도록.

🚶 MTR 완차이역 B1출구에서 도보 15분 📍 Star St, Wan Chai
📷 22.27613, 114.1683

08
구 완차이 우체국 Old Wan Chai Post Office

바로크 스타일의 우체국

홍콩에서 가장 오래된 우체국이자 완차이 유일의 역사 기념물. 1915년부터 1992년까지는 우체국으로, 지금은 환경보호 홍보관으로 사용 중이다. 바로크 양식을 따르는 L자형 건축물로, 퀸즈 로드 이스트 대로에 위치해 있다. 박공지붕과 몰딩 처리한 건물 끝이 눈여겨볼 만하며 여행자를 위해 내부에는 전부터 사용하던 붉은색 사서함을 전시해두고 있다.

🚶 MTR 완차이역 A3출구에서 도보 7분 📍 221 Queens Rd E, Wan Chai 🕐 10:00~17:00(화 휴관) 📞 +852 2893 2856
🏠 www.epd.gov.hk 📍 22.2743, 114.17329

09
더 폰 The Pawn

전당포 건물에서 완차이의 상징으로

완차이의 상징이라 할 수 있는 더 폰은 1888년 완공된 유서 깊은 건축물이다. 폰이라는 이름은 당시 이 건물에 '우청전당포'가 세 들어 있던 데서 연유한다. 2007년 대대적인 리모델링을 거쳐 현재 이곳에는 '우청티하우스(Woo Cheong Tea House)' 등 레스토랑과 바가 자리 잡고 있다. 건물은 광동식과 서양식의 절충으로 창문 발코니는 프랑스 스타일을 따랐다. 옥상은 엘리베이터로 이동할 수 있으며 오전 11시부터 오후 8시까지 개방한다.

🚶 MTR 완차이역 A3출구에서 도보 5분 📍 62 Johnston Rd, Wan Chai
🕐 11:00~20:00 📞 +852 2866 3444 📍 22.27631,114.17146

10
블루 하우스 Blue House

국가가 보호하는 개인 주택

1920년대 지어진 일반 주택으로 홍콩의 준문화재로 지정돼 있다. 민간 주택임에도 문화재로 지정될 수 있었던 것은 블루 하우스가 통라우(唐樓)의 전형을 보여주는 귀중한 사례로 인정받았기 때문이다. 통라우는 19세기 중반 유행하던 중국식 다세대 주택을 일컫는다. 100여 년의 세월을 지나면서 많이 낡은 것을 최근 새로 단장했다. 1층은 과거 홍콩의 일반 가정의 모습을 엿볼 수 있는 홍콩집 이야기 박물관(香港故事館)으로 운영한다.

🚶 MTR 완차이역 A3출구에서 도보 7분 📍 G/F, No. 72A Stone Nullah Lane, Wan Chai 🕐 10:00~18:00 📞 +852 2833 4608
📍 22.273996, 114.174097

타이윤 시장 Tai Yuen Street Market

현지인이 선호하는 재래시장

몽콕에 여행객을 위한 시장이 많다면, 완차이 타이윤 시장은 현지인이 선호하는 재래시장이다. 다양한 길거리 음식을 맛볼 수 있으며 완구거리로 불릴 만큼 장난감 가게가 밀집되어 있어 아동용 선물을 고르기에 제격이다. 흥정은 필수.

🚶 MTR 완차이역 A3출구에서 횡단보도 건너 바로
📍 Tai Yuen St, Wan Chai 🕐 10:00~22:00(상점마다 다름) 🎯 22.27552, 114.17329

호프웰 센터 Hopewell Centre

전망 엘리베이터에서 바라보는 홍콩 야경

홍콩 마천루 숲의 높이 경쟁에서는 10위권 밖으로 다소 밀려나 있지만 1989년까지만 해도 인근에서 가장 높은 빌딩이었다. 호프웰 센터(216m)의 자랑은 통유리 외벽을 따라 설치된 전망 엘리베이터. 17층에서 탑승할 수 있으며 56층까지 올라갔다가 그대로 타고 내려오면 된다. 이용료는 무료이다. 한편 62층에 자리 잡은 그랜드 뷔페(The Grand Buffet)는 홍콩 유일 360도 회전 레스토랑으로 전망과 미식을 동시에 즐길 수 있다. 뷔페 이용 요금은 1인 HK$2180이다.

🚶 MTR 완차이역 A3출구에서 도보 7분 📍 183 Queen's Rd E, Wan Chai
🕐 전망대 월~금 09:00~17:00(토, 일 휴무) 📞 +852 2527 7292
🏠 www.hopewellcentre.com 🎯 22.27467, 114.1717

훙힝 토이 Hung Hhing Toys 鴻興玩具

추억의 아톰과 만나다

타이윤 시장 내 자리한 완구점이다. 인기 애니메이션 캐릭터인 '아톰'과 관련 다양한 피규어를 갖추고 있다. 아톰 마니아에게 관련된 천국과 같은 곳. 한화 1만 원대 플라스틱 아톰부터 130만 원을 호가하는 TZKA-007N 합금 아톰까지 가격 스펙트럼이 넓다. 그 외 슈퍼카나 캐릭터 장난감을 다채롭게 구비하고 있으며 전 세계적으로 신드롬을 일으킨 넷플릭스 한국 드라마 〈오징어 게임〉 캐릭터 피규어도 만날 수 있다.

🚶 MTR 완차이역 A3출구에서 도보 3분 📍 19C Tai Yuen St, Wan Chai 🕐 10:00~20:00 📞 +852 2891 4739
🏠 www.hunghingtoys.com 🎯 22.2759365,114.1319274

01
오보 OVO

식물이 있는 비건 카페 & 레스토랑

문화재로 지정된 구 완차이 시장 건물 1층에 자리한 비건 카페 & 레스토랑이다. 상호는 채식주의자 가운데 유제품은 먹지 않지만, 달걀은 허용하는 오보(OVO)에서 따 온 것이다. 육류를 취급하지 않으므로 콩고기로 만든 햄버거와 샐러드류, 채소 토핑 피자를 선보인다. 작은 식물원에 들어온 듯 다양한 꽃과 화초가 자라고 있어 앉아 있는 것만으로도 힐링이 된다.

✕ 올데이 브랙퍼스트 HK$148. 커리 락사 누들 HK$138, 아메리카노 Hot HK$35, Iced HK$38 🚶 MTR 완차이역 A3 출구에서 도보 6분 📍 G/F, 1 Wan Chai Road, Wan Chai
🕐 11:30~21:30 📞 +852 6511 4051 🏠 www.facebook.com/OVOCAFE.green 📍 22°16'28.4"N 114°10'27.1"E

02
보스톤 Boston 波士頓

소고기 꼬치구이의 깊은 맛

1966년부터 3대에 걸쳐 오래 운영해온 홍콩 최고의 경양식집. 홍콩 사람이라면 누구나 알 정도로 유명하지만 별도의 지점은 운영하지 않는다. 다양한 메뉴 중 '소고기 꼬치 직화구이'가 가장 유명하다. 긴 쇠꼬챙이에 두툼한 고기덩이를 꽂고 중국술에 불을 붙여 직화로 구워낸 기묘한 스테이크는 믿을 수 없을 만큼 연하고 맛도 깊다. 고기가 구워지는 과정을 구경할 수 있어 보는 재미까지 있다.

✕ 소고기 꼬치 직화구이(Beef Brochette Flambe) HK$221, 안심 스테이크(Beef Tenderloin) HK$218 🚶 MTR 완차이역 A2출구에서 도보 5분 📍 3 Luard Rd, Wan Chai
🕐 월~토 08:00~23:00, 일 11:00~23:00
📞 +852 2527 7646 📍 22.27672, 114.17142

N1 커피 & Co. N1 Coffee & Co.

힙한 외관이 돋보이는 카페

완차이 호젓한 골목에 자리한 카페. 수준급의 로스팅 실력에 깔끔한 라테아트 실력을 지니고 있다. 홍콩 세 개 지점 가운데 완차이 점이 가장 유명한 것은 잡지 표지로 써도 될 것 같은 힙한 외관 때문이다. SNS에 게시물이 많이 올라오는 인기 카페인데 실내 인테리어에도 공을 많이 들여 이것저것 구경할 게 많다. 파스타와 당근케이크 같은 간단한 식사류도 주문 가능하다.

✕ 카페라테 레귤러 HK$40, 아메리카노 레귤러 HK$32, 시금치 피자 한 조각 HK$58, 슬라이스 당근케이크 HK$35 ✦ MTR 완차이역 A1출구에서 도보 5분 ♥ G/F, 229 Jaffe Road, Wan Chai ⏰ 월~금 08:00~17:00, 토 및 공휴일 09:00~18:00(일요일 휴무) 📞 +852 2668 0082 🏠 www.n1coffee.hk ⊚ 22°16'44.8"N 114°10'34.2"E

호놀룰루 커피숍 Honolulu Coffee Shop 檀島咖啡餅店

차찬텡의 산 증인

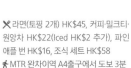

1940년 개업해 80년 넘게 완차이를 지켜온 차찬텡의 살아 있는 역사라고 할 수 있다. 영화 〈크로싱 헤네시(Crossing Hennessy)〉에서 탕웨이와 장학우는 헤네시 로드에 있는 이곳 호놀룰루 커피숍에서 사랑의 교감을 나눈다. 메뉴로는 밀크티, 에그타르트, 파인애플 번, 라면 등이 있다. 밀크티가 워낙 유명하다 보니 제품으로 출시되기도 했다. 홀에 표시된 '自取餐紙 每張 $1'라는 문구는 반찬 적는 종이 하나에 HK$1(한화 170원)라는 뜻이다. 작은 종이 한 장까지 돈을 내야 한다니 문화가 달라도 너무 다르다는 것을 실감하게 된다.

✕ 라면(토핑 2개) HK$45, 커피·밀크티·원앙차 HK$22(Iced HK$2 추가), 파인애플 번 HK$16, 조식 세트 HK$58 ✦ MTR 완차이역 A4출구에서 도보 3분 ♥ 176~178 Hennessy Rd, Wan Chai ⏰ 07:00~22:00 🏠 www.honolulu.com.hk 📞 +852 2575 1823 ⊚ 22.27752, 114.17395

05 룽딤섬 龍點心

만화 같은 인테리어와 독특한 딤섬

보석을 연상시키는 투명한 보랏빛 딤섬, 나무 잎사귀를 연상시키는 초록 딤섬, 블랙과 골드가 어우러지는 고급스러운 모양의 딤섬 등 룽딤섬에서는 재밌는 모양의 딤섬을 맛볼 수 있다. 맛도 매우 흥미로운데 보랏빛 사각 딤섬 안에는 트러플을 비롯한 다양한 버섯이 들어가 있다. 만화 속 세상에 들어와 있는 것 같은 알록달록한 실내 인테리어 역시 룽딤섬을 찾게 되는 이유 중 하나다. 주문은 탁자 위에 표시된 QR 코드로 할 수 있다. 음식 사진을 보고 메뉴를 선택할 수 있어 외국인도 편리하게 주문 가능하다.

✖ 트러플 모듬 버섯 만두(Truffle Assorted Fungus Dumpling) HK$38, 커스터드 번 HK$38 ✦ MTR 완차이역 A2 출구에서 도보 5분 ♥ G/F, 216-218 Hennessy Road, Wan Chai ⏰ 07:00~00:00 ✆ +852 2338 2318 ⌖ 22°16'39.2"N 114°10'30.4"E

06 캄스 로스트 구스 Kam's Roast Goose 甘牌燒鵝

10년째 미쉐린 1스타를 받은 곳

거위 바비큐 전문 레스토랑. 2015년부터 2024년까지 10년 동안 미쉐린 1스타를 놓치지 않고 있다. 껍질이 바싹하고 육질은 촉촉하며 잡냄새도 없는 거위 바비큐를 맛보기 위해 오전에 문을 열 때부터 닫는 순간까지 손님이 줄을 선다. 웨이팅이 길다 보니 사람들도 실내에 앉기보다 포장을 선호한다. 밥이나 국수와 함께 먹는 게 보통이지만 안주로도 제격이다.

✖ [캄스 로스트 구이] 포장 반 마리 HK$330, 한 마리 HK$600 ✦ MTR 완차이역 A2출구에서 도보 5분 ♥ G/F, 226 Hennessy Road, Wan Chai ⏰ 11:30~21:30 ✆ +852 2520 1110 ⌂ www.krg.com.hk/!en ⌖ 22°16'39.5"N 114°10'31.1"E

커피 아카데믹스 Coffee Academics

바리스타를 양성하는 로컬 커피집

까다로운 홍콩 커피 애호가의 입맛을 충족시키는 로컬 브랜드 커피숍. 커피를 상징하는 다갈색 인테리어, 각종 커피 관련 도구들과 진한 원두 향이 여행자의 마음을 편안하게 해준다. 상호에서 알 수 있듯 전 매장에서 바리스타 교육이 이루어진다. 오키나와 산 흑설탕을 넣은 오키나와 커피, 뉴질랜드산 꿀을 넣은 마누카 커피, 테킬라의 원료 아가베를 넣은 아가베 커피 추천.

🍴 오키나와·마누카·아가베·자바 커피 HK$58, 플랫화이트 HK$55 🚶 MTR 완차이역 B2출구에서 도보 4분 📍 G/F, 35 Johnston Road, Wan Chai 🕐 08:00~18:00 📞 +852 2154 1180 🏠 www.the-coffeeacademics.com 🌐 22°16'36.7"N 114°10'15.1"E

프론 누들숍 Prawn Noodle Shop 蝦麵店

얼큰한 국물이 그리울 때

홍콩은 고기국수가 유명하지만 시푸드 누들도 못지않게 탁월하다. 프론 누들숍에서는 매운 새우 육수와 매운 커리 락사 육수 가운데 하나를 고를 수 있다. 매운 새우 육수를 선택하면 짬뽕을 연상시키는 비주얼에 얼큰한 국수가 대접에 가득 담겨 나온다. 매운맛이 그리울 때 선택하면 좋은 메뉴. 어떤 육수를 선택하든 큼직한 새우가 딸려 나오는 것에는 변함이 없다.

🍴 슬라이스 고기국수(Prawn with Sliced Meat Noodle), 새우 육수 HK$69, 커리 락사 육수 HK$71 🚶 MTR 완차이역 A3출구에서 도보 10분 📍 Shop 3, Rialto Building, 2 Landale St, Wan Chai 🕐 11:30~20:30 📞 +852 2520 0268 🌐 22.27704, 114.16944

모던 차이나 레스토랑 Modern China Restaurant 金滿庭

샤오룽바오와 탄탄면의 지존

리퉁 애비뉴에 자리한 현대적이고 고급스러운 중국 레스토랑. 금박 장식 메뉴판, 정갈한 테이블보 등 세심한 홀 꾸밈새가 돋보인다. 주인장 진(金) 씨는 어머니의 손맛을 찾아 전국을 헤맨 끝에 2002년, 각 지역의 미식을 현지화하는 데 성공했다. '고품격의 정통 베이징·쓰촨·상하이 요리'를 모토로 하는 만큼 요리의 가짓수가 절대적으로 많아 결정장애에 빠질 수 있다는 게 단점. 하지만 샤오룽바오와 탄탄면은 자타공인 최고의 맛으로 인정받고 있는 만큼 고민 없이 선택하면 된다. 메뉴판에 매운 정도를 나타내는 고추 개수와 인기 정도를 뜻하는 엄지손가락 표시가 있으니 주문 시 참고하자.

✕ 탄탄면(Tan Tan Noodle in Spicy Soup) HK$68, 샤오룽바오 5개 HK$63, 8개 HK$96
🚶 MTR 완차이역 B2출구에서 도보 4분
📍 G01, 04, 05&F01A, G/F, Lee Tung Ave, 200 Queen's Road East, Wan Chai
🕐 11:45~22:00(브레이크 타임 16:00~17:30)
📞 +852 2388 3666 🏠 www.mdchr.com
📲 22.2755444,114.1695895

푹람문 Fook Lam Moon 福臨門

홍콩 사람들이 특별한 날 식사하는 곳

1972년 개업한 미쉐린 2스타 맛집. 장국영 단골집으로 유명한 이곳은 비둘기, 샥스핀, 제비집 등 귀한 식재료를 사용해 광둥 요리계의 선구자로 불린다. 건물 1층 인포메이션에서 좌석 여부를 확인하자. 점심에만 판매하는 딤섬 메뉴는 일대에서 최고라고 할 수 있다. 딤섬 주문 시 절임 채소(HK$70) 등 기본 반찬이 나오며 비용이 추가된다.

✕ 슈마이(Pork Dumplings with Crab Roe) HK$70, 로마이까이(Glutinous Rice in Lotus Leaf with Chicken and Conpoy) HK$70 🚶 MTR 완차이역 B2 출구에서 도보 5분, 더 폰 건너편
📍 Shop 3, GF, Newman House, 35-45 Johnston Road, Wan Chai 🕐 점심 11:30~15:00(Last Order 14:30), 저녁 18:00~23:00(Last Order 22:00) 📞 +852 2866 0663
🏠 www.fooklammoon-grp.com 📲 22.27686, 114.17092

캐피탈 카페 Capital Cafe 華星冰室

스타 헌정 메뉴가 있는 차찬텡

젊은 층이 특히 많이 찾는 차찬텡. 캐피탈이라는 명칭은 1980~90년대 홍콩을 들었다 놨다 하던 배우 알란탐·장국영·매염방의 소속사 '캐피탈 아티스트'에서 따왔다. 실제로 그곳에 근무하던 직원이 이 가게를 오픈했다고 한다. 이곳 시그니처 메뉴는 스크램블 달걀 토스트 위에 블랙 트러플을 토핑한 '교장 토스트'다. 1980년대 홍콩에서 알란 탐의 인기는 상상을 초월할 정도로 '런미(伦迷)'라 불리는 팬덤을 몰고 다녔다. 1985년 여름 알란탐은 홍콩 체육관에서 20회 연속 콘서트를 진행했는데 여름방학 기간 거의 매일 열리는 이 콘서트가 꼭 음악 보충수업 같다며 스스로를 탐 교장이라 불렀다. 여기서 그의 별명이 나왔고 그를 기리는 의미에서 교장 토스트가 탄생했다.

✘ 교장 토스트(Principle Toast) HK$53, 리조토(Baked Rice) HK$63, 밀크티 HK$22 🚶 MTR 완차이역 A3 출구에서 도보 10분 ◉ Shop B1, G/F. Kwong Sang Hong Bldg. 6 Heard Street, Wan Chai ◷ 일~목 07:00~21:00, 금, 토 07:00~22:00 📞 +852 2666 7766 ◉ 22.27763, 114.17722

22 십스 22 Ships

이토록 산뜻한 상그리아

라즈베리로 만든 레드 상그리아와 사과, 라임으로 만든 화이트 상그리아가 특기인 곳. 산뜻한 과일 향과 톡 쏘는 청량감이 여행객들의 취향을 저격한다. 식사보다는 맛있는 안주에 곁들여 가볍게 한 잔 하기 좋은 곳. 브런치 메뉴도 꽤 훌륭하다.

✘ 타파스류 HK68~, 루비아 비프(Rubia Beef) HK$668, 세리주 HK$38 🚶 MTR 완차이역 A3 출구에서 도보 7분 ◉ 22 Ship St, Wan Chai ◷ 화~목 18:00~22:00, 금 18:00~23:00, 토, 일 12:00~15:00, 18:00~23:00(월요일 휴무) 📞 +852 2555 0722 🏠 www.22ships.hk ◉ 22.275902, 114.170786

모노클숍 Monocle Shop

모노클 매거진은 세상에 존재하는 모든 트렌드를 좇는 콘셉트의 잡지로, 비즈니스, 문화, 디자인, 여행, 시사 등 다방면에 걸친 주제를 담아 시대를 통찰한다. 흥미롭게 도 매거진의 스타일을 그대로 이어받은 모노클숍이 뉴욕, 런던, 도쿄, 홍콩 등 전 세 계 주요 도시에 들어서고 있다. 엄선된 브랜드와 자체 제작한 물품만 판매하는 믿음 가는 편집숍이다.

🏃 MTR 완차이역 B1출구에서 도보 10분, 스타 스트리트 가는 길 세인트 프랜시스 스트리트에 위치 📍 1-4 St. Francis Yard, Wan Chai 🕐 월~토 11:00~19:00, 일 12:00~18:00 📞 +852 2804 2323 🏠 monocle.com/about/contacts/monocle-shop-hong-kong/ 📍 22.27612, 114.16925

코즈웨이
베이
BEST 5

01 패션워크
둘러보기

02 눈데이건
발포 구경

03 하이산 플레이스
쇼핑

04 이슌 밀크컴퍼니
우유 푸딩

05 빙키에서
토스트, 라면

1 침사추이
2 몽콕
3 성완 & 센트럴
4 완차이
5 코즈웨이 베이
6 옹핑

쇼퍼들의
성지

코즈웨이 베이
Causeway Bay

세계에서 임대료가 가장 비싼 거리로 꼽히는 코즈웨이 베이에는 내로라하는 패션가와 명품 쇼핑몰이 자리한다. 패션, 라이프 스타일, 맛집을 총망라한 리가든스 원투식스(One to Six)부터 패션워크, 하이산 플레이스까지. 그뿐인가. 빅토리아 공원과 타이항이 있어 첨단과 자연, 화려함과 소박함을 동시에 만끽할 수 있다.

ACCESS

공항에서 가는 법

○ **공항**
  AEL(공항고속철도) ① 24분 HK$115

○ **홍콩역**

  MTR 또는 트램(트램 탑승 시 패터슨 스트리트(Paterson Street) 하차)

○ **코즈웨이 베이**

  홍콩역 ↔ 코즈웨이 베이 구간은 요금과 접근성에 있어 MTR보다 트램이 편리하다.

○ **공항**

  A11(공항 버스) ① 60분~ HK$40

○ **코즈웨이 베이**

  빅토리아 파크(Victoria Park, Causeway Bay)에서 하차

코즈웨이 베이
상세 지도

본문에 표시한 각 스폿의 GPS 번호로 검색하면 보다 빠르고 정확한 위치를 검색할 수 있습니다.

📷 SEE

01 빅토리아 공원　　**02** 눈데이건

🍴 EAT

01 빙키　　　　　　**09** 글리 카페
02 매치박스　　　　**10** 엘리펀트 그라운즈
03 폴 라파예트　　　**11** 비첸향
04 마스터 비프　　　**12** 타이힝
05 티엠톤　　　　　**13** 이슌 밀크컴퍼니
06 팻 보이 누들숍　　**14** 안남
07 호흥키　　　　　**15** 킹스 딤섬
08 페퍼 런치

🎁 SHOP

01 타임스 스퀘어　　**05** 리 가든스
02 하이산 플레이스　**06** 패션워크
03 소고　　　　　　**07** 프랑프랑
04 나이키 랩　　　　**08** 마리메코

엑스포 프롬나드

완차이 페리 터미널

Expo Dr E

Convention Ave

Harbour Rd

Gloucester Rd

Jaffe Rd

Lockhart Rd

완차이

Hennessy Rd

Johnston Rd

Queen's Rd E

201

빅토리아 공원 Victoria Park

1957년 건립된 공원. 당시 홍콩은 가속화된 개발 러시로 산업 폐기물과 건축 폐자재가 넘쳐나는 상태였다. 이를 해결하기 위해 홍콩정부는 코즈웨이 베이 연안 매립지에 폐기물을 묻고 그 위에 공원을 세우는 방안을 세웠다. 빅토리아 공원이라는 이름은 황후상 광장에 있던 빅토리아 여왕 동상을 이곳으로 이전한 데 따른 것이다. 수영장, 축구장, 조깅 트랙이 갖추어져 있으며 드넓은 잔디밭을 배경으로 즐겁게 뛰노는 아이들과 태극권을 하러 나온 시민들을 볼 수 있다. 매주 토·일요일이면 신나는 모형 보트 경주가 펼쳐지고 휴일을 맞아 동남아에서 온 가사도우미들이 소풍을 즐기는 모습이 장관을 이룬다.

🚶 MTR 코즈웨이베이역 F2출구에서 도보 5분 📍 1 Hing Fat St, Cause way Bay 🕐 24시간 개방 📞 +852 2890 5824 🏠 www.lcsd.gov.hk/en/parks/vp/ 🌐 22.28149, 114.18927

눈데이건 Noon Day Gun

해적의 공격에 대비해 1860년 설치한 방어용 대포. 일본 식민지 시대 잠시 철거되었으나 1945년 홍콩 해방을 맞아 영국 해군이 6파운드짜리 새 대포를 제공했다. 소음 문제로 지금은 3파운드 속사포가 그 자리를 대신하고 있다. 일제 강점기를 제외하고 170여 년 동안 매일 정오에 포를 쏘아 올렸다. 홍콩이 중국에 반환되기 전까지는 영국군 포병이 포를 쏘았지만 지금은 중국군이 포를 쏜다. 발포 후 20분간 포대를 개방하므로 자유로이 사진을 찍을 수 있다.

🚶 MTR 코즈웨이베이역 D1출구에서 도보 10분, 엑셀시어 호텔 정문 맞은편 윌슨 지하 주차장으로 이동 후 트레이드 센터 앞 지하도로 통과 📍 Jardine Noonday Gun, Gloucester Road, Causeway Bay 🕐 12:00~12:20(포대 개방 시간) 🌐 22.28256, 114.18375

01

빙키 | Bing Kee 炳記茶檔

아침 7시에 문을 열어 오후 3시에 문을 닫는 전형적인 다이파이동 차찬텡이다. 홍콩 로컬 스타일의 아침 식사를 취급하며 버터와 연유를 올린 홍콩식 토스트로 유명하다. 닭고기 육수에 숯불 돼지고기가 토핑된 시그니처 라면 '폭찹 누들'도 인기 메뉴. 기본 면은 HK$14이지만 보통 두 가지 토핑을 얹어 HK$24에 판매한다. 세 가지 토핑 국수는 HK$30. 폭찹 누들을 기본으로 햄, 달걀 프라이, 소시지 등을 추가로 토핑할 수 있다. 오로지 벽에 걸린 한자 메뉴판을 보고 주문해야 하므로 미리 사진을 준비해 가서 보여주는 게 좋다. 아니면 二, 三, 蛋(달걀), 多(토스트), 豬(돼지고기), 火腿(햄)와 같은 한자를 보고 눈치껏 주문하면 된다. 홍콩의 차찬텡에서는 휴지를 가게에 요구할 경우 비용을 내야 하므로 미리 챙겨 가는 게 좋다.

✕ 토스트(奶油多) HK$14, 핫 밀크티(熱奶茶) HK$20, 아이스 밀크티(凍奶茶) HK$22, 폭찹 누들(豬扒麵/米粉) HK$24 🏃 MTR 틴하우역 B출구에서 도보 8분, MTR 코즈웨이베이역 F1출구에서 도보 12분 📍 5 Shepherd Street, Tai Hang 🕐 07:00~15:00 📞 +852 2577 3117 📧 22.27848, 114.19218

02

매치박스 Cafe Match Box 喜喜冰室

레트로 감성의 신세대 차찬텡

코즈웨이 베이 번화가에 자리 잡은 매치박스는 홍콩식 카페인 빙셧이다. '빙셧'은 에어컨이 나오는 시원한 방이라는 뜻인데 에어컨이 귀하던 시절, 시원한 바람을 쐬며 차를 마실 수 있는 곳이라는 뜻에서 카페를 이렇게 불렀다. 또한 '매치박스'는 성냥을 뜻하는 말이지만 매치(match)는 서로 잘 어울리게 한다는 뜻도 된다. 이름처럼 매치박스는 서구식 메뉴가 현지화한 공간이자 사람들이 한 데 어울려 음식과 담소를 나누는 곳이다. 유서 깊은 식당이라기보다 레트로 감성의 신세대 차찬텡에 가까운데 내부를 채우고 있는 커튼·식탁보·의자·타일은 오래된 것이 아니라 오래돼 보이도록 세심하게 연출한 것이다. 홍콩 퍼블릭 버스를 통째로 옮긴 것 같은 좌석 배치와 영화 〈화양연화〉에 나올 것 같은 실내 공간이 지난 시절의 향수를 자극한다. 주말 및 공휴일 오전 11시 30분 이후에는 봉사료 10%가 부과된다.

✕ [조식 메뉴] 샌드위치 세트 HK$35, 토스트 세트 HK$32
🏃 MTR 코즈웨이베이역 E출구에서 도보 4분 📍 Shop C&D, G/F, Fashion Walk, 57 Paterson St, Causeway Bay ⏰ 07:30~21:45
📞 +852 2868 0363 🏠 www.cafematchbox.com.hk
🌐 22°16'55.3"N 114°11'04.4"E

03

폴 라파예트 Paul Lafayet

현지화에 성공한 마카롱 전문점

유명 파티쉐를 내세워 오리지널 프랑스의 맛을 강조하는 타 브랜드와 달리 폴 라파예트는 프랑스식 기본 베이킹에 얼그레이나 우롱차 같은 중국 재료를 첨가해 현지화에 주력하고 있다. 가격까지 합리적. 마카롱 외에 초콜릿 케이클린, 크렘브륄레, 타르트 등 다양한 프랑스 과자를 취급한다. 특히 달걀 커스터드 디저트 크렘브륄레를 주문하면 현장에서 토치로 살짝 구워주기 때문에 눈까지 즐겁다. 마카롱은 2개부터 24개까지 담을 선물상자가 마련되어 있다.

✕ 마카롱(12개) HK$308, 크렘 브륄레 HK$50 🏃 MTR 코즈웨이베이역 A출구에서 연결, 타임스 스퀘어 내 지하 1층
📍 City'Super, B1F, Times Square, 1 Matheson St, Causeway Bay
⏰ 10:00~22:00 📞 +852 3421 1982
🏠 www.paullafayet.com
🌐 22.27837, 114.18237

04

마스터 비프 Master Beef 牛大人

앵거스와 와규가 무제한 제공

대만식 핫팟의 정수를 맛볼 수 있는 곳. 늘 대기자가 있을 만큼 현지에서 높은 인기를 누리고 있다. 입맛에 따라 원하는 재료를 골라 먹을 수 있고 신선한 고기도 무한 리필된다. 양고기, 돼지고기, 소고기, 닭고기 그야말로 온갖 고기를 다 맛볼 수 있으며 소고기 중에서도 앵거스·와규 같은 고급 재료를 제공한다. 뿐만 아니라 홍콩 특유의 독특한 식재료도 골고루 체험해 볼 수 있다. 입장하기 전에 육수를 선택하는 절차가 있다. 매운맛과 순한맛 가운데 고를 수 있으며 둘 다 원할 경우 1인당 HK$25를 추가하면 음양 냄비에 준비해 준다. 채소와 면·소스는 셀프로 담아오고, 고기는 마스터 비프 QR 코드를 통해 주문하면 된다.

✕ 기본 코스 HK$252(19:30 이전 HK$228, 19:30~23:00 HK$208, 23:00 이후 HK$248) 🚶 MTR 코즈웨이베이역 C출구에서 도보 2분 📍5/F, Causeway Bay Plaza 2, 463-483 Lockhart Road, Causeway Bay ⏰월~목 12:00~23:00(브레이크 타임 16:00~17:00), 금~일 12:00~00:00(브레이크 타임 16:00~17:00) 📞+852 3953 9340 🏠masterbeef.hk
⊘22°16'50.0"N 114°10'55.7"E

05

티엠톤 TEEMTONE

달지 않고 고급스러운 맛

알록달록한 색채와 재밌는 콘셉트로 인기를 끌고 있는 젤라토 가게. 침사추이 팝업 매장이 하이산 플레이스로 이전했다. 이곳의 젤라토는 달지 않고 부드러워 많이 먹어도 질리지 않는다. 망치로 두드려 초콜릿 케이스를 깨면 아이스크림이 나타난다거나, 폭탄이나 무지개떡으로 위장한 아이스크림 케이크 등 이벤트용으로 좋은 메뉴를 다양하게 선보이고 있다.

✕ 싱글 스쿱 HK$50, 더블 스쿱 HK$70, 패밀리 사이즈(500mL) HK$180 🚶 MTR 코즈웨이베이역 F2출구에서 바로 📍B1/F, Hysan Place, 500 Hennessy Rd, Causeway Bay ⏰일~목 10:00~22:00, 금, 토 10:00~23:00 📞+852 6335 5677 🏠www.facebook.com/TeemToneFai ⊘22°16'47.4"N 114°11'01.7"E

팻 보이 누들 숍 Fat Boy Noddle Shop 肥仔記麵家　　　　한가하게 앉아 있기 좋은 동네 국수 가게

소박한 분위기의 국수 가게. 영어 메뉴판은 없지만 여기저기 음식 사진이 붙어 있어 메뉴 고르는 데는 문제 없다. 음식 가격도 큼지막하게 벽에 붙어 있다. 이 집의 가장 좋은 점은 외부 테이블이 있어 시원한 밤공기를 씌며 국수를 먹을 수 있다는 것이다. 한가하게 앉아 있기 좋은데 편하게 담배를 피울 수 있도록 재떨이도 놓여 있다. 현금만 받는다.

✕ 기본 국수 HK$34, 토핑 2 HK$42, 토핑 3 HK$50, 온차 HK$8, 냉차 HK$10 🏃 MTR 코즈웨이베이역 F1출구에서 도보 2분 ♥ G/F, 40 Fuk Hing Lane, Causeway Bay 🕐 09:00~00:00 📞 +852 2416 0318 🏠 fatboynoodle.shop 🌐 22°16'45.8"N 114°11'06.0"E

호흥키 Ho Hung Kee 何洪記　　　　국수 하나로 미쉐린 별을 따다

미쉐린 1스타를 받은 전통 국수 가게다. 홍콩에는 수많은 미쉐린 레스토랑이 있지만, 국수 하나로 미쉐린 스타를 획득한 식당은 드물다. 사람들은 호홍키를 세계에서 가장 저렴한 미쉐린 스타 식당으로 꼽는다. 호홍키의 역사는 1946년으로 거슬러 올라간다. 호치유홍(何釗洪)은 광저우 완탕면의 대부 막환치(麥煥池)에게 배운 국수 제조 기술을 바탕으로 홍콩 완차이에

완탕면을 파는 노점을 차렸다. 가게 이름은 자신의 이름 첫 글자와 마지막 글자를 따서 호홍키라고 지었다. 호홍키 완탕은 외피가 얇고 쫄깃하며 속은 부드럽고 국물은 담백해 정부 고위 인사들과 유명 배우들의 큰 사랑을 받았다. 아버지의 사업을 물려받은 그의 아들 호관밍(何冠明)은 좀 더 다채로운 메뉴를 가진 레스토랑의 필요성을 절감하고 1996년 정두(正斗)를 오픈했다. 현재 호씨 가문은 막씨 가문과 함께 홍콩에서 가장 유력한 완탕면 가문으로 이름을 떨치고 있다.

✕ 102 완탕면(House Specially Wonton Noodles in Soup) 소 HK$50, 대 HK$69, 새우 완자를 곁들인 완탕면 HK$72 🏃 MTR 코즈웨이베이역 F2출구에서 연결, 하이산 플레이스 12층 ♥ Shop 1204~1205, Hysan Place, 500 Hennessy Rd, Causeway Bay 🕐 11:30~23:00 📞 +852 2577 6060 🏠 www.facebook.com/hohungkee 🌐 22.27978, 114.18385

08
페퍼 런치 Pepper Lunch

저렴하게 즐기는 철판 요리

가성비 좋은 스테이크 맛집. 1인용 철판에 생고기와 채소를 올려 주는데 지글
거리는 소리, 하얗게 피어오르는 연기만으로 침이 꼴딱 넘어간다. 철판이 몹시
뜨겁기 때문에 5분만 기다려도 한쪽 면이 다 익는다. 이후 고기를 뒤집으면 뒷
면도 충분히 익혀 먹을 수 있다. 고기가 타지도 설익지도 않게 딱 맞춰 철판을
달구는 실력이 놀랍다. 단점은 줄이 너무 길다는 것.
하이산 플레이스 11층 푸드 플레이 그라운드
에서 맛볼 수 있다.

🍴 호주 채끝 등심 스테이크(Australian
Striploin Steak) HK$128, 소고기와
치킨 라이스 철판(Jumbo Beef and
Chicken Pepper Rice) HK$68
🚶 MTR 코즈웨이베이역 F2출구에서
도보 5분 📍 #1103, Hysan Place,
500 Hennessy Rd, Causeway Bay
🕐 11:00~21:00 📞 +852 2259 5159
🏠 www.pepperlunch.com.sg
📍 22°16'47.2"N 114°11'02.0"E

09
글리 카페 Glee Cafe 樂心冰室

지극히 홍콩다운 아침

카페는 커피라는 뜻이지만 홍콩에서 카페라고 이름이 붙은 곳은 거의 차찬텡
이다. 현지어로 빙셧(冰室)이라고 한다. 커피를 파는 곳은 'OO 커피' 하는 식으
로 구분돼 있다. 홍콩의 카페인 차찬텡에서는 토스트에 곁들인 밀크티를 판매
한다. 글리 카페는 타일로 마감된 정겨운 실내에서 홍콩 스타일의 아침 식사를
즐길 수 있는 곳이다. 토스트는 두툼하게, 뽀로바우는 통통하게 제공된다.

🍴 커피·밀크티 HK$23, 토스트류 HK$31,
파인애플 번 HK$33 🚶 MTR 코즈웨이베
이역 F1출구에서 도보 3분 📍 G/F, 54-58
Jardine's Bazaar, Causeway Bay
🕐 07:00~23:00 📞 +852 2972 7811
📍 22°16'45.0"N 114°11'08.4"E

10

엘리펀트 그라운즈 Elephant Grounds

'인싸'들의 휴식처

케빈 푼(Kevin Poon)이 패션워크에 창업한 카페다. 직접 로스팅한 양질의 커피를 선보이며 점심과 저녁에는 건강식 메뉴를 주문할 수 있다. 야외 좌석에 앉아 패션워크를 지나는 멋쟁이 젊은이들을 바라보며 차를 마시는 여유를 누리기 좋은 곳. 품질에 비해 커피가 저렴한 것으로 유명하다. 성완 등 홍콩 전역에 총 5개의 매장이 있다.

✕ 아메리카노 HK$30, 롱블랙 HK$38, 아보카도 토스트 HK$95, 아보카도 샐러드 HK$110 ⚲ MTR 코즈웨이베이역 E출구에서 도보 5분
♀ Shop C, 42~48 Paterson St Fashion Walk, Causeway Bay ⏰ 월~금 10:00~22:00, 토, 일 및 공휴일 09:00~22:00 ☎ +852 2562 8688
🏠 www.elephantgrounds.com 📍 22.28181, 114.18517

11

비첸향 Bee Cheng Hiang 美珍香

매콤 짭쪼름한 육포의 향기

1933년 싱가포르 차이나타운의 이동식 좌판에서 출발한 비첸향은 아시아 주요 도시에 거의 진출할 정도로 글로벌 기업으로 성장했다. 다양한 메뉴 가운데 동전 모양의 골든 코인, 소고기 육포, 돼지고기 육포인 박과(Gourmet Bakkwa)와 칠리 박과(Chilli Gourmet Bakkwa)의 인기가 높다. 원하는 메뉴를 골라 무게만큼 값을 지불하거나 낱개 포장 제품을 구입하면 된다.

✕ 소고기 육포(Sliced Beef) 500g HK$310, 골든 코인(Golden Coin) 500g HK$310 ⚲ MTR 코즈웨이베이역 F1출구에서 도보 5분 ♀ 2-6 Yee Wo St, Causeway Bay ⏰ 09:00~23:00 ☎ +852 2833 0128
🏠 www.bch.hk 📍 22.27988, 114.18486

12

타이힝 Tai Hing 太興

홍콩의 김밥천국

홍콩 전역을 통틀어 지점을 60개나 보유한 로컬식당이다. 우리나라 분식집 김밥천국을 연상하면 맞을 만큼 길에서 쉽게 맞닥뜨릴 수 있다. 다양한 메뉴를 취급하는데, 거위구이 덮밥이 가장 인기 있으며 그밖에 누들, 볶음밥이 많이 나간다. 밀크티, 토스트 등 간식이 생각날 때도 홍콩 사람들은 타이힝을 찾는다. 얼음 그릇에 담겨 나오는 차가운 밀크티가 시그니처 메뉴다.

✕ 거위구이 덮밥(Roast Goose Rice) HK$56, 조식 세트(마카로니국수+스크램블 토스트+밀크티) HK$41 ⚲ MTR 코즈웨이베이역 F1출구에서 도보 3분 ♀ Shop J, G/F, Po Ming Building, 49~57 Lee Garden Road, Causeway Bay ⏰ 07:00~23:30 ☎ +852 2576 8961
🏠 www.taihingroast.com.hk/ 📍 22.27852, 114.18369

13

이슌 밀크컴퍼니 YEE SHUN MILK COMPANY 义順鮮奶

이토록 고소한 우유 푸딩

홍콩에는 창의적인 맛집이 많지만 70년 역사에 빛나는 이슌 밀크컴퍼니만큼 놀라운 디저트 맛집도 드물다. 마카오에도 지점을 두고 있을 만큼 현지에서 우유 푸딩의 인기는 높은데, 이토록 맛있는 음식을, 이토록 허름한 식당에서, 이토록 오래 팔고 있다는 사실이 놀라울 뿐이다. 연두부를 떠올리게 하는 말랑말랑한 우유 푸딩은 차갑게 먹는 것이 기본이다. 그냥 먹어도 좋지만 팥고물이나 생강설탕을 첨가해 먹으면 더욱 좋다.

✕ 우유 푸딩(燉蛋雙皮奶) HK$40, 팥고물 올린 우유푸딩(紅豆雙皮奶) HK$44, 치즈 토스트(鮮宇油多士) HK$20 ☞ MTR 코즈웨이베이역 C출구에서 도보 3분 ◉ GF, 506 Lockhart Rd, Causeway Bay
◷ 12:00~23:00 ✆ +852 2591 1837 ◎ 22.28047, 114.18328

14

안남 An Nam 安南

식탁에서 떠나는 고품격 베트남 여행

리 가든스 투(Lee Gardens Two) 꼭대기에 위치한 고풍스럽고 우아한 분위기의 베트남 레스토랑. 올리브그린을 기본으로 한 오리엔탈 조명, 아오자이를 입은 종업원까지 1920년대 프랑스 식민지 시절 베트남의 어느 대저택에 들어온 듯한 느낌이다. 베트남 전통 요리에 프랑스식 조리법을 적용한 퓨전 메뉴가 특기. 동남아 음식 특유의 향이 거의 없어 편하게 즐길 수 있다.

✕ 스프링롤 HK$128, 시그니처 콤보 라이스 누들 수프 HK$148
☞ MTR 코즈웨이베이역 F1출구에서 도보 4분 ◉ 3/F, Lee Garden Two, 28 Yun Ping Road, Causeway Bay ◷ 11:30~23:30
✆ +852 2787 3922 ⌂ annam.com.hk
◎ 22.2787291,114.1443499

15

킹스 딤섬 King's Dimsum

딤섬집에서 즐기는 따뜻한 녹용탕

미니버스 차고지에 자리한 식당이다. 화려한 코즈웨이 베이 번화가와 대비되는 로컬 분위기로 꾸며져 있다. 가게 이름은 '왕의 딤섬'이지만 활짝 오픈된 점포에는 길거리 식당의 느낌이 가득하다. 그런가 하면 딤섬 전문점이면서 녹용탕과 같은 귀한 보양식을 취급한다. 녹용탕의 경우 재료가 재료인 만큼 가격이 만만치 않은데 HK$118로 비싼 편이다. 새벽 3시까지 영업해 늦은 시간에도 식사가 가능하다.

✕ 하가우 HK$40, 슈마이 HK$35, 녹용탕 HK$118 ☞ MTR 코즈웨이베이역 F1출구에서 도보 2분 ◉ G/F, 35 Jardine's Bazaar, Causeway Bay ◷ 07:00~다음 날 03:00 ✆ +852 2325 5010 ◎ 22°16'46.4"N 114°11'06.6"E

센트럴·성완

홍콩

셩완·성완

찜사추이

침사추이

몽콕

완차이

코즈웨이 베이

REAL SPOT

타임스 스퀘어 Times Square

홍콩식 만남의 광장

바늘이 늘 10시 10분을 가리키는, 시계 엠블럼으로 유명한 쇼핑몰. 규모 면에서 코즈웨이 베이 최고라 할 만하다. 유동 인구가 가장 많은 곳에 위치한 덕에 현지인 만남의 광장으로 자리 잡았다. 16개 층에 230여 개 점포가 자리 잡고 있으며 유명 브랜드는 거의 다 입점해 있다. 그런 한편 중저가 캐주얼 브랜드와 트렌디한 로컬 브랜드에 무게 중심을 두고 있어 젊은층으로부터 전폭적인 지지를 받는 중이다. 색조 화장품으로 인기를 끌고 있는 스타일난다 3CE가 입점해 있으며 타미 힐피거, 마이클 코어스와 같은 중저가 명품, 프레드 페리, 콜한과 같은 남성 브랜드가 인기를 끌고 있다.

🚶 MTR 코즈웨이베이역 A출구에서 연결 📍 1 Matheson St, Causeway Bay 🕐 10:00~22:00
📞 +852 2118 8900
🏠 www.timessquare.com.hk
📡 22.27813, 114.18215

하이산 플레이스 Hysan Place

최신 홍콩 트렌드를 엿볼 수 있는 곳

2012년 리 가든스에서 론칭한 쇼핑몰로 홍콩에서 가장 젊은 감각의 쇼핑몰로 꼽힌다. 17개 층에 걸쳐 120여 개 브랜드가 입점해 있으며 11층에 자리한 푸드코트인 키친 일레븐에는 32개의 레스토랑 및 카페가 자리하고 있다. 소니·애플과 같은 첨단 브랜드부터 슬로우 우드 마켓 같은 친환경 매장도 여러 개 입점해 있다. 카페 하비츠 더 테이블, % 아라비카, 라인 프렌즈 스토어, 샤넬 뷰티, 판도라 등 젊은 감각의 매장이 많은 것 또한 하이산 플레이스의 특징이다. 현재 홍콩에서 가장 잘나가는 브랜드가 궁금하다면 방문해 보자.

🚶 MTR 코즈웨이베이역 F2출구에서 연결
📍 500 Hennessy Rd, Causeway Bay
🕐 일~목 10:00~22:00, 금, 토 10:00~23:00
📞 +852 2886 7222 🏠 www.hysan.com.hk 📡 22.27963, 114.18392

03

소고 Sogo

통 큰 세일로 주목받는 백화점

코즈웨이 베이가 쇼핑의 메카로 자리 잡기 전인 1980년대부터 영업해 온 일본계 백화점이다. 명품부터 중저가 브랜드까지 두루 갖추고 있는 데다 일본 특유의 앙증맞은 물품과 트렌드를 앞서가는 상품 구색으로 현지인은 물론 해외여행객의 많은 인기를 얻고 있다. 다른 곳에서는 보기 힘든 일본 식자재와 향신료, 맥주, 사케 등을 구입할 수 있으며 세일을 자주하고 세일 폭이 커서 세일 기간이면 소위 '득템'을 바라는 사람들로 발 디딜 틈이 없다.

🚶 MTR 코즈웨이베이역 D2, D3, D4출구에서 연결 📍555 Hennessy Rd, Causeway Bay 🕐10:00~22:30 📞+852 2833 8338 🏠www.sogo.com.hk 📍22.28042, 114.1843

04

나이키 랩 Nike Lab

운동화 마니아라면 주목

나이키 랩은 2014년 론칭한 나이키 내 독자적인 브랜드로 전 세계 유명 패션 디자이너와의 컬래버 열풍을 만들어 낸 장본인이다. 나이키 랩 초창기 캐나다 출신 디자이너 애롤슨 휴와 함께 만든 ACG 라인이 선풍적인 인기를 끌면서 언더커버의 디자이너 준 타카하시의 '갸쿠소', 이탈리아 브랜드 '스톤 아일랜드'와의 컬래버를 이어갔다. 홍콩 코즈웨이 베이 매장은 나이키 랩 초창기에 오픈한 곳으로 나이키의 아이콘인 덩크 외 에어포스 1, 에어 조던 1, 에어맥스, ISPA와 만날 수 있다.

🚶 MTR 코즈웨이베이역 F1출구에서 도보 5분 📍7 Pak Sha Rd, Causeway Bay 🕐11:00~21:00 📞+852 2577 0703 🏠www.nike.com.hk 📍22.27904, 114.18386

05

리 가든스 Lee Gardens

방대한 리 가든스 빌리지

리 가든스는 쇼핑몰이라기보다 하나의 빌리지라고 해야 맞다. 코즈웨이 베이 일대에 리 가든스 간판을 내 건 건물만 6개. 코즈웨이 베이 남부 상권을 거의 다 흡수했다고 해도 과언이 아니다. 리 가든스는 쇼핑은 물론 비즈니스, 미식을 아우르고 있다. 특히 리 가든스 원은 구찌, 버버리, 까르띠에, 루이비통, 에르메스 등 최고가 명품 브랜드 특화 쇼핑몰로, 인기 한국 화장품 브랜드도 입점해 세계적인 럭셔리 브랜드와 어깨를 나란히 하고 있다.

🚶 MTR 코즈웨이베이역 F1출구에서 도보 5분 📍33 Hysan Ave, Causeway Bay 🕐11:00~20:00 📞+852 2907 5227 🏠www.leegardens.com.hk 📍22.278546, 114.184985

패션워크 Fashion Walk

거리 자체가 거대한 런웨이

온갖 브랜드의 집합소이자 멋을 아는 홍콩 젊은이의 놀이터다. 쇼핑 특화 지역인 코즈웨이 베이에서도 유독 패션워크가 빛나는 이유는 이곳에 들어선 숍의 수준이 평균 이상이기 때문이다. 신예 디자이너라면 패션워크에 입점했다는 사실만으로도 절반은 성공한 것으로 간주된다. 샤넬 뷰티, 로그온, 푸마, 이솝, H&M, 프랑프랑, 비비안 웨스트우드 등이 꾸준히 성업 중.

🚶 MTR 코즈웨이 베이역 E출구에서 도보 5분 📍 Great George St & Kingston St & Paterson St & Cleveland St & Gloucester Rd, causeway Bay 🕐 10:00~23:00(매장마다 다름) 📞 +852 2833 0935 🏠 www.fashionwalk.com.hk 🧭 22.280790, 114.185291

프랑프랑 Francfranc

인테리어에 덧입혀진 일본식 화사함

이케아 버금가는 명성의 인테리어 브랜드. 유럽계 브랜드가 예술적이고 심오하다면 일본계 프랑프랑은 화사하고 캐주얼하다. 주방 용품, 인테리어 소품은 물론 거실용 슬리퍼, 청소 도구 같은 생활 잡화를 취급한다. 모던하고 세련된 디자인으로 신혼부부, 싱글족의 마음을 사로잡는 중.

🚶 MTR 코즈웨이 베이역 E출구에서 도보 5분 패션워크 내 📍 Shop B, G/F & 1/F, 8 Kingston Street, Fashion Walk, Causeway Bay 🕐 월~목: 11:30~21:00, 금 11:30~21:30, 토, 일 11:00~21:30 📞 +852 3583 2528 🏠 www.francfranc.com.hk 🧭 22.281756, 114.186293

마리메코 Marimekko

북유럽 스타일의 디자인 감성

핀란드를 대표하는 라이프 스타일 브랜드. 1960년대 재클린 케네디가 애용하면서 전 세계적으로 유명해졌다. 주방 용품과 인테리어 소품, 여성 생활복 등 마리메코 제품의 특징은 바로 기하학적인 패턴 무늬. 매장을 둘러보는 동안 추상화 갤러리에 와 있는 듯한 기분이 든다.

🚶 MTR 코즈웨이 베이역 A출구에서 도보 5분 📍 42-52 Leighton Rd, Causeway Bay 🕐 11:30~20:30 📞 +852 2203 4218 🏠 www.marimekko.hk 🧭 22.27742, 114.18413

홍콩의 속살을 구경할 수 있는 곳

노스포인트
NORTH POINT

홍콩섬 동북쪽에 위치한 노스포인트는 트램 라인을 따라 명소가 자리 잡고 있어 손쉽게 방문할 수 있는 곳이다. 격변기 상하이 및 푸젠성 이민자들이 이곳에 자리 잡으면서 색다른 문화를 심어 놓았기에 홍콩 안의 또 다른 중국으로 불리는 곳이다. 특히 춘영 스트리트 마켓은 노점상 옆으로 트램이 지나는 진귀한 광경을 목격할 수 있으며 다양한 지역의 음식 문화를 맛볼 수 있어 여행의 색다른 재미를 준다. 홍콩 유명 부동산 그룹 소유의 케리 빌딩은 그 자체로 커다란 갤러리이며, 몬스터 빌딩으로 불리는 익청 빌딩은 영화 〈트랜스포머 4〉의 촬영지이기도 하다. 노스포인트는 센트럴에서 버스로 이동할 경우 해변의 아름다운 경관을, 트램으로 이동할 경우 홍콩섬의 속살을 구경할 수 있어 레벨업 여행으로 즐길 수 있다. 홍콩 여행의 일번지라고 할 수는 없지만 두 번 이상 방문 시 꼭 둘러봐야 하는 장소로 꼽힌다.

❶ 춘영 스트리트 마켓 Chun Yeung Street Market
트램 노선을 따라 자리한 전통시장

1940년대 중국 남북전쟁이 종식되면서 많은 상하이 사람이 홍콩으로 옮겨 왔다. 이들이 처음 자리 잡은 곳이 바로 노스포인트다. 그들은 춘영 스트리트에 그들만의 이발소와 식당, 시장을 열었다. 1960년대에는 중국 남동부 푸젠성(복건성) 사람들이 노스포인트로 밀려 들어와 또 그들 나름의 문화를 이식했다. 현재 홍콩에 거주하고 있는 100만 명에 이르는 푸젠성 출신의 중 1/3이 여전히 이곳에 살고 있다. 춘영 스트리트 마켓은 상하이 음식 문화와 푸젠성 음식문화를 골고루 만날 수 있는 곳이다. 또한 트램이 점포 바로 옆으로 지나다니는 풍경은 이곳을 대표하는 이미지라고 할 수 있다.

📍 91-103, Chun Yeung St, North Point, Hong Kong Island 🎯 22.291237,114.1925273

❷ 선빔극장 Sunbeam Theatre
50년 전통의 오페라 극장

1972년 상하이 이민자 극단이 설립한 중국 전통 예술 공연장으로 광둥 오페라 공연이 펼쳐지는 곳이다. 2009년 2월 임대 계약이 끝남에 따라 극장 폐쇄가 논의되었으나 많은 공개 토론을 거쳐 어렵게 3년 더 연장하게 되었다. 2012년에는 렁(Mr. Leung)이라는 수수께끼 인물이 나타나 한 달에 100만 홍콩달러에 달하는 임대 비용을 대납하기로 하면서 선빔극장은 폐관을 면하게 되었다. 수수께끼의 남자는 나중에 2012년 행정장관 선거 후보 렁춘잉(Leung Chun-ying)으로 밝혀졌다. 선빔극장은 연중무휴로 운영하며 인근 홍콩 영화보관소와 함께 둘러보면 좋다.

📍 423 King's Road, North Point, Hong Kong Island
📞 +852 2856 0158 🏠 www.sunbeamtheatre.com
🎯 22.2913099,114.1974416

③ 익청 빌딩 Yick Cheong Bldg 益昌大廈

어마어마한 규모의 몬스터 빌딩

영화 〈트랜스포머 4〉에서 옵티머스 프라임이 건물 사이를 날아다니며 격투를 벌였던 곳이다. 괴물 같은 외형 때문에 몬스터 빌딩으로도 불린다. 빌딩에 의해 구획된 네모반듯한 하늘을 카메라에 담을 수 있어 최고의 SNS 사진 명소로 꼽힌다. 지금은 낡고 오래된 아파트에 불과하지만, 건물이 들어서던 1960년대만 해도 최신식 주상복합건물이었다. 지금도 1층에는 % 아라비카 커피 같은 유명 상점이 자리 잡고 있으며 남쪽에 자리 잡은 신식 아파트가 초라하게 보일 만큼 그 아우라는 점점 비대해지는 중이다.

현지인들은 이 몬스터 빌딩을 쿼리 베이 자이언트 빌딩(Quarry Bay Giant Building)으로 부른다. 씨뷰 빌딩(Seaview Building), 푸창 빌딩(Fuchang Building), 익청 빌딩(Yichang Building), 이파 빌딩(Yifa Building), 하이산 빌딩(Haishan Building) 5개의 건물이 E자 형태로 건축되었다. 트램을 타고 킹스 로드를 지나다 보면 병풍을 연상시키는 초대형 맨션이 눈에 들어오는데 이곳이 바로 몬스터 빌딩의 북면이다. 가장 가까운 트램 정류장은 마운트 파커로드이며 MTR 이용 시 타이쿠역과 쿼리베이역 중간에 있으므로 어느 역에서 내려도 갈 수 있다.

📍 Yick Cheong Building, King's Rd, Quarry Bay, Hong Kong Island 🌐 22.284277,114.171103

④ 케리 센터 Kerry Centre

제프 쿤스의 작품을 상설 전시

MTR 쿼리베이역 일대에는 익청 빌딩 외에도 케리 센터라는 놀라운 명소가 자리 잡고 있다. 케리 센터는 홍콩계 부동산 투자 개발사인 가리건설(嘉里建设有限公司·Kerry Properties Limited) 본사 건물로 그 자체로 갤러리라고 해도 될 만큼 많은 미술품을 소장 전시 중이다. 가장 눈에 띄는 전시물은 제프 쿤스(Jeff Koons)의 풍선 꽃이다. 스테인리스 스틸에 광택을 낸 작품으로 풍선 개·풍선 토끼 시리즈의 연장이다. 앤디 워홀의 뒤를 이어 키치한 대중예술을 선보이고 있는 그는 현대 미술가 중 가장 몸값이 비싼 작가로 알려져 있다. 이 외에도 겐지 스기야마, 잔왕, 이환권 작가의 작품과 만날 수 있으며 L2층에는 식당가가 있다.

📍 683 King's Rd, Quarry Bay, Hong Kong Island
📞 +852 2629 5333 🌐 22.2906006,114.1685933

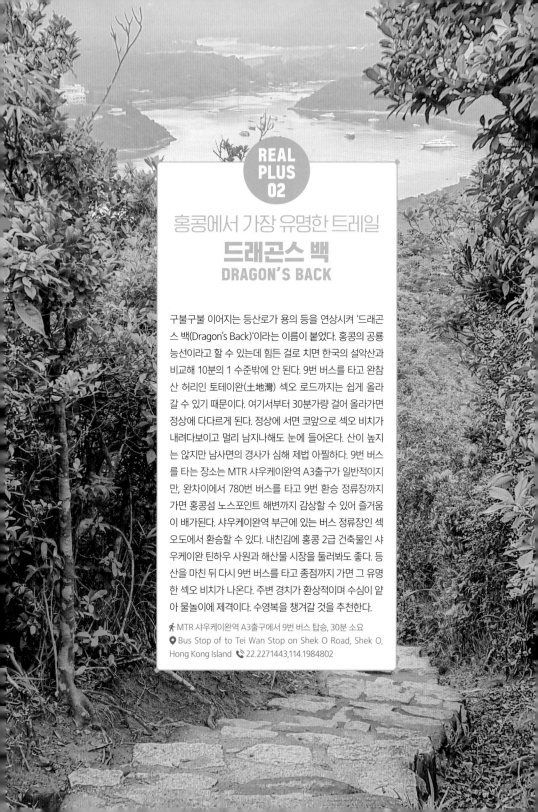

홍콩에서 가장 유명한 트레일
드래곤스 백
DRAGON'S BACK

구불구불 이어지는 등산로가 용의 등을 연상시켜 '드래곤스 백(Dragon's Back)'이라는 이름이 붙었다. 홍콩의 공룡 능선이라고 할 수 있는데 힘든 걸로 치면 한국의 설악산과 비교해 10분의 1 수준밖에 안 된다. 9번 버스를 타고 완참산 허리인 토테이완(土地灣) 섹오 로드까지는 쉽게 올라갈 수 있기 때문이다. 여기서부터 30분가량 걸어 올라가면 정상에 다다르게 된다. 정상에 서면 코앞으로 섹오 비치가 내려다보이고 멀리 남지나해도 눈에 들어온다. 산이 높지는 않지만 남사면의 경사가 심해 제법 아찔하다. 9번 버스를 타는 장소는 MTR 샤우케이완역 A3출구가 일반적이지만, 완차이에서 780번 버스를 타고 9번 환승 정류장까지 가면 홍콩섬 노스포인트 해변까지 감상할 수 있어 즐거움이 배가된다. 샤우케이완역 부근에 있는 버스 정류장인 섹오도에서 환승할 수 있다. 내친김에 홍콩 2급 건축물인 샤우케이완 틴하우 사원과 해산물 시장을 둘러봐도 좋다. 등산을 마친 뒤 다시 9번 버스를 타고 종점까지 가면 그 유명한 섹오 비치가 나온다. 주변 경치가 환상적이며 수심이 얕아 물놀이에 제격이다. 수영복을 챙겨갈 것을 추천한다.

🚶 MTR 샤우케이완역 A3출구에서 9번 버스 탑승, 30분 소요
📍 Bus Stop of to Tei Wan Stop on Shek O Road, Shek O, Hong Kong Island 📞 22.2271443,114.1984802

① 섹오 비치 Shek O Beach

홍콩은 고층빌딩이 즐비한 첨단 도시 이미지 때문에 해수욕장이 즐비하다는
사실을 간과하기 쉽다. 따사로운 햇살 속의 물놀이는 홍콩의 여름을 만끽하는
한 방법이다. 섹오 비치에서는 카약, 서핑, 윈드서핑과 같은 수상 스포츠를 즐
길 수 있을 뿐 아니라 로컬 맛집도 즐비하다. 또한 탈의실, 놀이터, 샤워실, 바비
큐 시설도 잘 갖춰져 있다. MTR 샤우케이완역 A3출구에서 9번 버스를 타면
섹오 비치 인근 섹오 버스 터미널까지 이동할 수 있다.

🚶 MTR 샤우케이완역 A3출구에서 9번 버스 탑승, 35분 소요 📍 Shek O Beach, Shek O,
Hong Kong Island ⌖ 22.2290503,114.2099236

② 샤우케이완 틴하우 사원 Shau Kei Wan Tin Hau Temple

홍콩은 오랜 세월 바다와 함께한 어촌이었
다. 어부들은 고기잡이에 앞서 바다의 여신
틴하우에게 풍어와 안전을 비는 제사를 올
렸다. 고즈넉한 분위기의 샤우케이완 틴하
우 사원은 1873년에 지어진 홍콩 2급 사적
유물로 아직도 많은 이들이 기도를 올리기
위해 찾아온다. 또한 매년 4월이면 틴하우
신을 기리는 성대한 축제가 펼쳐진다.

🚶 MTR 샤우케이완역 B1 출구에서 도보 3분
📍 53 Shau Kei Wan Main St. Shau Kei Wan
🕐 08:00~17:00 📞 +852 2569 1264
⌖ 22.2801754,114.2279022

① 침사추이
② 몽콕
③ 성완 & 센트럴
④ 완차이
⑤ 코즈웨이 베이
⑥ 옹핑

란타우섬

구룡반도

홍콩섬

② ① ③ ④ ⑤

옹핑
BEST 3

01
옹핑 케이블카
타기

02
옹핑 마을
방문

03
포린사 청동
좌불상 사진
찍기

홍콩의
관문

옹핑
Ngong Ping

홍콩 자치구에서 가장 큰 섬인 란타우 섬의 옹핑은 홍콩에서 두 번째로 높은 산, 란타우 피크 남동쪽에 자리한 고원이다. 이곳에서 옹핑 케이블카 360을 타고 남중국해의 절경을 만끽해보자. 포린사와 지혜의 길 같은 불교 명소로 종교적인 정취도 느낄 수 있다.

ACCESS

공항이 있는 섬 란타우는 오히려 공항에서 바로 내리자마자 둘러보는 곳은 아니다. 보통 숙소가 있는 침사추이나 센트럴에서 이동하게 되는데, 옹핑 마을이 있는 퉁청역이나 디즈니랜드 리조트역까지 MTR로 이동하는 것이 가장 편리하다.

옹핑 **상세 지도**

본문에 표시한 각 스폿의 GPS 번호로 검색하면 보다 빠르고 정확한 위치를 검색할 수 있습니다.

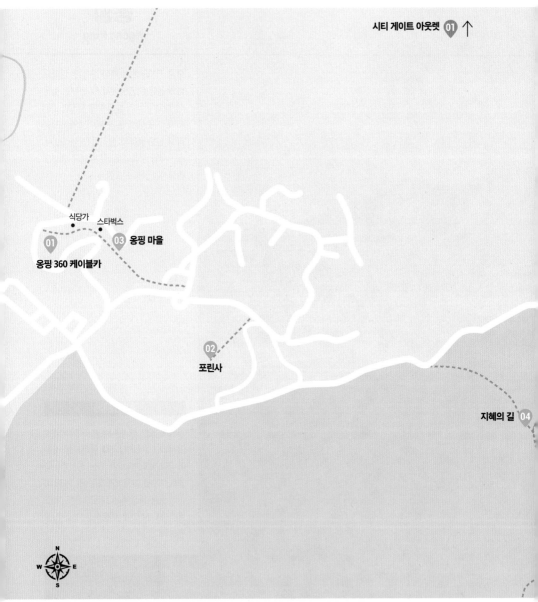

시티 게이트 아웃렛 01 ↑

식당가　스타벅스
01
03 옹핑 마을
옹핑 360 케이블카

02
포린사

지혜의 길 04

옹핑 360 케이블카 Ngong Ping 360 Cable Car

아득하게 펼쳐지는 남중국해의 절경

옹핑 360 케이블카는 퉁청과 옹핑 마을을 오가는 주요 교통 수단이면서 그 자체가 여행 목적이 된다. 총 길이 5.7km, 이동 시간만 25분에 달하는 이 초특급 케이블카는 발 아래 펼쳐지는 남중국해와 란타우섬의 전망을 제대로 보여주어 어지간한 놀이기구를 타는 것보다 스릴감이 넘친다. 최근에는 강주아오대교가 개통해 발 아래 모습이 또 달라졌다. 다만 흐린 날에는 온 도시가 운무에 휩싸여 한치 앞도 보이지 않으니 화창한 날을 선택할 것. 스탠다드 캐빈과 바닥이 투명한 크리스탈 캐빈 두 가지가 있다.

$ 크리스탈·스탠다드 캐빈 편도 HK$195, 왕복 HK$395 ✦ MTR 퉁청역 B출구에서 약 50m 전방의 에스컬레이터를 타고 2층으로 올라가 케이블카 승강장으로 이동 ◉ Ngong Ping 360 Cable Car, Lantau Island ◉ 월~금 10:00~18:00, 토,일 09:00~18:30 ◉ +852 3666 0606 ◉ www.np360.com.hk ◉ 22.25631, 113.90141

> **TIP**
> ## 케이블카, 똑똑하게 이용하려면!
>
> ❶ 케이블카 티켓 구입과 탑승을 위해 두 번 줄을 서야 하는데 주말이라면 2시간은 기다려야 탑승이 가능하다. 단 홈페이지에서 예매했거나 여행사 또는 소셜 커머스에서 사전 구매를 해왔다면 예약자 줄을 이용하자.
> ❷ 옹핑 마을은 버스로도 가볼 수 있지만 사실 마을보다 케이블카 자체가 더 볼거리인 만큼 기다림을 감수하고 꼭 탑승해보자. 마을을 샅샅이 둘러보고 싶다면 케이블카 편도+버스를 이용해도 좋다. 란타우섬 관광버스 요금은 편도 HK$120.
> ❸ 포린사의 청동 좌불상은 오후 5시 30분까지 볼 수 있으니 이른 시간에 마을을 방문하는 것이 좋다.

포린사 Po Lin Monastery & Tian Tan Big Buddha

세계 최대 청동 좌불과 만난다

1924년 당나라의 건축 양식으로 지어진 불교 사원. 청동 좌불상으로 유명하다. 제작 기간 10년, 높이 26m, 무게 202톤으로 세계 최대 규모를 자랑하는 청동 좌불 '천단대불'은 옹핑 360 케이블카를 타고 마을로 들어올 때 그 위용이 서서히 드러난다. 포린사에 도착한 후에는 262개의 계단을 올라야 그 위풍당당한 모습과 마주할 수 있다. 청동 좌불상 내부는 작은 규모의 유료 전시관으로, 불교 관련 전시가 있다. 이곳에서 식권을 구입하면 사원 옆 베지테리언 키친의 사찰 음식을 저렴한 가격에 맛볼 수 있다.

🚶 MTR 퉁청역 B출구에서 케이블카에 탑승, 종점에서 하차 후 약 도보 10분 📍 Po Lin Monastery, Ngong Ping, Lantau Island [포린사] 09:00~18:00, [식당] 11:30~16:30 📞 +852 2985 5248 🏠 www.plm.org.hk 📍 22.25398, 113.90498

옹핑 마을 Ngong Ping Village

마을 전체가 거대한 테마파크

옹핑 360 케이블카에서 내려서면 옛 중국 마을을 콘셉트로 한 옹핑 마을과 만날 수 있다. 좁은 공간에 정통 중식당부터 일식집, 간단한 스낵을 판매하는 곳까지 두루 갖추어져 있는데, 옹핑 내에서는 유일한 식당가인 만큼 값이 비싸다. 100m가량 이어진 마을을 지나 포린사까지 가는 길에는 불교를 상징하는 다양

한 조각상이 들어서 있어 볼거리를 제공한다. 최근 가상현실 속 공중 로프웨이를 걷거나 영화 주인공과 숨바꼭질을 할 수 있는 액티비티 VR 360이 신설되어 짜릿한 즐거움까지 추가 됐다.

🚶 MTR 퉁청역 B출구에서 옹핑 360 케이블카 이용 📍 111 Ngong Ping Rd, Lantau Island 🕐 24시간 개방 📍 22.25631, 113.90141

04
지혜의 길 Wisdom Path

청동 좌불상에서 내려오면 오른쪽으로 신록이 우거진 오솔길이 보인다. 이 길을 따라가면 1m 간격으로 우뚝 솟은 거대한 나무 기둥 38개가 나타난다. 이 기둥에 지혜의 말씀으로 불리는 '반야심경'이 적혀 있다. 이 기둥들은 중국에서 행운을 상징하는 8자로 배치되어 있다. 상쾌한 산길을 걸으며 자연을 만끽해보자. 총 왕복 2km의 거리로, 체력적으로도 부담스럽지 않다.

🚶 청동 좌불상에서 내려와 포린사 사이로 난 오솔길 　📍 Wisdom Path, Lantau Island
📷 22.25263, 113.91219

01
시티 게이트 아웃렛 City Gate Outlets

홍콩 여행 중 아웃렛 쇼핑을 할 계획이 있다면 우선 순위에 두어도 좋은 곳이다. MTR 퉁청역과 연결되어 접근이 쉬울 뿐만 아니라 규모도 홍콩 아웃렛 중 가장 크다. 명품보다는 중저가 브랜드 쇼핑에 적당하다. 특히 푸마, 나이키, 아디다스, 뉴발란스 등 스포츠 브랜드에 강세를 보인다. 몽콕 파옌 스트리트와 달리 짝퉁을 취급하지 않는 데다 기본 30~50% 할인에 품목과 개수에 따라 추가 할인이 적용된다. 일행과 함께 방문했다면 한꺼번에 결제하는 것이 이득이다.

🚶 MTR 퉁청역 C출구에서 연결
📍 20 Tat Tung Rd, Lantau Island
🕐 10:00~22:00 　📞 +852 2109 2933
🏠 www.citygateoutlets.com.hk
📷 22.28943, 113.94088

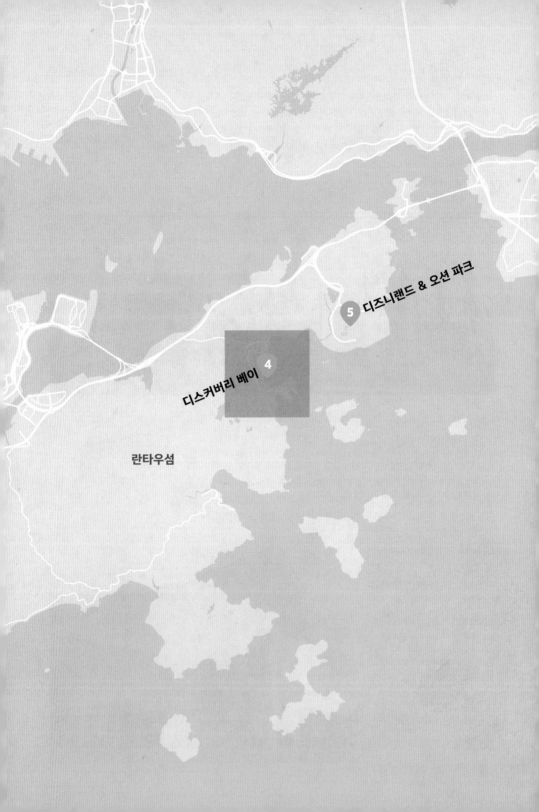

디즈니랜드 & 오션 파크

⑤ 디즈니랜드 & 오션 파크

디스커버리 베이

④

란타우섬

REAL SPOT

홍콩에
한번 더
가게
된다면

홍콩은 넓고 매력적인 곳은 많다. 방문 횟수를 거듭할수록 행동반경이 늘어나는 것은 당연지사. 홍콩이 처음인 사람은 홍콩섬 센트럴과 구룡반도의 침사추이 위주로 여행하지만 재방문 때는 홍콩섬 남부 지역인 리펄스 베이, 스탠리, 애버딘으로 영역을 넓히게 된다. 홍콩에 한 번 더 가게되면 가 볼만한 곳들과 아이 동반 가족여행에서 빼놓을 수 없는 오션 파크와 디즈니랜드를 소개한다.

구룡반도

홍콩섬

애버딘 & 압레이차우

3

5 테마파크_오션 파크

1 리펄스 베이

스탠리 **2**

❶ 부촌으로 소문난 아름다운 해변
   리펄스 베이
❷ 홍콩 현지인의 휴양지
   스탠리
❸ 아파트촌이 된 수상 마을
   애버딘 & 압레이차우
❹ 홍콩 속 작은 유럽
   디스커버리 베이
❺ 홍콩의 테마파크
   디즈니랜드 & 오션 파크

부촌으로 소문난 아름다운 해변
리펄스 베이
Repulse Bay

스탠리 가는 길목 리펄스 베이의 푸른 바다, 흰 백사장을 빼놓고 홍콩을 다 봤다고 하기 어렵다. 해변의 하얀 모래는 중국 본토에서 공수해 온 것이지만 자연 백사장 못지않은 찬란한 아름다움을 뽐낸다. 이곳은 영화 촬영지로도 유명한데, 리펄스 베이 맨션에 있는 '더 베란다' 레스토랑은 양조위, 탕웨이 주연의 〈색계〉를 찍은 곳이다. 또한 리펄스 베이 해변은 파도가 잔잔하고 수심이 완만해 가족 단위 물놀이 여행지로 제격이다.

교통 **1 센트럴**
- IFC몰 인근 익스체인지 스퀘어 → 6, 66, 6A, 6X번, 급행 260번 → 리펄스 베이
  - 6A번, 6X번, 급행 260번: 해안가 절벽 풍경 감상   - 6번, 66번: 해피밸리 경마장과 홍콩의 마천루 감상
- 버스 요금은 HK$8~10 사이이며 40분가량 소요된다. 260번 급행의 경우 25분 만에 갈 수 있으나 요금이 2~3배 비싸다.

2 코즈웨이 베이
- MTR 코즈웨이 베이역 F1출구 근처 자딘스 바자(Jardine's Bazaar) → **미니버스 40번**(25분 소요/월~토 10분 간격) → 리펄스 베이
- 하이산 플레이스 앞 → **65번**(20분 소요/20분 간격) → 리펄스 베이

3 침사추이 1881헤리티지 앞 → **973번**(1시간 소요, 15~20분 간격) → 리펄스 베이

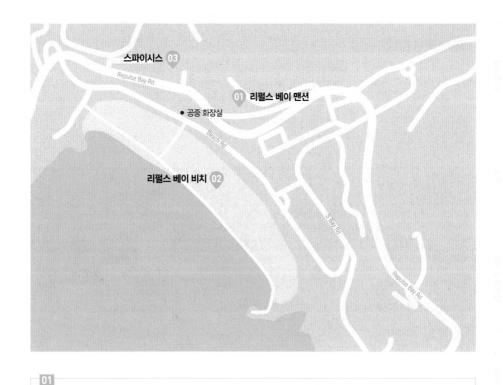

스파이시스 03
Repulse Bay Rd
01 리펄스 베이 맨션
● 공중 화장실
Beach Rd
리펄스 베이 비치 02
S Bay Rd
Repulse Bay Rd

01 리펄스 베이 맨션 Repulse Bay Mansion

홍콩 거물급의 주거지

파도 찰싹이는 한적한 해안에 불과했던 리펄스 베이가 지금과 같은 명성을 얻게 된 데는 리펄스 베이 맨션의 공이 적지 않다. 리펄스 베이 맨션이라는 이름은 몰라도 '건물 한가운데 구멍이 뚫린 아파트'라고 하면 대부분 알아듣는다. 풍수지리에 의거해 뚫은 이 구멍은 용신(龍神)이 지나다니는 바람길로, 건물 뒤쪽의 산세를 그림처럼 드러내준다. 고가의 맨션인 만큼 이 곳에는 유덕화, 곽부성과 같은 유명 홍콩 배우들이 거주하는데, 하층부 식당과 아케이드를 제외한 내부 출입은 제한되어 있다.

🚶 리펄스 베이 버스 정류장에서 내려 왼쪽 📍 113-117 Repulse Bay Rd, Repulse Bay
🌐 22.238004, 114.197005

리펄스 베이 비치 Repulse Bay Beach

쾌적한 백사장에서의 여유

600m가 채 되지 않는 자그마한 백사장이지만 홍콩에서 가장 잘 나가는 비치로 꼽힌다. 평소에는 맨션 주민의 조깅 장소로도 이용되며, 탈의실과 샤워시설이 잘 갖춰져 있어 여름이면 해수욕을 즐기러 온 여행객으로 북적거린다. 해안가 더 펄스(The Pulse)에는 레스토랑과 카페, 편의점 시설이 모여 있다.

🚶 리펄스 베이 비치 정류장에서 내려 건너편 계단으로 이동 📍 Repulse Bay Beach, Repulse Bay ⏰ 24시간 🧭 22.23676, 114.19632

스파이시스 Spices

해변가에 차려진 아시아 식탁

리펄스 베이 맨션 하층부에 자리한 고급 레스토랑. '더 베란다' 아래층에 위치한다. 고색창연한 실내, 저 아래 펼쳐지는 해변 풍경, 맛있는 음식 모두를 만족시키는 곳이다. 인도, 태국, 싱가포르 등 아시아 각지의 요리를 선보이며 정원에도 꽤 많은 좌석이 준비되어 있어 시원한 바닷바람을 만끽하며 식사를 즐길 수 있다. 장국영이 태국 전통 수프 똠얌꿍을 맛보기 위해 자주 찾았던 곳이다. 평일에만 오후 3시부터 6시 30분까지 브레이크타임이 있다.

🍴 애프터눈 티 세트 주중 HK$268, 주말 HK$298, 쏨땀 소(小) HK$78, 누들 샐러드 소(小) HK$108 🚶 리펄스 베이 버스 정류장에서 내려 왼쪽 📍 109 Repulse Rd, Repulse Bay ⏰ 월~목 12:00~21:30(브레이크 타임 17:30~18:30), 금 12:00 ~22:30(브레이크 타임 17:30~18:30), 토 11:30~21:00, 일 11:30 ~22:00 🏠 www.therepulsebay.com/en/dining/spices/ 📞 +852 2292 2821 🧭 22.238922, 114.195904

홍콩 현지인의 휴양지

스탠리
Stanley

홍콩인에게 단 한 곳의 휴양지를 고르라면 단연 스탠리다. 한적한 바닷가 산책로를 따라 유럽 스타일의 노천카페와 소박한 기념품 시장, 유서 깊은 건물이 늘어서 있다. 이층 버스를 타고 굽이굽이 숲길을 따라 가는 재미도 무시할 수 없다.

교통 스탠리 가는 법은 리펄스 베이 가는 교통편과 동일하며 다만 리펄스 베이에서 버스로 15분가량 더 들어가 **스탠리 빌리지(Stanley Village), 스탠리 플라자(Stanley Plaza)**에서 하차한다.

스탠리 마켓 Stanley Market

구경거리 가득한 전통 시장

버스에서 내려 스탠리 해변 가는 길 초입에 자리 잡고 있다. 200m 남짓 꼬불꼬불 좁은 길을 따라 가게가 죽 늘어서 있는데, 짝퉁 브랜드 상품, 캐릭터 상품, 장난감, 우산 등 홍콩 내 전통 시장에서 볼 수 있는 아이템이 주를 이룬다. 하지만 여타 시장보다 덜 복잡하고 서양인 대상 큰 사이즈 의류를 파는 등 나름 특화되어 있어 구경할 가치는 충분하다.

🚶 스탠리 빌리지 정류장에서 도보 5분 📍 Stanley New St, Stanley 🕐 10:00~20:00
🏠 www.hk-stanley-market.com 📷 22.219043, 114.212854

02
머레이 하우스 Murray House

현존하는 홍콩 최고령 건축물

홍콩에서 가장 오래된 공공 건축물. 1844년 영국 장군 조지 머레이(George Murray)의 이름을 따 센트럴에 건설된 것을 1991년 40만여 개의 벽돌을 분해 후 재조립해 지금의 자리로 이전했다. 사면에 배치된 수많은 기둥은 홍콩의 아열대 기후에 적응하기 위한 것으로, 베란다를 조성하는 과정에서 얻어졌다. 현재 홍콩 해양박물관 및 레스토랑, 상점이 들어서 있으며 현지인의 웨딩 촬영지로도 이름 높다.

🚶 스탠리 플라자 정류장에서 도보 5분 ♀ 96 Stanley Main St, Stanley ⏱ 24시간 🌐 22.218022, 114.209740

03
스탠리 플라자 Stanley Plaza

각종 전시와 공연이 열리는 야외 무대

머레이 하우스, 블레이크 선착장 인근에 위치한 쇼핑센터. 비정형적인 구조가 자유로운 느낌을 준다. 로컬 브랜드 옷 가게와 캐주얼한 식당, 슈퍼마켓 등 서민 친화적인 상점이 자리 잡고 있다. 주말이면 유리 지붕 야외 공연장을 배경으로 수준 높은 공연이 펼쳐지며, 벼룩시장도 종종 열린다. 건물 4~5층에는 바다가 한눈에 내려다보이는 전망대가 위치한다.

🚶 블레이크 선착장에서 바다를 등지고 정면에 위치
♀ 23 Carmel Rd, Stanley ⏱ 08:00~23:00 📞 +852 2813 4623 🏠 www.stanleyplaza.com/StanleyPlaza
🌐 22.21927, 114.20985

04
블레이크 선착장 Blake Pier at Stanley

고풍스러운 기와지붕 선착장

스탠리 마켓에서 노천 레스토랑 쪽으로 발길을 옮기다 보면 바다에 인접한 수수한 기와지붕 회랑이 시선을 끈다. 이 고풍스러운 건축물은 홍콩의 12대 총독인 헨리 아서 블레이크에서 이름을 따 1909년 설립되었다. 한때 해안가 매립 작업으로 철거되었으나 역사적 가치를 인정받아 2007년 복원된 사연이 있다. 유람선이 가끔 드나들 뿐 이용객이 많지 않아 한가로이 산책을 즐기기 좋다.

🚶 스탠리 마켓에서 해안가를 따라 도보 10분 ♀ Blake Pier at Stanley, Stanley ⏱ 24시간 🌐 22.21717, 114.21032

아파트촌이 된 수상 마을

애버딘 & 압레이차우
Aberdeen & Ap Lei Chau

고층 아파트, 삼판선, 화물선이 한 프레임 안에 있는 이색적인 장소. 원래는 선상 가옥이 즐비한 수상 마을이었다. 고기를 잡은 즉시 배 위에서 바로 판매하는 독특한 방식의 수산업이 성행하던 곳으로, 삼판선 투어를 이용하면 당시의 생활상을 조금이나마 엿볼 수 있다.

교통 **1** **센트럴**
• 익스체인지 스퀘어 → **70번, 91번 버스/30분** → 애버딘 프롬나드 하차(70번)/애버딘 메인로드 하차(91번)

2 **코즈웨이 베이** 하이산 플레이스 정류장 → **72번, 77번 버스/30분** → 애버딘 프롬나드

3 **침사추이(모디로드)** 시계탑 옆 정류장 → **973번/1시간 10분** → 애버딘 메인 로드

4 MTR 웡척항역에서 도보 15분

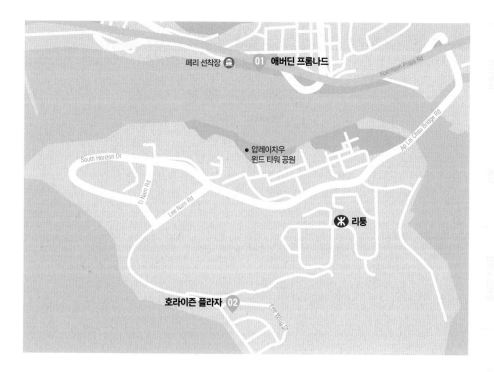

애버딘 프롬나드 01
폐리 선착장 🚢
Aberdeen Praya Rd

압레이차우
윈드 타워 공원

South Horizon Dr
Ti Nam Rd
Lee Nam Rd
Ap Lei Chau Bridge Rd

Ⓜ 리퉁

호라이즌 플라자 02
Lee Wing St

01

애버딘 프롬나드 Aberdeen Promenade

아파트, 화물선, 삼판선이 있는 풍경

바닷길을 따라 800m가량 펼쳐진 공원. 초고층 아파트를 배경으로 화물선이 정박해 있는가 하면 구식 삼판선이 둥둥 떠다니는 풍경이 이채롭다. 삼판선 투어는 보통 10명이 정원이며 30분 투어에 HK$100 전후다. 점보 킹덤 레스토랑에서 운영하는 무료 셔틀 보트도 있다. 식사도 할겸 이용해보는 것도 좋다.

🚶 MTR 센트럴역 근처에서 70번 버스 탑승 후 애버딘 프롬나드 하차
📍 Aberdeen Praya Rd, Aberdeen 🌐 22.247475, 114.153427

02

호라이즌 플라자 Horizon Plaza

홍콩을 대표하는 대규모 아웃렛

홍콩을 대표하는 대규모 아웃렛이다. 레인 크로퍼드, 톰 딕슨, 상하이탕, 막스마라 등 유명 브랜드의 가구·패션·잡화를 최대 80% 할인 판매한다. 25개 층에 걸쳐 100개가 넘는 매장이 자리하기 때문에 1층 안내판에서 브랜드를 미리 확인한 후 선택적으로 쇼핑해야 한다.

🚶 MTR 호라이즌역에서 도보 8분 🚶 2 Lee Wing St, Ap Lei Chau
🕙 10:00~19:00 📞 +852 2554 9089 🏠 horizonplaza.com.hk
🌐 22.2391347,114.1114212

홍콩 속 작은 유럽
디스커버리 베이
Discovery Bay

현지에서 DB라는 애칭으로 불리는 디스커버리 베이는 1982년부터 홍콩 정부의 주도하에 건설된 리조트 마을로, 유럽인들이 모여 살고 있다. 자동차 통행이 금지되어 있다 보니 이곳 사람들은 버기카를 타고 다닌다. 365일 맑은 공기를 즐길 수 있는 곳이다.

교통

1 페리
센트럴 페리 3번 선착장에서 디스커버리 베이행 페리 탑승(약 25분 소요, HK$46, 20~30분 간격)

2 MTR
• MTR 퉁청역 하차 후 시티게이트 아웃렛 승차장에서 DB01R번 버스 탑승 후 종점 하차(15분 소요)
• MTR 서니베이역 앞 버스 터미널에서 DB03R번 버스 탑승 후 종점 하차(15분 소요)

TIP
옹핑 방문 시 오후 코스로 잡아도 좋고, 센트럴에서 일정을 보낸 후 여행 마지막 날 페리를 이용해 방문하는 것도 좋다.

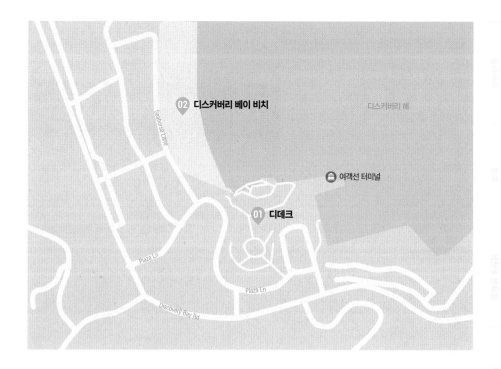

02 디스커버리 베이 비치
디스커버리 해
여객선 터미널
01 디데크
Seahorse Lame
Plaza Ln
Plaza Ln
Discovery Bay Rd

01

디데크 D'Deck

센트럴에서 출발한 페리를 타면 닿게 되는 곳으로, 노천카페를 비롯해 이탈리아, 스페인, 인도, 동남아 등 세계의 맛집이 골고루 자리 잡고 있다. 디데크 내 지정 레스토랑에서 식사를 한 뒤 프리 페리 서비스 카운터(Free Ferry Service Counter)로 영수증을 가지고 가면 센트럴까지 돌아가는 페리 티켓을 무료로 제공한다. 저녁 8시에는 디즈니랜드 불꽃놀이도 감상할 수 있는 곳.

🚶 디스커버리 베이 선착장 바로 정면
📍 D'Deck, Discovery Bay
🕐 매장마다 다름
🏠 www.ddeck.com.hk
🌐 22.296327, 114.016693

디스커버리 베이 비치 Discovery Bay Beach

디스커버리 베이 한복판 타이팍 비치는 동양의 하와이 하이난에서 공수해온 모래로 조성해 화제가 됐다. 샤워장과 탈의실도 완벽히 갖추고 있어 한낮의 해수욕을 즐기기에 그만이다. 선착장 앞 디데크를 따라 일렬로 늘어선 노천카페에서 이탈리아 요리를 즐기거나 맥주, 커피를 마시며 평화로운 바닷가 풍경을 감상하는 재미가 괜찮다.

📍 Tai Pak Beach, Discovery Bay ⏱ 24시간 개방
🌐 22.29816, 114.01514

테마파크
디즈니랜드 & 오션 파크

홍콩에서 디즈니랜드와 오션 파크는 가족 여행지로 위상을 차지하고 있다.
홍콩 디즈니랜드는 일본 디즈니랜드, 상하이 디즈니랜드에 비해 덜 붐비는 편이다.
오션 파크는 자연과의 교감 속에서 스릴 넘치는 어트렉션을 이용할 수 있어
가족 여행지로 큰 사랑을 받고 있다.

디즈니랜드 Disney Land

매일매일 환상의 나라

전 세계 테마파크의 롤모델이 된 디즈니랜드. 2005년 오픈한 홍콩 디즈니랜드는 미국, 일본, 프랑스에 이어 세계에서 네 번째로 오픈한 곳이다. 퍼레이드가 열리는 메인 스트리트 USA를 포함해 어드벤처 랜드, 그리즐리 걸치, 미스틱 포인트, 토이 스토리 랜드, 판타지 랜드, 투모로우 랜드, 월드 오브 프로즌(겨울왕국), 스타크 엑스포 홍콩(건설 중)까지 총 9개 섹션으로 구성되어 있다.

가장 인기 있는 곳은 투모로우 랜드로 스타워즈, 아이언맨 익스피리언스, 앤트맨과 와스프: 나노 배틀 같은 인기 절정의 어트랙션이 자리하며 세계 최초로 개장한 월드 오브 프로즌도 많은 인기를 끌고 있다. 하지만 먼저 들러야 할 곳은 입구에서 가장 거리가 먼 토이 스토리 랜드다. 그래야 대기 시간을 줄이면서 조금이라도 더 놀이기구를 이용할 수 있다. 또한 밤 8시까지 기다리면 불꽃놀이 감상의 행운이 주어진다.

$ 1일권 3~11세 HK$475, 12~64세 HK$639, 65세 이상 HK$100, 2일권 HK$1,068 ⚐ MTR 통칭라인 서니베이 역 하차 후 디즈니랜드 전용열차로 환승, 디즈니리조트역에서 하차
⚑ Disneyland, Lantau Island
⏱ 10:30~20:45(시즌별 마감 시간 다르니 홈페이지 참고)
📞 +852 1 830 830(예약 전용)
🏠 www.hongkongdisneyland.com
⊚ 22.31296, 114.04128

디즈니 계정에 가입 MyDisney HK 계정으로 로그인하여 파크 티켓을 구매하면 상품 바우처를 비롯해 식사 바우처와 콤보 식사 20% 같은 할인 혜택이 주어진다. 최대 HK$157까지 할인받을 수 있다.

스타트는 토이 스토리 랜드부터 처음 입장해 무엇부터 타야 할지 모르겠다면 입구에서 가장 먼 토이 스토리 랜드부터 둘러보자. 이렇게 반대쪽부터 시작하면 하나라도 더 타게 된다.

1시간 먼저 입장 파크 조기 입장 패스(HK$ 199)를 추가 구입하면 최대 1시간 일찍 홍콩 디즈니랜드에 입장해 어트랙션을 선점할 수 있다.

디즈니랜드 모바일 앱을 깔자 스마트폰 앱을 이용하면 어트랙션 대기 시간과 공연 스케줄 등 고급 정보를 받아볼 수 있다. 디즈니 캐릭터의 동선까지 한눈에 파악되며 한국어도 지원된다.

패스트패스를 활용 하이퍼 스페이스 마운틴 등 일부 어트랙션은 패스트패스 발권기에 소지한 디즈니랜드 입장권을 넣으면 탑승할 수 있는 시간이 적힌 티켓이 발급된다. 주말이나 공휴일 등 방문객이 몰리는 날에 이용하면 좋다. 추가 비용은 없다.

어드벤처 랜드의 뮤지컬 놓치지 말기 〈Festival of the Lion King〉은 생각보다 놀랍다. 30분 동안 화려한 퍼포먼스가 쉴 새 없이 펼쳐진다. 되도록 높은 곳에 자리를 잡자.

재방문 시 메인 스트리트의 퍼레이드는 이미 봤다면 과감히 포기할 것을 추천한다. 사람들이 한 곳에 모여 있는 동안 다른 인기 놀이기구를 타는 것이 팁이다.

추천 코스

01 메인 스트리트 USA 양옆에 들어선 기념품점 구경

02 메인 스트리트 USA 내 캐주얼 레스토랑에서 점심 식사

03 어드벤처 랜드로 이동 후 정글 체험

04 오후 2시 라이언 킹 페스티벌 대기줄 서기

08 판타지 랜드에서 디즈니 애니메이션 캐릭터 만나기

07 토이 스토리 랜드에서 장난감 세계 구경

06 미스틱 포인트에서 저택을 배경으로 사진 촬영

05 그리즐리 걸치에서 빅 그리즐리 마운틴 런웨이 마인 카 탑승

09 5시 15분 미키와 신비의 책 공연 대기줄 서기

10 프로즌 에버 애프터에서 보트 타고 겨울왕국 주인공들 만나기

11 메인 스트리트 USA에서 저녁 식사 및 쇼핑

12 해질 무렵 퍼레이드와 불꽃놀이 구경

REAL SPOT

❶ 퍼레이드가 펼쳐지는 메인 스트리트 USA

디즈니 캐릭터의 퍼레이드도 큰 볼거리지만 20분간의 철도여행도 나름 재미있다. 증기기관차 레일로드를 따라 어드벤처 랜드, 판타지 랜드, 투모로 랜드, 메인 스트리트의 전경을 한눈에 즐겨보자.

❷ 타잔과 함께하는 어드벤처 랜드

가이드의 설명을 들으며 유람선을 타고 정글을 탐험하는 '정글 리버 크루즈'와 뗏목을 타고 정글을 돌아보는 '타잔 트리 하우스'가 있다.

❸ 추억의 캐릭터와 만나는 판타지 랜드

〈곰돌이 푸〉, 〈이상한 나라의 앨리스〉 등 친숙하고 오래된 애니메이션 캐릭터들을 만날 수 있다. 정면에 〈잠자는 숲 속의 미녀〉에 등장하는 성이 있다.

④ 스타워즈 전투사령부가 있는 **투모로우 랜드**

영화 개봉일에는 결석·결근자가 속출할 만큼 숱한 마니아를 거느린 '스타워즈: 전투사령부'가 있는 곳이다. 롤러코스터 '하이퍼 스페이스 마운틴', 우주선을 타고 360도 회전하는 '오비트론'도 빼놓을 수 없는 재미를 준다.

⑤ 스타크 인더스트리 속으로! **스타크 엑스포 홍콩**

마블의 인기 히어로 아이언맨의 세계관이 펼쳐지는 곳. 캘리포니아의 '어벤져스 캠퍼스'와 콘셉트가 동일하다. 투모로우 랜드에서 옮겨 온 '아이언맨 익스피리언스', '아이언맨 테크 쇼케이스' '앤트맨과 와스프: 나노 배틀' 외 신설 어트랙션이 자리 잡고 있다.

⑥ 세계 최초 겨울왕국 테마 존 **월드 오브 프리즌**

애니메이션 〈겨울왕국〉을 테마로 하는 공간. 겨울왕국 애니메트로닉스 공간을 보트로 탐험하는 '겨울왕국 에버 애프터'와 '떠돌이 오큰의 슬라이딩 썰매'를 즐길 수 있다.

⑦ 스릴감 만점 **토이 스토리 랜드**

〈토이 스토리〉를 콘셉트로 꾸며진 곳. 빠른 속도로 상하운동을 반복하는 장난감 병정 낙하산(Toy Soldier Parachute Drop), 스프링 강아지를 타고 빙글빙글 도는 슬링키 독 스핀이 인기.

⑧ 서부 개척시대로 떠나요 **그리즐리 걸치**

서부 개척 시대의 마차나 상점과 만날 수 있다. 스릴감 최고의 '빅 그리즐리 마운틴 런웨이 마인 카'를 탈 수 있다.

⑨ 착각의 세계 **미스틱 포인트**

만화 속 궁전 같은 대저택 '미스틱 매너'를 중심으로 착시 현상을 일으키는 조각품이 널려 있다. 사진찍기는 좋지만 놀이기구가 없다.

오션 파크 Ocean Park

홍콩에서 유일하게 자이언트 판다를 볼 수 있는 해양테마파크. 홍콩섬 남쪽 애버딘 부근 87만㎡의 면적을 바탕으로 초대형 수족관과 놀이공원, 공연장, 호텔이 자리 잡고 있다. 그동안 버스, 택시로만 접근할 수 있었으나 2017년 MTR 사우스아일랜드 라인이 개통되면서 지하철로도 갈 수 있게 됐다. 한해 450만 명의 관광객이 방문하는 명소로, 2006년 〈포브스〉지에서 선정한 '세계에서 가장 인기 있는 7대 놀이공원', 2007년 '세계에서 방문자가 많은 여행지 50'에 꼽히기도 했다. 산 정상과 워터프론트를 잇는 1.5km 길이의 케이블카와 1.3km 터널을 순식간에 주파하는 오션 익스프레스가 자랑. 얼마 전 어드벤처 랜드에 홍콩 최초의 VR롤러코스터인 '마인트레인 VR코스터'가 추가돼 인기몰이 중이다. 워터파크 시설이 없는 게 한 가지 흠이었는데, 2019년 메리어트 호텔이 개장하면서 수영장 시설과 숙박을 한꺼번에 해결할 수 있게 됐다.

🚶 MTR 오션파크역 $ 1일권 성인 HK$498, 아동 HK$249 📍 Ocean Park, Aberdeen 🕐 10:00~21:00(시즌별 마감 시간 상이. 홈페이지 참고) ☎ +852 3923 2323 🏠 www.oceanpark.com.hk 🌐 22.24666, 114.17572

바우처 미리 구입 출국 전 온라인 여행 예약 사이트를 통해 바우처를 구매하면 1만5,000원 가까이 할인받을 수 있을 뿐만 아니라 매표소에서 긴 줄을 설 필요가 없다.

패스트 트랙 이용권도 있으니 참고 입장권 구매 시 패스트 트랙 이용권까지 구입하면 어트랙션을 이용할 때도 줄을 설 필요가 없다. 패스트 트랙 빅7은 HK$280, 전체 이용 가능한 패스트 트랙은 HK$400. 패스트 트랙 이용권은 한정 수량이며 선착순으로 판매한다.

올라갈 때는 오션 익스프레스, 내려올 때는 오션 케이블카 정상부 '써밋'에 올라갈 때는 오션 익스프레스를, 내려올 때는 케이블카를 이용해보자. 반대로 이용해도 무방하다. 오션 익스프레스는 1.3km의 터널을 단 3분 만에 주파, 순식간에 정상으로 데려다준다. 상공 205m 지점을 8분간 지나는 케이블카에서는 남중국해의 시원한 경치를 한눈에 볼 수 있다.

써밋 → 워터프론트 순서로 즐기길 추천 입구로 들어가면 워터프론트가 바로 시작되지만 먼저 정상으로 올라가 놀이기구들을 즐긴 다음 워터프론트로 돌아오는 코스를 추천한다. 특히 주말에는 붐비므로 오전에는 써밋, 오후에는 워터프론트 코스 적극 추천!

외부 음식 반입 금지 입장 시 가방 검사를 하는데, 테러 방지 차원과 외부 음식 반입 금지를 위한 것이므로 주의하자.

선물하기 좋은 오션 파크 캐릭터 상품
베스트 5

① 너구리와 판다 인형

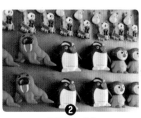

② 동물 마그네틱

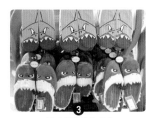

③ 상어 양말과 슬리퍼

④ 판다 컵 홀더

⑤ 판다 아이패드 케이스

❶ 오션 파크 메리어트 호텔 Ocean Park Marriott Hotel

오션 파크 입구에 자리 잡고 있는 리조트형 숙박 시설. 로비에 16m 높이의 수족관이 설치돼 있다. 471개의 객실에 야외 라군 수영장, 스파 욕조, 어린이 수영장 등을 갖추고 있다.

❷ 아쿠아시티 Aqua City

워터프론트 대표 어트랙션. 세계 최대 규모의 돔형 수족관인 '그랜드 아쿠아리움'이 있는 곳. 홍콩의 옛 거리를 재현한 '올드 홍콩'과 코알라가 사는 '호주 어드벤처'도 이곳에서 만날 수 있다.

❸ 어메이징 아시아 애니멀 Amazing Asian Animals

오션 파크의 마스코트 자이언트 판다의 주거지. 판다는 대부분의 시간을 잠으로 보내는데, 깨어 있을 때는 쉴 새 없이 대나무를 먹는다. '악어의 늪', '진기한 새들의 공연'도 큰 볼거리.

❹ 휘스커스 하버 Whiskers Harbour

미취학 아동을 위한 작은 놀이공원. 해안에 인접해 미니 열기구, 트램폴린 팡팡, 미니 회전목마, 대관람차, 토토기차, 레드의 성이 자리 잡고 있다.

⑤ 폴라 어드벤처 Polar Adventure

북극과 남극을 테마로 한 놀이동산. 설경 콘셉트의 공간 속을 썰매 롤러코스터로 질주하는 기분은 어떨까. 펭귄이 사는 남극동물관, 은빛 여우가 어슬렁대는 북극여우관이 있다.

⑥ 레인 포레스트 Rainforest

지구상에서 가장 작은 원숭이 피그미 마모셋과 가장 큰 쥐 카피바라가 사는 곳. 강물을 따라 정글 탐험을 떠나는 '래피드' 어트랙션도 큰 인기.

⑦ 마린 월드 Marine World

케이블카 탑승장이 있는 곳으로, 오션 파크 내에서 가장 방대한 지역을 포괄한다. 상어가 사는 '샤크 미스틱' 외 우리나라 바이킹과 비슷한 크레이지 갤런, 어비스, 플라잉 스윙, 탄광열차, 레이징 리버, 드래곤, 대관람차 등 아찔한 놀이시설이 자리 잡고 있다.

⑧ 어드벤처 랜드 Adventure Land

홍콩에서 두 번째로 긴 옥외 에스컬레이터가 있는 곳. 홍콩 최초의 VR롤러코스터인 '마인트레인 VR코스터'도 이곳에서 만나볼 수 있다.

⑨ 스릴 마운틴 Thrill Mountain

극강의 스릴감으로 무장한 놀이시설이 주를 이룬다. 압권은 몸이 튕겨나가는 것 같은 짜릿함을 느낄 수 있는 '헤어 레이저'다. 레브 부스터, 윌리버드, 플래시도 큰 인기.

PART
04

쉽고 즐거운 여행 준비

HONG KONG

D-DAY에 따른
여행 준비
& 출입국

홍콩에 대한 대략적인 정보를 파악했다면 본격적인 여행 준비에 들어갈 차례다. 여행 정보 수집부터 가장 적합한 상품 선택까지 자유여행 준비에 관한 모든 것을 공개한다.

여행 정보 수집하기

여행 준비를 위해 블로그나 카페 등을 찾아보면 정보가 넘치지만 초보자에게는 오히려 너무 많은 정보가 부담스럽다. 따라서 가이드북을 통해 가장 필요한 정보가 무엇인지, 예를 들어 홍콩의 지역 구분, 가장 유명한 호텔과 주요 관광 스폿 등 대략의 정보를 미리 파악한 후 인터넷 서핑을 하는 것을 추천한다.

홍콩 관련 여행 정보 사이트

홍콩관광청 www.discoverhongkong.com
홍콩관광청 공식 홈페이지로, 한글 서비스도 제공한다. 무엇보다 가장 최신의 현지 정보를 가장 정확하게 전달한다는 점에서 믿을 만하다. 홍콩관광청 홈페이지에 접속하면 공식 블로그인 '정대리의 홍콩 이야기'(blog.naver.com/hktb1)와 공식 페이스북(www.facebook.com/discoverhongkong.kr/)으로 연결된다.

오픈라이스 www.openrice.com
길거리 음식부터 미쉐린 식당까지 미식 관련 정보가 빠짐없이 게시되어 있으며 사진과 후기를 참조할 수 있다.

여권 발급

여권 유효 기간이 6개월 미만이면 출입국 시 제재를 받을 수 있기 때문에 미리 확인하자. 여권은 각 시·도·구청의 여권 발급과에서 발급 받을 수 있고, 발급을 위해 6개월 이내에 촬영한 여권용 사진 1매와 신분증, 여권 발급 신청서 1부(기관에 배치)가 필요하다. 25~37세 병역 미필 남성은 국외여행 허가서를 준비해야 하며 미성년자 외에는 (미성년자 대신 여권 발급 시 가족 관계 증명서 지참) 본인 발급만 가능하다. 외교부 여권 안내 사이트에서 자세한 안내를 받을 수 있다.

🏠 www.passport.go.kr

여권 발급 수수료

종류	유효 기간	수수료 (24면/48면)	대상
복수여권	10년	50,000원/53,000원	만 18세 이상
	5년	42,000원/45,000원	만 8세 이상~ 만 18세 미만
		30,000원/33,000원	만 8세 미만
	5년 미만	15,000원	병역 의무자 중 미필자
단수여권	1년	20,000원	1회만 사용 가능

항공권 구입하기

각 항공사 사이트뿐만 아니라 특가 항공권을 판매하는 여행사 홈페이지나 스마트폰 앱을 이용하면 더욱 저렴하게 살 수 있다. 발권부터 사전 좌석 지정까지 가능하니 각종 사이트와 앱을 꼼꼼하게 비교해보자.

스카이스캐너 www.skyscanner.co.kr
출발지와 도착지, 출발일 등 간단한 정보만 입력하면 실시간으로 가장 저렴한 항공권을 검색해준다. 요금에 맞춰 직항은 물론 경유 노선까지 찾아주기 때문에 스톱오버 여행을 준비할 때 이용하기 가장 적합하다.

카약닷컴 www.kayak.com

해외 항공권 예약 전문 사이트로, 항공뿐 아니라 호텔과 렌터카 예약도 가능하다. 항공사별, 금액대별, 적립 마일리지별 등 선택 사항이 다양하고 타 사이트와 비교 금액도 공개해 믿을 만하다.

익스피디아 www.expedia.co.kr

항공과 호텔 동시 검색도 가능하며 이 경우 따로 예약할 때보다 최대 30%까지 할인된다. 인터파크 투어의 땡처리와 같은 개념인 '오늘의 딜', '마감 특가' 등 출발일에 관계없이 가장 저렴한 항공권을 공개하기도 한다.

---

❹ **이-티켓을 휴대폰에 저장하는 센스** 이메일로 받은 항공 이-티켓을 스마트폰에 저장하면 필요할 때마다 공항 직원에게 스마트폰 화면만 보여주면 되므로 요긴하다. 인터넷이 가능한 환경이라면 여행사 앱으로 항공권 정보를 제공받을 수도 있다.

❺ **기타 서비스 이용** 항공기 좌석 지정, 특별 기내식 신청 등은 출발 전 예약 사이트에 문의하거나 항공사 앱에서 직접 신청 가능하다. 사전 좌석 지정이 불가한 경우라도 출발 당일 체크인 수속 시 항공사 직원을 통하면 지정이 가능할 수 있으니 원하는 자리에 앉고 싶다면 서둘러 공항에 도착해 수속을 밟자. 요즘은 국적기 뿐만 아니라, 외항사 및 저비용 항공사도 모바일 앱을 통해 공항 도착 전 셀프 체크인을 할 수 있도록 했다.

D-25
숙소 예약하기

여권과 항공권 준비를 마쳤다면 숙소를 예약할 차례다. 시내 접근성을 우선적으로 고려할 경우 구룡반도의 침사추이역 주변, 홍콩섬의 센트럴역 주변 숙소가 가장 편리하다. 그러나 이 일대는 숙박료가 비싸다는 단점이 있다. 시야를 약간만 넓히면 비교적 저렴한 가격에 괜찮은 숙소를 구할 수 있다. 최근 구룡반도의 몽콕 일대와 홍콩섬 사이잉푼, 완차이, 코즈웨이 베이에 새로운 호텔이 속속 들어서고 있다. 이들 호텔은 가격이 적당하면서 객실 컨디션도 좋아 괜찮은 대안이 될 수 있다. 최근에는 외곽인 통청 지역의 호텔도 인기가 많다. 홍콩은 기본적으로 교통이 편리하기 때문에 지역 선택에 과감할 필요가 있다.

D-23

여행 일정 & 예산 짜기

항공권과 호텔 예약을 마쳤다면, 현지에서 쓸 경비를 계산해 보자. 방문할 명소나 음식점에 따라 경비가 천차만별이지만 최근 홍콩달러 환율(HK$1=177원)이 대폭으로 오르면서 예산을 상향 조정할 필요가 생겼다. 일반 레스토랑은 한 끼에 1~2만 원, 중급 레스토랑은 3~5만 원, 고급 레스토랑은 10만 원 이상으로 잡아야 한다. 대중교통의 경우 여전히 저렴한 편이라 택시만 타지 않는다면 큰 비중을 차지하지는 않는다. 알뜰 여행객이라면 하루 경비 HK$500(9만 원)으로 충분하며 조금 여유 있게 즐기고 싶다면 HK$700~800(15만 원 내외) 정도로.

D-20

패스와 입장권 구입

홍콩의 테마 파크 티켓이나 공항고속철도 티켓, 홍콩-마카오 간 페리 티켓이나 공연 티켓 등을 사전 구매하면 그만큼 현지에서 줄을 서지 않아 편리하다. 최근에는 클룩, 와그, 마이리얼트립 같은 온라인 업체 간 경쟁이 치열해 현지에서 구입하는 것보다 조금 더 저렴한 금액으로 사전에 구입 가능하다는 점 참고하자.

D-15

여행자 보험 가입하기

출발 전 가입하자

여행자 보험은 출발 전 가입하는 것이 좋은데, 특정 금액 이상 환전 시 무료로 여행자 보험을 가입해 주는 은행도 있으니 참고하자. 보험사 웹사이트나 스마트폰 앱, 보험설계사에게 직접 가입해도 된다. 출국 전 공항의 보험사 지점에서도 가입 가능하지만 상대적으로 비싸다.

조건과 보상 범위를 확인하자

1억 원 보상을 강조하는 상품도 알고 보면 사망 시 보상금이 1억 원이고 분실 보상 200만 원의 보험 상품도 물품 1

개당 20만 원씩 총 10개 물품을 보장하는 식이다. 비싼 보험 대신 조건을 잘 보고 자신에게 맞는 보험을 들자.

현금 도난 시 보험 적용이 불가하고 물품 도난은 가장 저렴한 금액의 보험이라도 30만 원가량 보상이 가능하다. 단순 분실은 본인 과실이므로 보상이 불가능하며 단순 분실임을 속이고 도난 신고를 하면 처벌을 받을 수 있으니 주의하자. 신용카드를 도난 당했다면 바로 카드사에 전화해 사용 중지를 신청하자.

증빙서류를 꼭 챙기자

보험을 들었다면 보험증서나 비상 연락처를 잘 챙겨두자. 도난을 당하면 현지 경찰서에서 도난 증명서를, 다치면 현지 병원에서 진단서나 증명서, 치료비 영수증을 받아야 한다. 증빙서류가 있어야 한국으로 돌아와 보상을 받을 수 있다.

D-10

환전하기

너무 많은 돈을 미리 홍콩달러로 바꿀 필요는 없다. 최근 출시된 트래블 카드를 이용하면 현지 ATM 기기에서 그때 그때 홍콩달러를 찾아 쓸 수 있다. 수수료 없이 자동으로 환전될 뿐 아니라 현금 지참에 따른 위험을 줄일 수 있다. 홍콩의 경우 옥토퍼스 카드에 넣어 둘 최소한의 금액만 준비하고 나머지 홍콩달러는 트래블 카드를 사용하여 그때 그때 인출하자. 트래블 카드는 각 은행을 방문하면 즉시 발급받을 수 있다.

D-7

로밍 vs 유심칩 vs 포켓 와이파이 선택하기

로밍은 가장 안전하고 편리한 데이터 이용 방법이다. 최근 이통사들이 경쟁적으로 데이터로밍 요금제를 개편하면서 요금 부담도 많이 줄어들었다. SKT의 'baro 요금제'는 3GB를 29,000원에, 6GB를 39,000원에 이용할 수 있다. KT의 '데이터 함께ON'은 15일간 33,000원에 4GB를 제공한다. 단 알뜰폰은 로밍 서비스가 제공되지 않는다.

유심(eSIM)은 과거 홍콩 여행 시 가장 인기 있는 데이터 이용법이었다. 그러나 최근 홍콩 당국이 보이스피싱을 막기 위한 여권 등록 제두를 도입하면서 이용에 번거로움이 따른다. 발권 링크에 메일주소를 입력한 후 메일로 온 정보를 따라 ICCID와 여권 이미지를 등록하는 등 실명인증 절차가 필요하다. 하지만 유심은 단돈 8,900원으로 5일간 매일 2GB 사용할 수 있어 가격 면에서 가장 유리하다고 할 수 있다.

포켓 와이파이는 일 1.5GB에 4,400원이다. 단기 여행에는 유리하지만, 체류 기간이 길어지면 오히려 돈이 더 많이 드는 측면이 있다. 사전 예약 후 인천공항 T1 3층에서 기기를 대여·반납해야 하고 매일 충전에 신경 써야 하므로 살짝 번거로운 부분이 있다.

D-3

짐 꾸리기

기본 캐리어 외 카메라, 휴대폰, 가이드북 등 간단한 물품을 넣을 가벼운 백팩이나 크로스백을 따로 준비하면 된다. 여행용 백인백이나 지퍼백을 활용하면 물건들을 편리하게 정리할 수 있으며 호텔에서 짐을 풀었을 때 정리도 간단하고 물품을 잃어버릴 일도 적다.

100ml 이상의 액체류는 기내 반입이 불가능하지만 샘플용 화장품 정도라면 작은 사이즈의 지퍼백에 담아 기내로 가져갈 수 있다. 호스텔이나 미니 호텔 같이 세면도구가 구비되지 않은 숙박시설을 이용할 예정이라면 샴푸, 칫솔, 비누 등의 기본 세면도구를 챙겨야 하며 햇볕이 강한 도시인만큼 선크림과 선글라스 역시 반드시 챙겨야 한다.

> **TIP**
> 비슷한 모양으로 인해 트렁크 분실이 종종 발생하니 트렁크 겉면에 스티커나 네임태그를 붙여 잘 구분되게 하자.

D-1

최종 점검

여권, 항공권(e-티켓), 여행 경비, 사전 구입한 입장권 등 필수 물품을 꼼꼼하게 확인하자. 멀티어댑터, 스마트폰 및 카메라 충전기, 메모리 카드 등의 가전제품과 의류 및 액세서리, 기타 물품도 점검해두자. 해외여행이 처음이라면 인천국제공항 홈페이지(www.airport.kr)에서 출국 절차 및 출국 심사에 대해 알아두자.

기내 반입 불가 물품

- 용기 1개당 100ml 초과 액체류 혹은 총량 1L를 초과하는 액체류: 잔량이 없더라도 용기가 100ml 이상이거나, 100ml 용기가 10개(1리터) 이상이면 기내 반입 불가
- 칼, 가위, 면도날, 송곳 등 무기로 사용될 수 있는 물품이나 총기류 및 폭발물, 탄약 인화물질, 가스 및 화학 물질

위탁 수하물 반입 불가 물품

인화성 물질로 분류되는 라이터나 가스를 주입하는 라이터는 항공기 반입 자체가 금지된다. 휴대용 라이터는 1개에 한해 반입 가능하다.(단 본인 휴대에 한함)

D-DAY
출국 & 입국

한국 공항에서 출국

STEP 1 **공항 도착**

항공편 출발 2~3시간 전에 도착하자.

STEP 2 **탑승 수속 및 수하물 부치기**

이용 항공사의 카운터로 가 여권 등을 제시하고 탑승권을 수령한다. 이때 수하물도 같이 처리한다. 셀프 체크인을 이용했다면 항공사 카운터에 따로 마련된 셀프 체크인 전용 창구로 가 수하물만 부치면 된다. 만약 기내 반입 가능한 물품만 챙겼다면 수하물을 부칠 필요 없이 바로 출국장으로 들어가자.

STEP 3 **환전, 포켓 와이파이 및 유심칩 수령**

출국 게이트로 들어가면 다시 나올 수 없으므로 미처 준비하지 못한 것이 없는지 다시 확인하자. 환전 수령 신청, 통신사 로밍이나 와이파이 기기 대여도 잊지 말자.

STEP 4 **보안 검색 및 출국 심사**

항공편 출발 2시간 전부터 가능하다. 성수기에는 엄청난 인파가 몰려 대기 시간이 상상 이상으로 늘어나므로 준비를 마쳤다면 서둘러 출국 심사를 받자.

STEP 5 **면세품 수령**

구매한 면세품이 있다면 해당 인도장으로 이동해 물품을 수령하자. 여권과 탑승권, 물품 수령권을 지참해야 한다. 물론 여권만 제시해도 구입한 물건을 인도받는 데는 지장이 없다.

STEP 6 **탑승 게이트 대기 및 항공편 탑승**

탑승권에 기재된 게이트에서 탑승까지 대기한다.

> **TIP**
> **패스트트랙**
>
> 어린이와 노약자를 동반했다면 패스트트랙을 이용해 출국할 수 있다. 항공사 카운터에서 체크인할 때 패스트트랙을 이용하고 싶다고 이야기하면 교통 약자 확인증을 발급해준다. 장애인, 만 7세 미만 유·소아와 보호자, 만 70세 이상 고령자, 임산부 수첩을 가진 임산부와 동반한 3인까지 함께 이용할 수 있다.

홍콩 국제공항 입국

STEP 1 입국 심사

기내에서 작성한 출입국 신고서를 입국 심사 시 제출하면 심사관이 여권에 체류 허가 스탬프를 찍어준다. 체류 기간과 숙소를 영어로 물어보는 경우도 있는데 출입국 신고서에 기재한 대로 대답하면 된다.

STEP 2 수하물 찾기

입국 심사대를 빠져나오면 타고 온 비행기의 짐이 어디에서 나오는지 번호를 확인 후 해당 컨베이어벨트로 가서 짐을 기다린다. 만약 짐이 나오지 않는다면 수하물 안내 데스크(Baggage Enquiry Desk)로 가 분실 신고를 해야 한다. 이때 호텔 주소를 적으면 짐을 찾은 후 호텔까지 무료로 보내준다. 수하물 분실은 의외로 자주 벌어지기 때문에 아예 기내용 가방만 이용하는 사람들도 있다. 가방 안에 100ml 이상의 액체류가 없으면 가능하니 참고하자.

STEP 3 세관 통과

짐을 찾은 후 공항 출구로 나가는데 그 전에 세관 검사대를 거치게 된다. 홍콩 입국 시 화폐 혹은 유통 증권의 합이 HK$120,000를 초과할 경우, 신고해야 한다. 금지된 품목의 반입에 대해서는 홍콩 법이 적용된다. 담배 19개비 이상 반입 시 압수되거나 벌금을 물 수 있다. 1개비 당 벌금은 HK$2, 1갑을 제외한 9갑에 대해 HK$360를 물어야 한다.

STEP 4 옥토퍼스 카드 구입

옥토퍼스 카드는 태그 한 번으로 MTR과 버스, 스타페리, 트램은 물론 공항과 시내를 오가는 모든 교통수단을 이용할 수 있고 거의 모든 식당과 편의점에서도 사용할 수 있다. 홍콩 국제공항 입국장 카운터 혹은 홍콩 전역의 MTR 티켓 판매소에서 구입할 수 있다. 최초 구매 시 보증금 HK$50에 최소 금액 HK$150를 충전하게 된다. 이후 수시로 충전해서 사용할 수 있으며 MTR 티켓 판매소 및 편의점에서도 가능하다. 출국 시 카드를 반납하면 HK$11의 수수료 공제 후 잔액은 현금으로 돌려준다.

STEP 5 심카드&입장권 구입&공항철도 티켓과 리무진 버스 티켓

한국에서 온라인으로 구매했던 심카드는 여행사 부스인 A13 카운터에서 수령할 수 있다. 기타 입장권도 각 여행사 부스에서 구입할 수 있다. 공항철도를 이용할 경우 1인은 옥토퍼스 카드를, 2인 이상은 MTR 창구에서 할인 티켓을 구매하는 게 유리하다.

홍콩 자유여행의 꽃!
옥토퍼스 카드 제대로 이용하기

옥토퍼스 카드 요금

구분	아동 (3~11세)	성인	노인 (65세 이상)
보증금(Deposit)	HK$50	HK$50	HK$50
최초 충전 금액 (Initial stored value)	HK$50	HK$100	HK$50

옥토퍼스 카드
충전 6단계

❶ MTR 개찰구나 편의점 등에서 잔액을 확인한다. MTR 역 곳곳에 사용 내역과 잔액을 확인할 수 있는 기계(Octopus/ Ticket enquiries)가 있다.

❷ MTR 역에 설치된 카드 충전 기계 (Add Value Machine)를 찾는다.

❸ 충전 기계 왼쪽 상단 1이라고 표시된 카드 투입구에 옥토퍼스 카드를 넣는다.

❹ 액정에 표시되는 잔액을 확인한다.

❺ 충전할 금액의 지폐를 오른쪽 하단 지폐 투입구에 넣는다. 지폐는 HK$50, HK$100 두 종류만 가능하다.

❻ 충전 금액을 확인 후 맨 아래 버튼을 누르면 끝. 충전 후 카드를 챙기자.

여행의 절반!
숙소
정하기

호텔은 잠만 자는 곳일까? 적어도 도시 여행에서 숙소는 여행의 성공 여부를 결정하는 가장 중요한 요인이다. 숙소를 결정했다면 여행 준비의 절반이 완성되는 것. 위치와 요금을 고려한 최상의 숙소 결정 방법부터 호텔 기본 이용법까지 모두 공개한다. 한번 알아두면 어디서든 유용한 정보인 만큼 꼼꼼히 체크해두자.

숙소를 결정할 때 알아두어야 할 것

❶ 숙소 선택의 첫 번째 기준은 시내 접근성 홍콩은 교통이 편리해 외곽에 자리한 숙소라고 해도 여행에 큰 어려움이 없다. 대신 낡은 호텔이 많아 이용에 불편이 따를 수 있다. 오래된 호텔의 경우 욕실이 너무 좁아 샤워하거나 화장실을 이용하는 데 불편함을 느끼게 된다. 이러한 정보는 후기를 통해 체크해야 하는 것이 좋다. 에어비앤비의 경우 화장실 공간이 투명 유리로 된 곳이 많아 프라이버시를 침해받을 수 있다. 이를 방지하기 위해서는 사진을 보고 꼼꼼히 따져봐야 한다.

❷ 숙소 종류에 따른 숙박비 호텔 숙박료는 계절과 요일에 따라 차이가 있지만 시내 중심가 비즈니스호텔은 비수기 기준 1박에 10만 원 정도이며, 5성급 이상은 1박에 최소 30만 원, 페닌슐라 홍콩이나 포시즌스 홍콩 같은 특급 호텔은 1박에 50만 원 이상이다. 객실은 2인 1실이 기준이므로 혼자 여행하는 경우에는 호스텔이나 도미토리도 고려해 볼 만하다. 3~6만 원으로 저렴할 뿐 아니라 전 세계에서 모인 다양한 사람들과 친분을 쌓는 기회가 될 수 있다.

❸ 예약 방법 여행사 및 호텔 예약 사이트나 호텔 공식 홈페이지를 통해 숙소를 예약할 수 있다. 회사마다 경쟁이 심하고 다양한 프로모션을 제공하므로 같은 호텔이라 해도 요금이 다를 수 있다. 또한 객실의 종류와 조식 포함 여부 등에 따라서도 요금이 달라지니 꼼꼼히 비교해 보자. 다만 너무 자주 검색할 경우 AI가 콘크리트 수요자로 인식해 요금이 자동으로 인상되는 경향이 있다.

호텔 예약 사이트 •트립어드바이저 www.tripadvisor.co.kr •호텔스닷컴 kr.hotels.com
•호텔스 컴바인 www.hotelscombined.co.kr •아고다 www.agoda.com

❹ 호텔 예치금에 놀라지 말자 홍콩 대부분의 호텔에서는 체크인 시 예치금(Deposit)을 받는다. 보통 신용카드로 HK$500을 선결제하며, 호텔 내 기물 파손이나 미니바 이용 같은 경우가 아니라면 체크아웃 시 자동으로 취소되는데, 신용카드 결제일에 따라 한 달 이상 걸리기도 한다.

❺ 체크인, 체크아웃 시간 엄수는 기본 일반적으로 호텔 체크인 시 객실이 미리 준비되었다면 조금 먼저 도착해도 체크인을 할 수 있지만 만약 객실 준비가 덜 되었다면 프런트에 짐 정도는 맡길 수 있다. 체크아웃은 시간을 넘기면 추가 요금이 발생하므로 퇴실이 늦어질 것 같으면 사전에 레이트 체크아웃을 신청하는 게 좋다. 일반적으로 레이트 체크아웃 추가 금액은 하루 숙박료의 절반가량이다.

❻ 객실 지정은 체크인 시에 호텔 예약 시에는 객실만 확보할 뿐 층수나 호수는 체크인 시 결정된다. 따라서 체크인 시 원하는 사항을 전달하자.

❼ 퇴실 시 꼼꼼한 객실 안 확인은 필수 객실에 귀중품을 놓고 한국에 돌아왔다면 호텔에 전화해 국제 우편을 요청할 수 있지만 기간이 한 달 이상 걸리고 배송비도 비싸다. 놓고 온 물건이 현금이거나 신분증이 든 지갑이라면 배송 자체가 불가하다. 특히 금고는 눈에 잘 띄지 않아 놓치기 쉬우니 꼼꼼히 확인하자.

❽ 호텔 셔틀 버스를 이용하자 홍콩 호텔 가운데 공항까지 무료 셔틀버스를 운행하는 곳이 있다. 특히 출국 시 바로 공항으로 이동한다면 셔틀버스 시간을 미리 확인해 둘 필요가 있다.

홍콩 구역별 숙소 특징 & 추천 숙소

① 침사추이

- **근처 명소** 하버시티, 침사추이 해변 산책로, 홍콩 과학관
- **교통** MTR 침사추이역, 이스트침사추이역
- **특징** 가격대별 호텔 스펙트럼이 다양하다. 빅토리아 하버와 홍콩섬 야경을 객실에서 누릴 수 있지만, 숙박 요금이 상대적으로 비싸고 여행객과 현지인들이 많이 지나는 곳이라 호텔 안팎이 어수선한 인상도 있다.

추천 숙소

- 더 오토 호텔 The OTTO Hotel
- BP 인터내셔널 BP International
- 더 로얄 가든 The Royal Garden
- 하얏트 리젠시 홍콩 침사추이 Hyatt Regency Hong Kong Tsim Sha Tsui
- 인터컨티넨탈 홍콩 InterContinental Hong Kong
- 더 랭함 호텔 홍콩 The Langham Hotel Hong Kong

② 몽콕

- **근처 명소** 레이디스 마켓, 템플 스트리트 야시장, 랭함 플레이스
- **교통** MTR 몽콕역, 야우마테이역, 조던역
- **특징** 동급 호텔 대비 침사추이 호텔의 2/3 가격이라 가성비가 좋다. 전통 시장이 많아 현지인들의 생활과 맞닿아 있고, MTR 침사추이역까지 3정거장으로 위치도 나쁘지 않다. 하지만 바다 전망을 누리기 힘들고, 전통 시장 외에는 명소가 없다 보니 센트럴이나 침사추이로 이동해 관광을 즐겨야 한다.

추천 숙소

- 아이클럽 몽콕 호텔 Iclub Mong Kok Hotel
- 샴록 호텔 Shamrock Hotel
- 로얄 플라자 호텔 홍콩 Royal Plaza Hotel Hong Kong
- 더 비컨 The BEACON
- 코디스 홍콩 Cordis Hong Kong
- 디 올림피언 홍콩 The Olympian Hong Kong

③ 성완 & 센트럴

- **근처 명소** 소호, 빅토리아 피크, 대관람차
- **교통** MTR 성완역, 센트럴역
- **특징** 교통이 편리하고 근처에 관광 명소가 많으며 도시 전망과 바다 전망 중 선택할 수 있다는 장점이 있으나 숙박 요금이 상대적으로 비싸다. 또한 오래된 호텔이 많다보니 가격대비 룸 컨디션이 최상은 아니다.

추천 숙소

- 버터플라이 온 웰링턴 Butterfly On Wellington
- 모조 노마드 센트럴 홍콩 Mojo Nomad Central Hong Kong
- 호텔 마데라 할리우드 Hotel Madera Hollywood
- 더 머레이 홍콩 니콜로 호텔 The Murray, Hong Kong, a Niccolo Hotel

④ 완차이

- **근처 명소** 홍콩 컨벤션 센터, 블루 하우스, 구 완차이 우체국
- **교통** MTR 어드미럴티역, 완차이역
- **특징** 브랜드 호텔이 많아 호텔 서비스 수준이 높으며 전망 좋은 숙소가 많다. 그러나 상대적으로 가격이 비싸고 침사추이, 센트럴 명소까지 지하철이나 트램을 이용해야 한다.

추천 숙소

- 완차이 88 Wanchai 88
- 큐 그린 호텔 완차이 홍콩 Kew Green Hotel Wanchai Hong Kong
- 호텔 인디고 홍콩 아일랜드 Hotel Indigo Hong Kong Island
- 그랜드 하얏트 홍콩 Grand Hyatt Hong Kong
- 더 하리 홍콩 The Hari Hong Kong
- 더 엠파이어 호텔 완차이 The Empire Hotel Wan Chai

⑤ 코즈웨이 베이

- **근처 명소** 빅토리아 공원, 눈데이건, 리 가든스
- **교통** MTR 코즈웨이 베이역
- **특징** 좋은 호텔을 비교적 합리적인 가격에 이용할 수 있고, 쇼핑과 산책에 최적화되어 편리하다. 홍콩섬 남부를 여행하기 좋은 위치이나, 센트럴, 침사추이, 몽콕으로 이동하기 위해서는 지하철이나 트램, 버스를 이용해야 한다.

추천 숙소

- 에코 트리 호텔 코즈웨이 베이 Eco Tree Hotel Causeway Bay
- L호텔 코즈웨이 베이 하버 뷰 L'hotel Causeway Bay Harbour View
- 튜브 호텔 TUVE
- 호텔 페닝턴 바이 롬버스 Hotel Pennington by Rhombus
- 로즈데일 호텔 홍콩 Rosedale Hotel Hong Kong
- 미라 문 호텔 Mira Moon Hotel

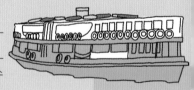

센트럴 스타페리 터미널

③성완&센트럴

258

② 몽콕

• 템플 스트리트 야시장

① 침사추이

• 침사추이 시계탑

④ 완차이

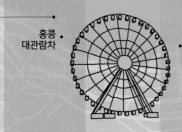

홍콩 •
대관람차

• 골든 보히니아 광장

⑤ 코즈웨이 베이

INDEX

방문할 계획이거나 들렀던 여행 스폿에 ☑ 표시해보세요.

INDEX

방문할 계획이거나 들렀던 여행 스폿에 ☑표시해보세요.

INDEX

방문할 계획이거나 들렀던 여행 스폿에 ✅표시해보세요.

INDEX

방문할 계획이거나 들렀던 여행 스폿에 ✅표시해보세요.

SHOP

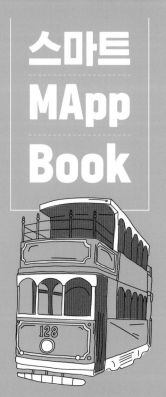

CONTENTS
목
차

스마트하게
여행 잘하는 법
App Book

더 이상 책과 종이 지도만으로 여행하는 시대는 끝났다. 다양한 애플리케이션과 웹사이트를 통해 스마트하게 여행하자! 홍콩과 마카오라는 여행지의 특성에 맞게 엄선해 고른 여행 앱과 웹사이트를 알아보고, 그중 몇 가지 시뮬레이션을 통해 더욱 스마트한 여행자가 되자.

여행을 스마트하게!
여행 애플리케이션 & 웹사이트

가이드북만 보고 떠나던 여행 패러다임이 확실히 바뀌었다. 숙소는 숙소 예약 전문 사이트에서
리뷰를 참고해 결정하고, 가고 싶은 곳은 구글 맵스에 미리 저장해 동선을 파악하고,
현지 투어프로그램은 한국에서 미리 온라인으로 예약하는 등 여행 애플리케이션이나 웹사이트 없이는
여행이 안될 정도. 홍수처럼 쏟아지는 여행 앱과 웹사이트 중 꼭 필요한 것만 골랐다.

길 찾기 & 교통

구글 맵스와 시티맵퍼로 스폿 검색에
서 이동 경로 확인, MTR 모바일과 시
티버스 앱으로 헤매지 말고 이동하자!

#구글 맵스   #시티맵퍼
#MTR 모바일   #시티버스

여행 준비 & 투어 프로그램

스카이스캐너, 인터파크투어로 항공
권 가격 비교부터, 예약까지! 호텔스컴
바인 같은 호텔 예약 사이트에서는 조
건에 맞는 검색과 리뷰를 꼼꼼히 비교
하자. 클룩이나 마이리얼트립에서는
홍콩-마카오 페리 티켓, 공항철도 티
켓 외에도 야경 투어 등 내가 원하는
투어도 있으니 잘 살펴보자.

#스카이스캐너 #인터파크투어
#호텔스컴바인 #클룩

실제 여행에서

오픈라이스로 미식의 도시 홍콩에서
진짜 맛집을 찾자. 홍콩기상청 앱 My
observatory로 날씨와 함께 홍콩 주
요 지점을 5분 간격 사진으로 확인할
수 있다. 번역을 위한 파파고 앱에서는
중국어(번체)를 선택해 활용하자. 옥
토퍼스 카드 앱은 스마트폰의 NFC를
켜고 카드를 갖다대면 잔액과 사용 내
역 등을 확인할 수 있다.

#오픈라이스 #My observatory
#파파고   #옥토퍼스

여행 예약 플랫 폼 클룩(Klook)에서
AEL 티켓 구매하기

일정은 짧지만, 즐겨야 할 것은 많다. 소중한 여행을 티켓 사느라, 줄 서느라 낭비할 순 없는 법.
떠나기 전 최대한 사전에 준비할 수 있는 것들은 준비하자. 특히, 요새 뜨는 여행 예약 플랫폼인
마이리얼트립, 클룩, 와그 등이 편리하다. 판매하는 상품은 비슷하지만 입장권을 구매하면,
유심칩을 주는 등 사이트별로 조건이 다른 경우가 있으므로 서로 비교해서 구매하자.

클룩 Klook

🏠 www.klook.com/ko/

클룩은 다양한 여행 액티비티를 손쉽게 예약할 수 있는 여행 플랫폼이다. 여행할 때 필요한 유심, 현지 교통, 액티비티, 투어 프로그램 등을 국내에서 미리 구매하거나 예약해 여행을 쉽고 편리하게 만들어준다. 웹사이트 뿐만 아니라 구글플레이나 앱스토어에서 애플리케이션을 다운 받을 수도 있다.

❶ 클룩 홈페이지 www.klook.com/ko/에서 AEL(공항고속철도) 티켓 검색

홍콩 공항에서 시내까지 공항고속철도를 이용하고 싶다. 현지에서 사는 것보다 미리 클룩에서 구매하면 가격도 저렴한데다 QR코드만 태그하면 기다리지 않고 바로 이용할 수 있다던데? 홈페이지 또는 앱에 접속해 홍콩 AEL 티켓이라고 검색하면 바로 구매 페이지가 뜬다.

❷ 패키지 옵션과 날짜를 선택하고 구매하면 끝!

갈 때, 올 때 모두 공항고속철도를 이용할 예정이므로, '홍콩역 왕복'을 클릭한다. 특히, 홍콩역에서는 인타운 체크인(In Town Check in)도 가능한데, 돌아올 때 홍콩역과 연결된 IFC몰에서 일정이 끝나므로 딱이다. 미리 인타운 체크인하고 양손 가볍게 쇼핑할 수 있으니 이 얼마나 편리한가. 다만, 예약 변경, 취소 및 환불이 불가하니 다시 한 번 고민 후 구매 완료. 유심칩이나 옹핑 케이블카 티켓 등도 미리 구매해보자.

스폿 검색부터 이동 경로 선택까지!
구글 맵스 사용법

홍콩은 MTR(지하철), 버스, 스타페리, 트램 등 대중교통이 매우 잘 되어 있고 가격도 저렴해
교통 난이도가 높지 않다. 구글 맵스 사용법만 알고 있으면 웬만한 관광 명소는 다 다닐 수 있다.
다른 도시와 달리 트램이나 스타페리도 교통 수단에 있으니 시뮬레이션을 통해 익혀보자.

구글 맵스 Google Maps

🏠 www.google.com/maps

구글에서 제공하는 지도 서비스. 도보, MTR, 버스, 트램, 스타페리, 차량공유(택시) 등 교통수단 별
길찾기, 스트리트 뷰, 위성 사진 등의 서비스를 제공한다. 마찬가지로 웹사이트 외에도 구글플레이
또는 앱스토어에서 애플리케이션을 다운 받을 수 있다.

★ 구글 홍콩 지도에서 차량 공유는 택시 앱(HKTaxi)과 연결되는데, 흔히 알려진 차량 공유 서비스인 우버
(Uber)와 그랩(Grab)은 홍콩과 마카오에서 합법이 아니기 때문이다.

떠나기 전 알아두어야 할 구글 맵스의 기능

❶ 위치 검색한 후 저장하기

가고 싶은 스폿의 위치를 검색하고 내 스마트폰에 저장해보자. 스폿 정보에 입력된 여행자들의 리뷰를 참고할
수도 있다.

❷ 이동 경로 선택하고 소요 시간 파악하기

경로 검색 버튼으로 현재 내 위치나 원하는 장소에서 다음 목적지까지 가는 추천 경로를 검색할 수 있다.

❷ 침사추이의 1881 헤리티지에서 센트럴의 타이퀀으로 가고 싶다면? 출발지와 목적지란에 입력하자.

← ○ 1881 헤리티지 ⋮

○ Tai Kwun – Centre for Heri... ↑↓

🚗 17분   🚌 35분   🚶 37분   🏃 17분

오후 4:18 출발 ▼   29°   옵션

🚶₁₀ › ✳ Tsuen Wan Line › 🏙 › 🚶₈ 35분
오후 3:13 - 오후 3:48
출발 장소: Tsim Sha Tsui Station에서 4분 간격으로 출발

기타 옵션

🚶₁₀ › ✳ Tsuen Wan Line › 🚌 12M 42분
오후 3:12 - 오후 3:54
출발 장소: Tsim Sha Tsui Station에서 4분 간격으로 출발

🚶 Central Pier No.7 – Tsim Sha Tsui:... 37분
2.7km

🚢 Central – Tsim Sha... › 🚌 22S › 🚶₅ 47분
오후 3:12 - 오후 3:59
출발 장소: Star Ferry Pier에서 7분 간격으로 출발

1881 헤리티지
1881 Heritage
4.1 ★★★★★ (3,925개)
쇼핑몰

+ 팔로우 ❓

개요   리뷰   사진

◆   📞   🔖   ⌜⌝
경로   통화   저장   장소 공유

❶ 현재 스폿 또는 가고 싶은 스폿의 경로 버튼 터치!

...요.   >

○ 2A Canton Rd, Tsim Sha Tsui, 홍콩

🚗 자가용
🚌 대중교통
🚶 도보
🏃 택시

대중교통 옵션

선호하는 교통 수단

☐ 버스
☐ 지하철
☐ 트램/경전철
☐ 페리

경로

◉ 최적 경로
○ 최소 환승
○ 최소 도보시간
○ 휠체어로 이용 가능

취소   완료

❸ 경로가 다양하게 뜬다. 경로는 실시간 교통 상황과 시간을 반영해 바뀐다. 아이콘의 의미를 파악 한 후 시간과 동선을 고려해 경로를 선택하자.

🚶 도보
✳ MTR
🏙 트램
🚌 버스
🚢 스타페리

❹ 현재 기온 아이콘 옆의 옵션을 터치하면 경로 선택을 나에게 맞춰서 할 수 있으니 참고하자.

❶ 스마트폰의 구글플레이나 앱스토어에서 '구글 맵스' 다운 받기

❷ 출발-도착지를 입력한 후 경로 선택

❶ 현재 장소에서 가고 싶은 곳 입력하기! 침사추이 청킹맨션에서 홍콩섬 대관람차로 경로 탐색

❷ 추천 경로 대신 페리를 타고 싶어 두 번째 옵션 선택!

❸ 선택한 경로 터치

선택한 경로를 터치하면 한 화면에 담기지도 않을 만큼 자세한 설명이 뜬다. 우선 첫 번째 스텝인 '도보 1분'을 자세히 보기 위해 '도보 1분' 옆 화살표를 다시 터치한다.

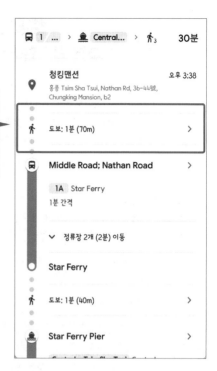

❹ 각 단계별로 터치하면 더욱 자세한 경로가!

지도를 확대해 버스 탈 곳까지의 도보 경로 확인 후 출발! 모든 스텝을 이렇게 차례로 터치하면서 이동하면 된다.

구글 맵스와 함께 쓰면 좋은 앱

구글 맵스라고 절대 완벽하지는 않다. 구글 맵스를 보완해 줄
다양한 길찾기&교통 애플리케이션을 소개한다. 구글 맵스를 기본으로 사용하되
아래에 소개하는 앱도 함께 쓰면 더욱 쉽게 목적지까지 갈 수 있다.

❶ 시티맵퍼 Citymapper

시티맵퍼는 세계 30개 주요 도시에서 서비스 중인 대중교통 정보 및 길찾기 앱이다. 다양한 교통 경로를 실시간으로 보여주는데 홍콩 버전이 있어 유용하다.

• 내 손안의 내비게이션처럼 사용자가 도착지까지 제대로 이동하도록 스텝별로 알려준다. 대기 시간이나 내려야 할 곳, 빠른 환승을 위한 출구 알림 기능까지!

• 요금이 제시되어 있어 편리하다.

• 구글 맵스와는 다른 경로를 제시하기도 하는데 상황에 따라 적절히 섞어 사용하자.

② 시티버스 NWFB CityBusNWFB

간단히 말하면 버스 노선앱이다. 앱 이름이 복잡한데, 시티버스(City Bus)와 뉴월드퍼스트버스(New World First Bus) 노선을 다루고 있어서다. 공항에서 시내로 이동할 때, 시내에서 다닐 때, MTR역이 없는 외곽 지역을 여행할 때 모두 편리하다. 정거장 위치, 노선, 운행 시간, 요금까지 나온다. 홍콩은 시간에 따라 한정 노선이 있기도 해 버스 기다리기 전 미리 확인하자.

③ MTR 모바일 MTR Mobile

홍콩 지하철인 MTR의 공식 애플리케이션으로 가장 최신 정보를 제공한다. 지하철 노선과 경로를 탐색할 때 유용하며 요금, 소요 시간, 첫차&막차 정보와 역 정보까지 알 수 있다. MTR은 홍콩 자유여행 시 가장 많이 이용할 교통수단인 만큼 꼭 활용하자.

④ 홍콩 택시 HKTaxi

우리나라 카카오 택시와 비슷한 애플리케이션. 중국어와 영어 중 선택할 수 있어 편리하며, 출발지와 도착지를 입력하면 된다. 간혹 작동되지 않는다는 평이 있는데, 현지에서 이 앱 사용이 어렵다면 TAKE TAXI라는 문자 카드 앱도 있다. 택시를 잡는 앱은 아니지만 목적지를 택시 기사에게 한자어로 보여줄 수 있어 편리하다.

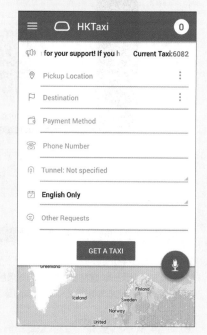

⑤ 마카오 택시 Macau Taxi

홍콩과 마찬가지로 마카오도 우버와 그랩은 합법이 아니다. 택시 잡는 게 어렵진 않지만 언어가 문제다. 그래서 해당 목적지를 한자어로 보여주면 좋은데, 이를 위한 문자 카드 앱이 있다. 바로 '마카오 택시'앱. 아쉽게도 택시를 부르는 용도는 아니지만 대략적인 요금도 알려줘 유용하다. 구글플레이에서는 Macau Taxi, 앱스토어에서는 Macau Taxi Fare로 검색하자.

〈리얼 홍콩〉
지도 QR 코드 사용법

무겁게 책을 들고 다니며 지도 펼쳐 보는 것은 이제 그만. 〈리얼 홍콩·마카오〉 표지 앞날개나 파트3,4의
상세 지도에 실린 QR코드를 스캔하면 우리 책에 나오는 스폿 리스트가 그대로 내 스마트폰에 들어온다.
구글 맵스에 일일이 스폿명을 입력하고 저장하지 않아도 알짜배기 정보를 얻을 수 있다.

침사추이
상세 지도

본문에 표시한 각 스폿의 Q
검색할 수 있습니다.

📷 **SEE**
① 네이선 로드
② 홍콩 문화 센터
③ 시계탑
④ 침사추이 해변 산
⑤ 침사추이 스타페
⑥ 아쿠아 루나 선착
⑦ 1881 헤리티지

✖ **EAT**
① 쿠차나
② 랄프스 커피
③ 안토힌
④ 노부
⑤ 로비 라운지
⑥ 반 고흐 센시스
⑦ 부다오웽 핫폿 퀴진
⑧ 더 로비

⑭ 킬리니
⑮ 마미 팬케이크
⑯ 청밀링 해피투게더
⑰ N1 커피 앤 컴퍼니
⑱ 오존
⑲ 아쿠아 스피릿

★ QR 코드를 인식해보세요.

지도 QR 코드 이렇게 사용하자

❶ QR 코드 리더기 실행하기
앱스토어 또는 구글플레이에서 QR 코드 리더기 애플리케이션을 다운 받
거나 포털 사이트 애플리케이션의 QR 코드 리더기를 실행한다.

❷ 지도의 QR 코드 인식하기
리더기를 이용해 〈리얼 홍콩·마카오〉 표지 앞날개나 파트3, 4의 각 챕터별
상세 지도에 있는 QR코드를 인식한다.

홍콩 여행의 필수품!
옥토퍼스 카드

홍콩 여행에서 가장 중요한 아이템이다. 홍콩판 티머니 개념으로 MTR, 트램, 페리, 버스, 택시, 케이블카 등 거의 모든 교통수단에 이용할 수 있으며 편의점과 식당에서도 활용도가 높다.
옥토퍼스 카드가 상용화되면서 현금 거래를 기본으로 하던 홍콩 결재 문화에도 변화가 찾아왔다.

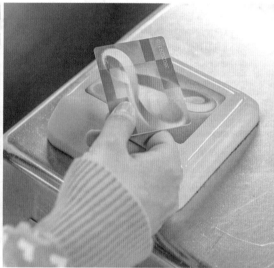

옥토퍼스 실물 카드는 홍콩 국제공항 입국장 카운터 혹은 홍콩 전역 MTR 티켓 판매소에서 구입할 수 있다. 충전은 일반 편의점에서도 가능하다. 간혹 충전이 안 되는 경우가 있으므로 영수증을 꼭 받아야 한다. 모바일 카드의 경우 아이폰·애플워치 사용자만 충전이 가능해 널리 활용되지는 않는다.

옥토퍼스 카드는 최대 HK$3,000까지 충전할 수 있으며 잔액이 HK$500을 초과할 시 환불에 시간이 오래 걸릴 수 있기 때문에 적정 금액을 넣어두는 게 좋다. 옥토퍼스 카드 구입 시 환불 가능한 보증금 HK$50과 최소 충전금 HK$150이 필요하다. 보증금을 비롯해 남은 금액은 반환 시 100% 돌려받을 수 있다. 한국에서 구매할 경우 인터넷 여행사에서 결제를 마친 후 홍콩 국제공항 입국장 카운터 혹은 국내 공항(와그)에서 수령하면 된다. 환불받지 않은 채로 마지막 사용일로부터 3년간 사용하지 않으면 매해 HK$15의 수수료가 매해 차감된다. 보증금과 잔액이 모두 차감되면 이 카드는 더 이상 사용할 수 없게 된다.

홍콩 지하철역 혹은 미드 레벨 에스컬레이터 등지에 'MTR Fare Saver' 기계가 설치돼 있다. 이곳에 카드를 터치하면 MTR 사용 시 HK$2가 할인된다. 당일에만 해당하므로 전날 태그는 무의미하다.

종이 지도로
일정 짜는 맛
Map Book

종이 지도에 손으로 쓱쓱 가고 싶은 곳을
표시하며 계획을 짜보자. 휴대폰이나 컴
퓨터가 대체할 수 없는 묘미가 있다. 우
선 도시 전체가 어떤 지역으로 이루어졌
는지 파악한 다음, 각 구역별 지도에서
관심있는 스폿을 표시해보면 동선이 한
눈에 들어올 것이다. 종이 지도의 QR 코
드를 스캔하면 연동되는 지도는 덤! 디지
털과 아날로그를 넘나들며 나만의 여행
계획을 세워보자.

옹핑

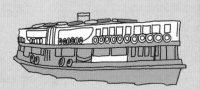

센트럴 스타페리
터미널

성완&센트럴

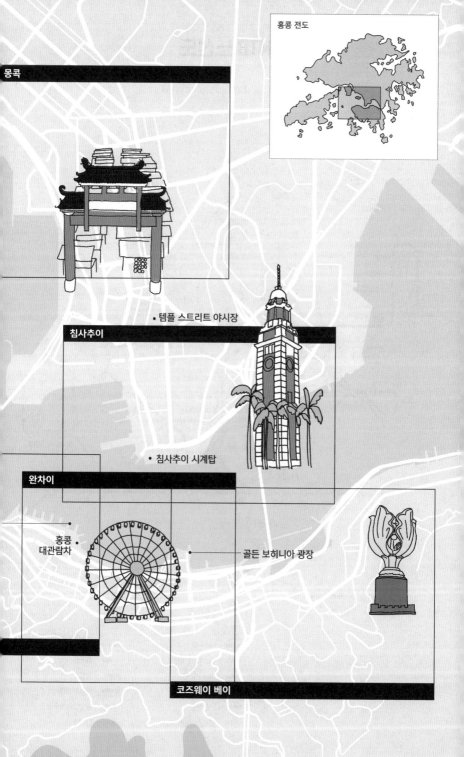

홍콩 전도

몽콕

• 템플 스트리트 야시장

침사추이

• 침사추이 시계탑

완차이

홍콩
대관람차

• 골든 보히니아 광장

코즈웨이 베이

017

MTR 노선도

🏠 www.mtr.com.hk 🕐 06:00~01:00(노선별로 다름)

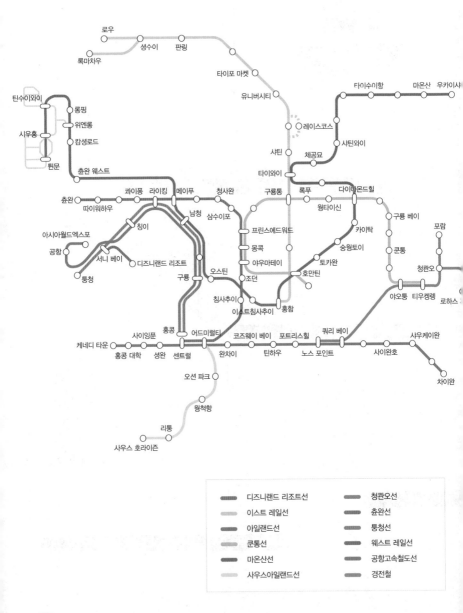

🚇 디즈니랜드 리조트선	🚇 청콴오선	
🚇 이스트 레일선	🚇 춘완선	
🚇 아일랜드선	🚇 퉁청선	
🚇 쿤퉁선	🚇 웨스트 레일선	
🚇 마온산선	🚇 공항고속철도선	
🚇 사우스아일랜드선	🚇 경전철	

트램 노선도

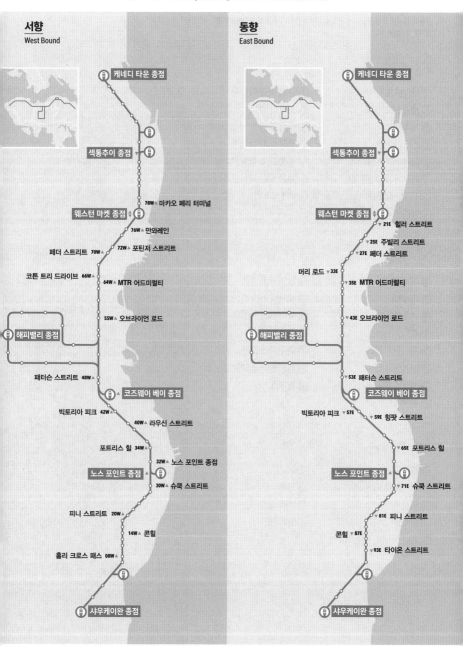

🏠 www.hktramways.com 🕐 05:00~01:00(노선별로 다름)

서향
West Bound

케네디 타운 종점

섹통추이 종점

웨스턴 마켓 종점
- 78W 마카오 페리 터미널
- 76W 만와레인
- 72W 포틴저 스트리트
- 페더 스트리트 70W
- 코튼 트리 드라이브 66W
- 64W MTR 어드미럴티
- 55W 오브라이언 로드

해피밸리 종점

- 패터슨 스트리트 48W
코즈웨이 베이 종점
- 빅토리아 피크 42W
- 40W 라우선 스트리트
- 포트리스 힐 34W
- 32W 노스 포인트 종점
노스 포인트 종점
- 30W 슈쿡 스트리트
- 피니 스트리트 20W
- 14W 콘힐
- 홀리 크로스 패스 08W

샤우케이완 종점

동향
East Bound

케네디 타운 종점

섹통추이 종점

웨스턴 마켓 종점
- 21E 힐러 스트리트
- 25E 주빌리 스트리트
- 27E 페더 스트리트
- 머리 로드 33E
- 35E MTR 어드미럴티
- 43E 오브라이언 로드

해피밸리 종점

- 53E 패터슨 스트리트
코즈웨이 베이 종점
- 빅토리아 피크 57E
- 59E 힝팟 스트리트
- 65E 포트리스 힐
노스 포인트 종점
- 71E 슈쿡 스트리트
- 81E 피니 스트리트
- 콘힐 87E
- 93E 타이온 스트리트

샤우케이완 종점

침사추이
상세 지도

본문에 표시한 각 스폿의 GPS 번호로 검색하면 보다 빠르고 정확한 위치를 검색할 수 있습니다.

📷 SEE

- ① 네이선 로드
- ② 홍콩 문화 센터
- ③ 시계탑
- ④ 스타의 거리
- ⑤ 침사추이 스타페리 선착장
- ⑥ 아쿠아 루나 선착장
- ⑦ 1881 헤리티지
- ⑧ 청킹 맨션
- ⑨ 홍콩 예술 박물관
- ⑩ 스카이100
- ⑪ 구룡 공원
- ⑫ 홍콩 역사 박물관
- ⑬ 홍콩 과학 박물관
- ⑭ 홍콩 우주 박물관
- ⑮ K11 뮤제아

🍴 EAT

- ① 예 상하이
- ② 더 로비
- ③ 너츠포드 테라스
- ④ 희차
- ⑤ 제니 베이커리
- ⑥ 싱럼쿠이
- ⑦ 서래 갈매기
- ⑧ 치케이
- ⑨ 마미 팬케이크
- ⑩ 퍼시픽 커피
- ⑪ N1 커피 앤 컴퍼니
- ⑫ 오존
- ⑬ 아쿠아 스피릿
- ⑭ 울루물루 프라임
- ⑮ 할란스

🎁 SHOP

- ① 캔톤 로드
- ② 그랜빌 로드
- ③ 이사
- ④ 실버코드
- ⑤ 한나
- ⑥ 더 원
- ⑦ 트위스트
- ⑧ 미라 플레이스
- ⑨ 엘리먼츠

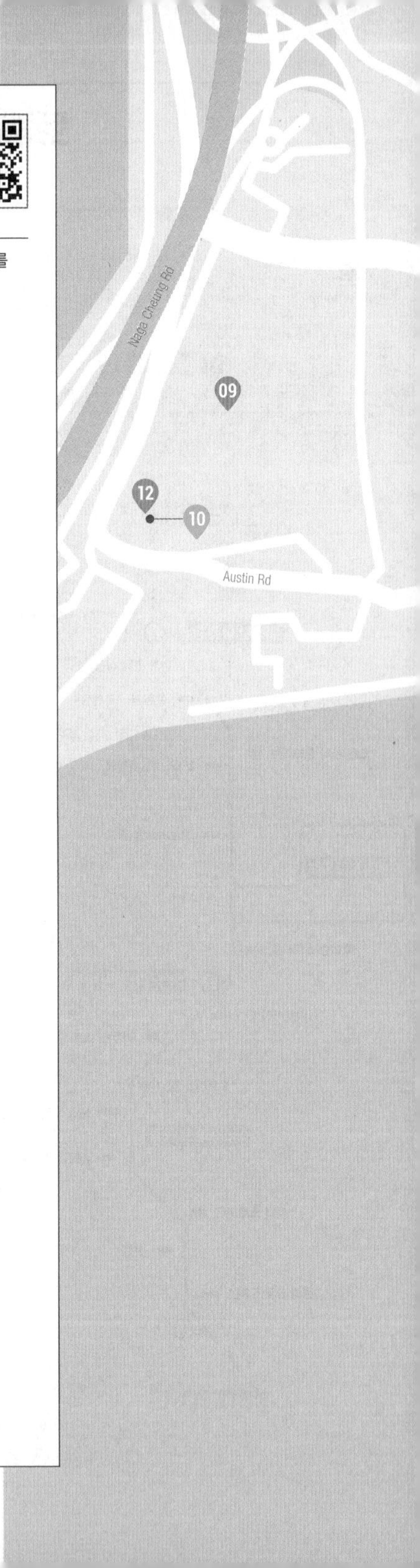

SEE EAT SHOP

Nathan Rd

West Kowloon Corridor

✖ B5
오스틴

Jordan Rd
✖ A
✖ B1
✖ B2

조지 5세 기념공원

✖ 조던

C2 ✖

✖ D2
✖ D

Cheong War Rd

침사추이 경찰서
10

● 시취센터
07
12
03
13

Kimberley Rd
08
Kowloon Park Dr
11
14
Kimberley St
02
구룡 공원
15
06
B1
B2
06
Haet Ave
Chatham Rd
Salisbury Rd

차이나 페리 터미널

구룡 새정원
A2
Haiphory Rd
08
C2
A1
D1
05
04
N1
04
03
07
침사추이
11
P2
01
13
Gateway Blvd
Harkow Rd
N5
08
P3
07
Pekig Rd
03
E
05
L1
시그널 힐 정원
P1
Cantan Rd
L4
L3
이스트 침사추이
Middl
02
K
L6
01
14
09
01
J
04
Salisbury Rd
09
15
05
03
02
06
침사추이 스테 페리 선착장

아쿠아 루나 선착장

N
W E
S

021

몽콕
상세 지도

본문에 표시한 각 스폿의 GPS 번호로 검색하면 보다 빠르고 정확한 위치를
검색할 수 있습니다.

📷 SEE

01 템플 스트리트 야시장
02 레이디스 마켓
03 던다스 스트리트
04 틴하우 사원
05 파옌 스트리트
06 금붕어 시장
07 상하이 스트리트(주방용품)
08 꽃시장

🍴 EAT

01 죽가장
02 미도 카페
03 부다오웽 핫폿 퀴진
04 큐브릭
05 깜와 카페
06 오스트레일리아 데어리 컴퍼니
07 만와 레스토랑
08 페이지에
09 디킹힌
10 원딤섬
11 딤딤섬
12 탭, 에일 프로젝트

🎁 SHOP

01 랭함 플레이스
02 샤오미

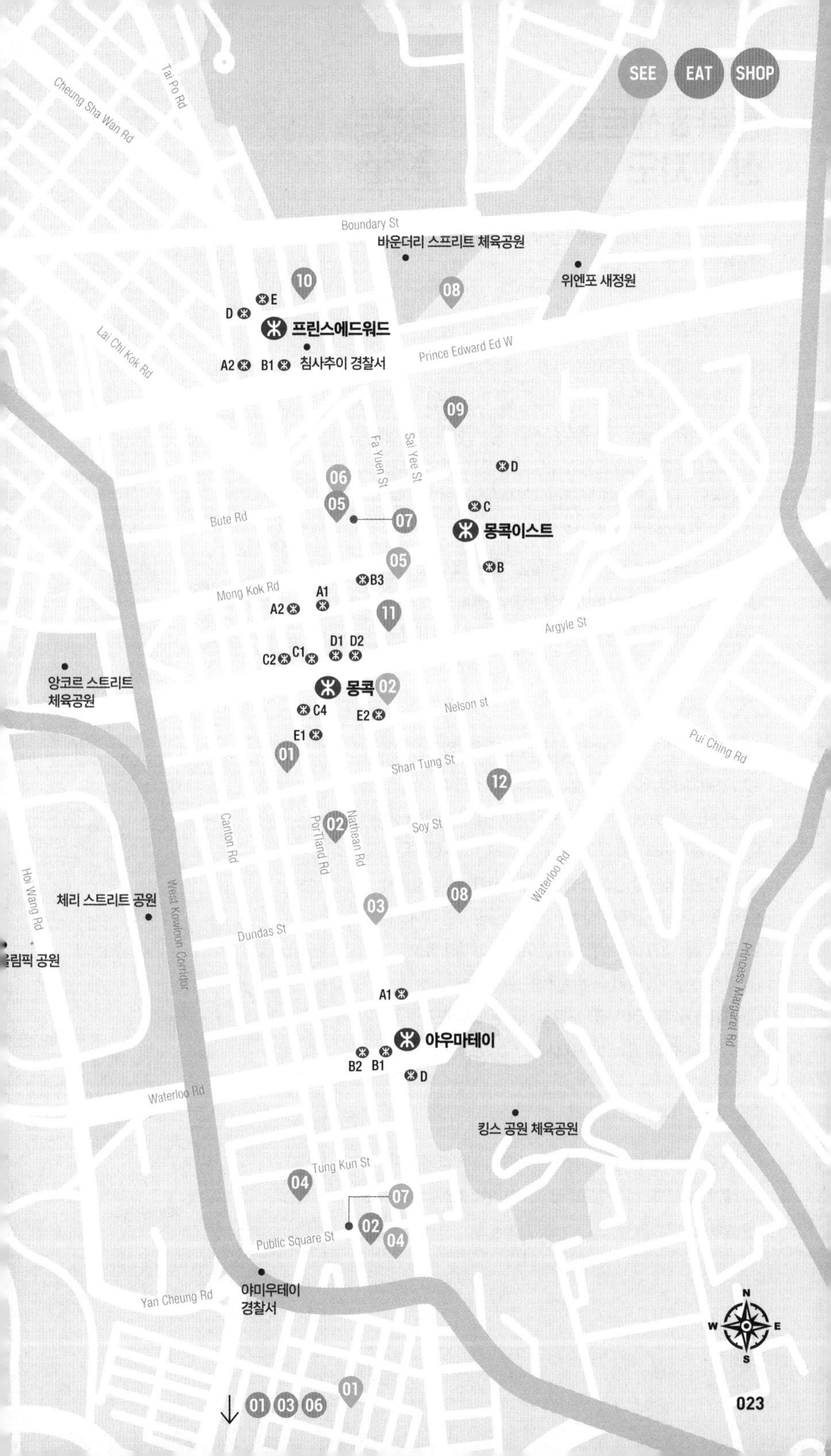

Cheung Sha Wan Rd

Tai Po Rd

Boundary St

바운더리 스프리트 체육공원

위엔포 새정원

10

D ✹E

✹ 프린스에드워드

Prince Edward Ed W

A2 ✹ B1 ✹ 침사추이 경찰서

Lai Chi Kok Rd

08

09

Sai Yee St

Fa Yuen St

✹D

✹C

06

05

✹ 몽콕이스트

07

Bute Rd

05

✹B

Mong Kok Rd

A1

✹B3

A2 ✹

11

Argyle St

D1 D2

C2 ✹ ✹C1

✹ 몽콕 02

✹ C4

E2 ✹

Nelson st

E1

01

Pui Ching Rd

Shan Tung St

12

02

Canton Rd

Portland Rd

Nathan Rd

Soy St

Waterloo Rd

앙코르 스트리트
체육공원

체리 스트리트 공원

Ho Wang Rd

올림픽 공원

West Kowloon Corridor

03

08

Dundas St

A1 ✹

✹ 야우마테이

B2 ✹ B1

✹D

Waterloo Rd

킹스 공원 체육공원

04

Tung Kun St

07

02

04

Public Square St

야미우테이
경찰서

Yan Cheung Rd

Princess Margaret Rd

N
W   E
S

↓ 01 03 06

01

023

성완 & 센트럴
상세 지도

본문에 표시한 각 스폿의 GPS 번호로 검색하면 보다 빠르고 정확한 위치를 검색할 수 있습니다.

📷 SEE

01 타이퀀　**02** 할리우드 로드　**03** 소호
04 미드레벨 에스컬레이터　**05** 포호　**06** 만모 사원　**07** PMQ
08 홍콩 의학 박물관　**09** 황후상 광장　**10** 센트럴 페리 선착장
11 홍콩 대관람차　**12** 포팅거 스트리트　**13** 더델 스트리트
14 웨스턴 마켓　**15** 프린지 클럽　**16** 센트럴 마켓　**17** 노호
18 성 요한 성당　**19** 홍콩 공원
20 플래그스태프 하우스 다기 박물관　**21** 페더 빌딩
22 더 센터　**23** 홍콩 상하이 은행　**24** 더 헨더슨
25 리포 센터　**26** 중국은행 타워　**27** 제2국제금융센터

🍴 EAT

01 룽킹힌　**02** 린흥 티하우스　**03** 팀호완　**04** 정두
05 % 아라비카　**06** 퓨엘 에스프레소　**07** 왓슨스 와인
08 서웡펀　**09** 딩딤 1968　**10** 얌차　**11** 막안키 청키 누들
12 소셜 플레이스　**13** 카우키　**14** 란퐁유엔　**15** 싱흥유엔
16 상기 콘지숍　**17** 딤섬 스퀘어　**18** 찬지키　**19** 침차이키
20 리프 디저트　**21** 타이청 베이커리　**22** 만다린 케이크숍
23 쿵리　**24** 싱키　**25** 슈게츠　**26** 어반 베이커리 웍스
27 막스 누들　**28** 남기 국수　**29** 하프웨이 커피
30 기화병가　**31** 코바　**32** 모트32　**33** 폰드사이드
34 죽원해선반점　**35** 크래프티시모　**36** 야드버드

🎁 SHOP

01 IFC몰　**02** 퍼시픽 플레이스　**03** 지오디　**04** 룽펑몰
05 레인 크로포드　**06** 랜드마크　**07** 하비 니콜스
08 셀렉트-18

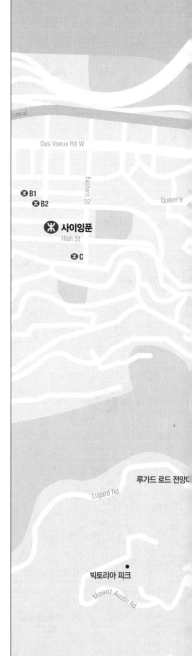

Des Voeux Rd W

Eastern St

❌ B1
❌ B2

Queen's

🌀 사이잉푼
Hish St

❌ C

루가드 로드 전망대
Lugard Rd

빅토리아 피크
Mount Austin Rd

Harlech Rd

완차이
상세 지도

본문에 표시한 각 스폿의 GPS 번호로 검색하면 보다 빠르고 정확한 위치를 검색할 수 있습니다.

📷 SEE

① 홍콩 컨벤션 센터
② 엑스포 프롬나드
③ 골든 보히니아 광장
④ 센트럴 플라자
⑤ 홍콩 아트 센터
⑥ 리퉁 애비뉴
⑦ 스타 스트리트
⑧ 구 완차이 우체국
⑨ 더 폰
⑩ 블루 하우스
⑪ 타이윤 시장
⑫ 호프웰 센터
⑬ 홍힝 토이

🍴 EAT

① 오보
② 보스톤
③ N1 커피 & Co.
④ 호놀룰루 커피숍
⑤ 룽딤섬
⑥ 캄스 로스트 구스
⑦ 커피 아카데믹스
⑧ 프론 누들숍
⑨ 모던 차이나 레스토랑
⑩ 푹람문
⑪ 캐피탈 카페
⑫ 22 십스

🎁 SHOP

① 모노클숍

여객선 터미널

🚇 홍콩

Man Yiu St

Ⓧ A
Ⓧ B
C Ⓧ 🚇 센트럴
Ⓧ D2   Chater Rd
Ⓧ D1   Ⓧ G   Ⓧ K   J3 Ⓧ L
                    Ⓧ J1 Ⓧ J2
Connaught Rd Central

Cotton Tree Dr

식물원

홍콩 공원

SEE EAT SHOP

완차이
스타 페리 선착장

02

03

01

Expo Dr E

Lung Wo Rd

타마르 공원

Convention Ave.

Lung Wui Rd

Haebour Rd

Fleming Rd

05

04

어드미럴티

Gloucester Rd

03

Jaffe Rd

B A

E2

Lockhart Rd

07

10

C2

E1

Hennessy Rd

Luard Rd

C

A1

Hennes

D

C1

02

완차이

A2

04

05 06

11

F

Queen's Rd E

08

A5

A3

B2

09

Wan Chai Rd

07

01

12

06

Johnston Rd

13

Justice Dr

Star St

Spring Garden Ln

11

Wan Chai Rd

09

12

01

Kennedy Rd

08

10

Queen's Rd E

Kennedy Rd

보윈 로드 공원

N
W E
S

코즈웨이 베이
상세 지도

본문에 표시한 각 스폿의 GPS 번호로 검색하면 보다 빠르고 정확한 위치를
검색할 수 있습니다.

📷 SEE

🍴 EAT

🎁 SHOP

엑스포 프롬나드

완차이 페리 터미널

Expo Dr E

Convention Ave

Harbour Rd

Gloucester Rd

Jaffe Rd

Lockhart Rd

✳ 완차이

Hennessy Rd

Johnston Rd

Queen's Rd E

빅토리아 공원

포트리스 힐

틴하우

코즈웨이 베이

옹핑 **상세 지도**

본문에 표시한 각 스폿의 GPS 번호로 검색하면 보다 빠르고 정확한 위치를 검색할 수 있습니다.

HONG KONG

리얼 홍콩

스마트
MApp Book

실전 여행까지 책임진다!

종이 지도로 일정 짜는 맛
Map Book

스마트하게 여행 잘하는 법
App Book